当代世界中的数学

数学王国的新疆域（一）

朱惠霖　田廷彦○编

哈爾濱工業大學出版社
HARBIN INSTITUTE OF TECHNOLOGY PRESS

内 容 提 要

本书详细介绍了数学在各个领域的精华应用，同时收集了数学中典型的问题并予以解答. 本书适合高等院校师生及数学爱好者参考阅读.

图书在版编目(CIP)数据

当代世界中的数学. 数学王国的新疆域. 一/朱惠霖，田廷彦编. —哈尔滨：哈尔滨工业大学出版社，2019.1(2020.11 重印)

ISBN 978－7－5603－7254－9

Ⅰ.①当…　Ⅱ.①朱…　②田…　Ⅲ.①数学－普及读物
Ⅳ.①01－49

中国版本图书馆 CIP 数据核字(2018)第 026676 号

策划编辑　刘培杰　张永芹
责任编辑　张永芹　聂兆慈
封面设计　孙茵艾
出版发行　哈尔滨工业大学出版社
社　　址　哈尔滨市南岗区复华四道街 10 号　邮编 150006
传　　真　0451－86414749
网　　址　http://hitpress.hit.edu.cn
印　　刷　哈尔滨市工大节能印刷厂
开　　本　787mm×1092mm　1/16　印张 15　字数 286 千字
版　　次　2019 年 1 月第 1 版　2020 年 11 月第 3 次印刷
书　　号　ISBN 978－7－5603－7254－9
定　　价　38.00 元

序　言

如今，许多人都知道，国际科学界有两本顶级的跨学科学术性杂志，一本是《自然》(*Nature*)，一本是《科学》(*Science*).

恐怕有许多人还不知道，在我们中国，有两本与之同名的杂志[1]，而且也是跨学科的学术性杂志，只是通常又被定位为“高级科普”.

国际上的《自然》和《科学》，一家在英国，一家在美国[2]. 它们之间，按维基百科上的说法，是竞争关系[3].

我国的《自然》和《科学》，都在上海，它们之间，却有着某种历史上的“亲缘”关系. 确切地说，从 1985 年(那年《科学》复刊)到 1994 年(那年《自然》休刊)这段时期，这两家杂志的主要编辑人员，原本是在同一个单位、同一幢楼、同一个部门，甚至是在同一个办公室里朝夕相处的同事!

这是怎么回事呢?

这本《自然》杂志，创刊于 1978 年 5 月. 那个年代，被称为“科学的春天”. 3 月，全国科学大会召开. 科学工作者、教育工作者，乃至莘莘学子，意气风发. 在这样的氛围下，《自然》的创刊，是一件大事. 全国各主要媒体，都报道了.

这本《自然》杂志，设在上海科学技术出版社，由刚刚复出的资深出版家贺崇寅任主编，又调集精兵强将，组成了一个业务水平高、工作能力强、自然科学各分支齐备的编辑班子. 正是这个编辑班子，使得《自然》杂志甫一问世，便不同凡响；没有几年，便蜚声科学界和教育界[4].

1983 年，当这个班子即将一分为二的时候，上海市出版局经办此事的一位副局长不无遗憾地说，在上海出版界，还从未有过如此整齐的编辑班子呢!

一分为二? 没错. 1983 年，中共上海市委宣传部发文，将《自然》杂志调住上海交通大学. 为什么? 此处不必说. 我只想说，这次强制性的调动，却有一项

---

① 其中的《自然》杂志，在创刊注册时，不知什么原因，将“杂志”两字放进了刊名之中，因此正式名称是《自然杂志》. 但在本文中，仍称其为《自然》或《自然》杂志. 此外，应该说明，在我国台湾，也有两本与之同名的杂志，均由民间(甚至个人)资金维持. 台湾的《自然》，创刊于 1977 年，系普及性刊物，内容以动植物为主，兼及天文、地理、考古、人类、古生物等，1996 年终因财力不济而停办. 台湾的《科学》，正式名称《科学月刊》，创刊于 1970 年，以介绍新知识为主，“深度以高中及大一学生看得懂为原则”，创刊至今，从未脱期，令人赞叹.

② 英国的《自然》，创刊于 1869 年，现属自然出版集团(Nature Publishing Group)，总部在伦敦. 美国的《科学》，创刊于 1880 年，属美国科学促进会(American Association for the Advancement of Science)，总部在华盛顿.

③ 可参见 http://en.wikipedia.org/wiki/Science_(journal).

④ 可参见《瞭望东方周刊》2008 年第 51 期上的“一本科普杂志的 30 年‘怪现象’”一文.

十分温情的举措，即编辑部每个成员都有选择去或不去的权利. 结果是，大约一半人选择去交通大学，大约一半人选择不去，留在了上海科学技术出版社.

我属去的那一半. 留下的那一半，情况如何，一时不得而知. 但是到 1985 年，便知道了：他们组成了《科学》编辑部，《科学》杂志复刊了！

《科学》，创刊于 1915 年 1 月，是中国历时最长、影响最大的综合性科学期刊，对于中国现代科学的萌发和成长，有着独特的贡献. 中国现代数学史上有一件一直让人津津乐道的事：华罗庚先生当年就是在这本杂志上发表文章而崭露头角的.《科学》于 1950 年 5 月停刊，1957 年复刊，1960 年又停刊. 1985 年的这次复刊，其启动和运作，外人均不知其详，但我相信，留下的原《自然》杂志资深编辑，特别是吴智仁先生和潘友星先生，无疑是起了很大的甚至是主要的作用的. 复刊后的《科学》，由时为中国科学院副院长的周光召任主编，上海科学技术出版社出版.

于是，原来是一个编辑班子，结果分成两半（各自又招了些人马），一半随《自然》杂志披荆斩棘，一半在《科学》杂志辛勤劳作.

《自然》杂志去交通大学后，命运多舛. 1987 年，中共上海市委宣传部又发文：将《自然》杂志从交通大学调出，“挂靠”到上海市科学技术协会，属自收自支编制. 至 1993 年底，这本杂志终因入不敷出，编辑流失殆尽（整个编辑部，只剩我一人），不得不休刊了. 1994 年，上海大学接手. 原有人员，先后各奔前程.《自然》与《科学》的那种“亲缘”关系，至此结束.

这段多少有点辛酸的历史，在我编这本集子的过程中，时时在脑海里浮现，让我感慨，让我回味，也让我思索……

好了，不管怎么说，眼前这件事还是让人欣慰的：在近 20 年之后，《自然》与《科学》的数学部分，竟然在这本集子里“久别重逢”了！

说起这次“重逢”，首先要感谢原在上海教育出版社任副编审的叶中豪先生. 是他，多次劝说我将《自然》杂志上的数学文章结集成册；是他，了解《自然》和《科学》的这段“亲缘”关系，建议将《科学》杂志上的数学文章也收集进来，实现了这次“重逢”；又是他，在上海教育出版社申报这一选题，并获得通过.

其次，要感谢哈尔滨工业大学出版社的刘培杰先生. 是他，当这本集子在上海教育出版社的出版遇到困难时，毅然伸手相助，接下了这项出版任务①.

当然，还要感谢与我共同编这本集子的《科学》杂志数学编辑田廷彦先生. 是他，精心为这本集子选编了《科学》杂志上的许多数学文章.

他们三人，加上我，用时下很流行的说法，都是不折不扣的“数学控”. 我们

---

① 说来有趣，我与刘培杰先生从未谋面，却似乎有“缘”已久. 这次选编这本集子，发觉他早年曾向《自然》杂志投稿，且被我录用，即收入本集子的《费马数》一文. 屈指算来，那该是 20 年前的事了.

以我们对数学的热爱和钟情，为广大数学研究者、教育者、普及者、学习者和爱好者(相信其中也有不少的“数学控”)献上这本集子，献上这些由国内外数学家、数学史家和数学普及作家撰写的精彩数学文章.

这里所说的“数学文章”，不是指数学上的创造性论文，而是指综述性文章、阐释性文章、普及性文章，以及关于人物和史实的介绍性文章.其实，这些文章，都是可让大学本科水平的读者基本上看得懂的数学普及文章.

按美国物理学家、科学普及作家杰里米·伯恩斯坦(Jeremy Bernstein, 1929—)的说法，在与公众交流方面，数学家排在最后一名①.大概是由于这个原因，国际上的《自然》和《科学》，数学文章所占的份额，相当有限.

然而，在我们的《自然》和《科学》上，情况并非如此.在《自然》杂志上，从1984年起就常设“数林撷英”专栏，专门刊登数学中有趣的论题；在《科学》杂志上，则有类似的“科学奥林匹克”专栏.许多德高望重的数学大师，愿意在这两本杂志上发表总结性、前瞻性的综述；许多正在从事前沿研究的数学家，乐于将数学顶峰上的无限风光传达给我们的读者.在数学这个需要人类第一流智能的领域，流传着说不完道不尽的趣事佳话，繁衍着想不到料不及的奇花异卉.这些，都在这两本杂志上得到了充分的反映.

在编这本集子的时候，我们发觉，《自然》(在下文所说的时期内)和《科学》上的数学好文章是如此之多，多得简直令人苦恼：囿于篇幅，我们必须屡屡面对“熊掌与鱼”的两难，最终又不得不忍痛割爱.即使这样，篇幅仍然宏大，最终不得不考虑分册出版.

现在这本集子中的近200篇文章，几乎全部选自从1978年创刊至1993年年底休刊前夕这段时期的《自然》杂志，和从1985年复刊至2010年年底这段时期的《科学》杂志.它们被分成12个版块，每个版块中的文章，基本上以发表时间为序，但少数文章被提到前面，与内容相关的文章接在一起.

还要说明的是，在“数学的若干重大问题”版块中，破例从《世界科学》杂志上选了两篇本人的译作，以全面反映当时国际数学界的大事；在“数学中的有趣话题”版块中，破例从台湾《科学月刊》上选了一篇“天使与魔鬼”，田廷彦先生对这篇文章钟爱有加；在“当代数学人物”版块中，所介绍的数学人物则以20世纪以来为限.

这本集子中的文章，在当初发表时，有些作者和译者用了笔名.这次选入，仍然不动.只是交代：在这些笔名中，有一位叫“淑生”的，即本人也.

照说，选用这些文章，应事先联系作译者，征求意见，得到授权.但有些作译

---

① 参见 Mathematics Today：Twelve Informal Essays，Springer-Verlag(1978)p. 2. Edited by Lynn Arthur Steen.

者，他们的联系方式，早已散失；不少作译者，由于久未联系，目前的通信地址也不得而知；还有少数作译者，已经作古，我们不知与谁联系. 在这种情况下，我们只能表示深深的歉意. 更有许多作译者，可说是我们的老朋友了，相信不会有什么意见，不过在此还是要郑重地说一声：请多多包涵.

在这些文章中，也融入了我们编辑的不少心血. 极端的情况是：有一两篇文章是编辑根据作者的演讲提纲，再参考作者已发表的论文，越俎代庖地写成的. 尽管我们做编辑这一行的，“为他人作嫁衣裳”，似乎是份内的事，但在这本集子出版的时候，我还是将要为这些文章付出过劳动、做出过贡献的编辑，一一介绍如下，并对其中我的师长和同仁、同行，诚致谢忱.

《自然》上的数学文章，在我 1982 年 2 月从复旦大学数学系毕业到《自然》杂志工作之前，基本上由我的恩师陈以鸿先生编辑；在这之后到 1987 年先生退休，是他自己以及我在他指导下的编辑劳动的成果. 此后，又有张昌政先生承担了大量编辑工作；而计算机方面的有关文章，在很大程度上则仰仗于徐民祥先生.

《科学》上的数学文章，在复刊后，先是由黄华先生负责编辑，直至 1996 年他出国求学；此后便是由田廷彦先生悉心雕琢，直到现在；其间静晓英女士也完成了一些工作. 当然，《科学》杂志负责复审和终审的编审，如潘友星先生、段韬女士，也是付出了心血的.

回顾往事，感悟颇多. 但作为这两本杂志的编辑，应该有这样的共同感受：一是荣幸，二是艰辛. 荣幸方面就不说了，而说到艰辛，无论是随《自然》杂志流离，还是在《科学》杂志颠沛，都可用八个字来概括：“筚路蓝缕，以启山林”.

是的，筚路蓝缕，以启山林！

如今，蓦然回首，我看到了：

一座巍巍的山，一片苍苍的林！

《自然》杂志原副主编兼编辑部主任
朱惠霖
2017 年 5 月于沪西半半斋

目录

第一编

数学的一些新兴领域

模糊数学[①]

一、概　述

远方走来一个人，他是谁呢？要让机器来辨认，应该遵循怎样的途径呢？也许有人会认为，只要应用现代的各种先进技术，把客体的各种特征测定得尽量清楚，总可以精确地得到结论.实际上在应用这种方法时，会遇到许多问题.是否该测定人的所有特征呢？对每个特征又该测到几位有效数字呢？对诸如人的肤色、走路姿势等特征，又该如何用传统的方法，用数字来表示呢？对于测得的大量信息又该如何综合，从而辨识和确认走来的人是谁呢？对这类问题，人类却能很简捷地解决，但遵循的是另外的途径.人们打量一下远方走来的人，只是凭借一些模糊的印象，例如瘦高个、半秃顶、走路时两手摆动较大等，就能得出足够精确的结论来.

对一个系统进行研究，一般是依据力学的、热力学的、电磁学的一系列基本规律，建立相应的微分方程，使用电子计算机来求解.这种传统的方法，在揭示自然界的秘密和设计各种精巧的机器上，成效显著.但当我们研究人类系统的行为，或者处理可与人类系统行为相比拟的复杂系统时，这种对系统进行定量研究的传统方法就不再有效了.

① 楼世博，金晓龙，《自然杂志》第1卷(1978年)第6期.

上述论点以不相容原理为基础，这个原理可概述如下：“一个系统的复杂性增大时，我们使它精确的能力减小，在达到一定的阈值以上时，复杂性和精确性将互相排斥.”

在生产中，常需要根据一些模糊的信息和一些不完全确定的规则做出决定. 例如，要确定一炉钢水是否已炼好，除了要知道钢水温度、成分比例和冶炼时间等精确信息，还需参考钢水颜色、沸腾情况等模糊信息. 在生产中，有些过程很难用目前的自动控制办法来控制，一般认为还是由熟练工人凭借经验操纵较妥. 经验可以用自然语言表达出来. 可是自然语言和人工语言不同，其中包括许多反映模糊事物的词，如暖和、寒冷、鲜红、粉红、稍微大些、不太高 ……，以致我们不能用传统的数学模型来表示.

建立在二值逻辑基础上的机器，在辨识图像、翻译语言、理解意思和在不确定的场合做出决定、抽象或拓展等方面，不如人类. 人类的智能与机器的智能有着本质的区别，人类能根据需要，汲取最少的模糊信息，在大脑中依据一定的推理规则进行思考，从而得出有足够近似程度的结论来. 正是由于这个道理，人类有可能辨别歪斜的书写、含糊的语言等. 目前的机器缺乏这种能力，因而即使最大、最好的计算机，也不能用自然的语言和人对话.

从传统的二值逻辑的观念来看，每个概念的内涵和外延都必须是清楚的、不变的，每个命题均非真即假、非假即真. 尽管这种处理方法，对过去自然科学和技术科学的发展，发挥过巨大的作用，但这毕竟不是处理模糊事物的恰当方法. 客观世界中的事物之间有一定的联系，反映在人的认识上，有许多概念存在着模糊性. 例如“青年”和“少年”，“青色”和“蓝色”，“暖和”和“不冷”，“很高”和“不矮”等，就是一对对既有区别又有联系的没有明确分界的概念. 由模糊概念组成的命题，如“今天天气很热”“张三很年轻”这类命题，也不应该只用“真”或“假”两字来判别真伪.

恩格斯在《反杜林论》中写道：“在形而上学者看来，事物及其在思想上的反映，即概念，是孤立的、应当逐个地和分别地加以考察的、固定的、僵硬的、一成不变的研究对象. 他们在绝对不相容的对立中思维；他们的说法是：‘是就是，不是就不是；除此以外，都是鬼话.’在他们看来，一个事物要么存在，要么就不存在；同样，一个事物不能同时是自己又是别的东西.”[①] 我们要遵循革命导师的教导，探索更加接近人类大脑实际功能的处理模糊事物的方法.

---

① 人民出版社，1970 年版 19 页.

二、动　　态

1965 年,美国自动控制学家柴德(Zadeh) 发表了两篇论文,首先提出用"模糊集合"作为表现模糊事物的数学模型.当时,有些纯粹数学工作者不同意这两文所提出的新颖想法,认为既然模糊数学常用概率论中用过的方法,就应算是概率论的一个分支.可是,随后的发展证明了这一方向的无限生命力和广阔前景.从 1965 年起,有关模糊数学及其应用的论文篇数,如表 1 所示.可以看出,论文篇数差不多每年递增 40%.到 1976 年 6 月止,全世界有二十余国的二百多人从事模糊数学的理论及应用的研究.

表 1

年份	论文篇数	年份	论文篇数
1965	2	1971	42
1966	4	1972	58
1967	4	1973	88
1968	12	1974	138
1969	22	1975	227
1970	25	1976	143(不完全)

柴德的功绩,在于他"提出一些聪明的问题和新颖的想法,这些虽然与数学关系疏远,或者只是部分地与数学有关,但极其重要."① 他发现的新的想法,使数学能应用于那些至 1965 年为止尚未受到系统数学处理的涉及模糊性的科学分支,并在这些分支中发展数学理论.通过这种努力,产生了新的模糊集合的概念与理论.作为纯粹数学的一部分,这些概念和理论本身就使人感兴趣.

集合是数学的许多分支的基本概念.在这些分支中,把集合的概念推广为模糊集合,就将得到一系列新的定义和定理.这种工作,一般称为将这些分支模糊化.至今为止,在模糊拓扑、模糊群论、模糊图论、模糊概率、模糊环论等方面,都有人做了一些工作.但是,关于模糊数学的大部分工作,还是环绕了它的应用和作为应用的理论基础的模糊逻辑和模糊语言学.由于模糊逻辑是一种无穷多值逻辑,在多值逻辑理论及应用的国际会议上,"模糊数学的理论及其应用"作为一个专题,从 1971 年开始,每年进行国际交流.

模糊数学研究可分成三个方面:一是研究模糊数学的理论,以及它和经典

---

① 林家翘,《谈谈应用数学的作用》,《自然杂志》第 1 卷(1978 年)第 2 期 103 页.本文其他地方也采用了林家翘文中的一些观点和提法.

数学、统计数学的关系；二是研究模糊语言学和模糊逻辑；三是研究模糊数学的应用.

模糊数学在理论研究上有着诱人的前景，经典数学可以看成是模糊数学的特例. 有了模糊数学，以往经典数学、统计数学描述现实世界感到不足之处得以弥补. 由此，数学将逐步形成三大有机组成部分：经典数学、统计数学和模糊数学.

但是在目前阶段，我们认为模糊数学还是纳入应用数学范畴中较妥. 迄今为止，柴德及其后继者的工作，只不过是表示一种态度 —— 探索表现模糊事物的数学模型，提出一种思想 —— 用模糊集合来表现模糊概念，和尝试把一些经典数学或统计数学中的方法移植到模糊数学中来. 要找到理想的恰当的数学模型是非常困难的，在许多情况下，数学方法或理论的严格形式不可能发展成功. 在模糊数学的内容中，似然的论证、有希望的推测和清楚的证明、严格的证明交缠在一起. 可是，不得不用似然的论证，支持结论的可靠程度；一些推测则由于大胆应用到实际中所取得的成功，而得到了肯定. 模糊数学的理论轮廓尚未见端倪，可是它在自动控制、模式识别、系统理论、信息检索、社会科学、心理学、医学和生物科学等方面，初露锋芒，大显身手. 模糊数学，这个脱胎应用科学的数学分支，在襁褓时期，必须继续从母体 —— 应用科学中汲取养料，才能日臻成熟、完善和严密.

三、数学各分支的模糊化

如前所述，集合是现代数学的许多分支的最基本的概念. 论域$U=\{y\}$上的集合A，是指U中具有某种性质的元素的总体，我们能根据该种性质，判别U中所有元素是否属于A. 论域中任一元素，要么属于A，要么不属于A. 我们可以引进特征函数$\mu_A(y)$来刻画集合A

$$\mu_A(y)=\begin{cases}1 & \text{当 } y \text{ 属于 } A \\ 0 & \text{当 } y \text{ 不属于 } A\end{cases}$$

把集合的定义推广，得到下面的定义：

定义　论域$U=\{y\}$上的模糊集合A，由从属函数$\mu_A(y)$来表征，其中$\mu_A(y)$在实轴的闭区间$[0,1]$中取值，$\mu_A(y)$的大小反映y对于模糊集合A的从属程度.

这就是说，论域$U=\{y\}$上的模糊集合A，是指U中具有某种性质的元素的界限不分明的整体，对于U中任一元素y，我们能根据该种性质，用一个$[0,1]$间的数，来表征y从属于A的程度.

利用模糊集合的概念，不少数学分支得以模糊化. 例如罗森菲尔德(A. Rosenfeld)

在 1971 年给出模糊广群和模糊群的定义.一般群论中的大部分结论,可以拓广到模糊群论中去.

张(C. L. Chang) 于 1968 年给出了模糊拓扑空间的定义.

定义 若下列三个条件成立,则称 U 上的模糊集族 $\mathscr{I}$ 为 U 上的模糊拓扑:(1)$\varnothing$,$U \in \mathscr{I}$;(2) 若 A,$B \in \mathscr{I}$,则 $A \cap B \in \mathscr{I}$;(3) 若每个 $A_\alpha \in \mathscr{I}(\alpha \in I)$,则 $\bigcup \{A_\alpha \mid \alpha \in I\} \in \mathscr{I}$. 此时,偶对$(U,\mathscr{I})$ 称为模糊拓扑空间,$\mathscr{I}$ 中的集合称为拓扑 $\mathscr{I}$ 下的开集,开集的补集称作闭集.

四、模糊语言学和模糊逻辑

模糊语言学和模糊逻辑(指的是模糊语言逻辑,而不是模糊开关逻辑) 的任务是对人类的语言和思维进行定量分析. 在思维活动中,思维内容总是经过一定的形式实现的,一般需要运用概念、做出判断、进行推理. 概念、判断和推理以及它们的联系就是思维形式. 思维和语言有着直接的联系,思维是语言的内容,没有思维就没有语言. 语言是思维的外壳,没有语言也不能思维. 思维的结果 —— 思想,"只有在语言材料的基础上才能产生"①. 思维是被表现者,语言是表现者,两者有着不可分割的联系.

概念反映某种事物和某种属性. 概念是由词或词组来表达的. 在人类思维中,充斥着大量反映事物模糊性的概念. 因而,在人类语言中相应地有不少表现模糊的词或词组,如高个子、大胖子、紫红色、不太年轻也不太老、有点烫手等. 应该由语言学工作者和数学工作者合作建立模糊语言学. 在模糊语言学中引入语言变量,用五元总体$(\mathscr{N},U,X,G,M)$ 来表征模糊概念. 其中:

1. $\mathscr{N}$ 是变量的名称. 例如"人的年纪""人的高矮""颜色""数的大小""冷热"等均可作为 $\mathscr{N}$.

2. U 是论域. 例如,当 $\mathscr{N}$ 为"人的年纪" 时,U 应为人的年龄范围,$U=[0,150]$;当 $\mathscr{N}$ 为"人的高矮" 时,U 应为人的高度范围.

3. X 是 $\mathscr{N}$ 的语言值 x 的集合,其中每个语言值 x 是和 U 相联系的模糊集合. 如 $\mathscr{N}$ 为年纪,x 可为年轻、年老、年纪非常老、不太年轻也不太老等.

4. G 是语法规则. 由原始词(例如年轻、年老)、否定词(不)、连接词(与、或)、程度副词(十分、稍微、非常、或多或少等) 等通过一定的毗连方式构成词组. 如何根据原始词的从属函数来求得词组的从属函数,是模糊语言学语法部分的研究对象.

5. M 是语义规则,根据 M 给出模糊集合 x 的从属函数. 语义规则应是模糊

① 斯大林,《马克思主义和语言学问题》,人民出版社 1971 年版 34 页.

语言学中语义学部分的研究对象.

语言变量 $\mathcal{N}$、语言值 x、论域 U、语法规则 G 和语义规则 M 的关系可用图 1 来表示.

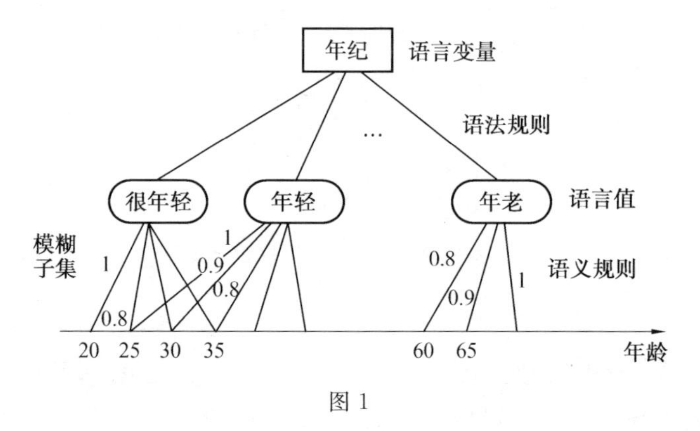

图 1

对于复杂的概念,例如"椭圆",可以用模糊算法来描述(见本文第五部分).

判断是对事物有无某种属性的反映.判断一般由直陈句(直接表达某个事物情况或确定事物有无某种特征的句子)来表达.在二值逻辑中,一个能分辨真假的判断称为一个命题,命题非真即假.但在实际生活中,对一判断的真假性的回答有"很对""基本对""不完全对""完全错""半真半假"等许多种.我们应该把真值看成语言变量,或称它为语言真值变量,而"很对""不完全对"之类的词是语言真值变量所能取的值,或称为语言真值.一般的最简单的命题形式是"u 是 A".例如"炉温相当高"就是这类命题,"炉温"相当于 u,"相当高"相当于 A.和"u 是 A"这个命题相联系的有两个模糊子集:

1. A 的语义 $M(A)$,它是论域 U 上用 A 表示的模糊子集.

2. "u 是 A"的语言真值,用 $T(A)$ 表示,$T(A)$ 是论域 $U=[0,1]$ 上的一个模糊子集.

对于用简单句给出的直言判断"u 是 A"(例如"老王还年轻"),我们可以用语言真值 $T(A)$ 来表示判断的真伪程度.对于复合句,则应根据其子句的真伪程度和子句的联结方式来决定其真伪程度.这是模糊语言学中句法部分研究的内容.

柴德对模糊语义学和模糊语言做过一些研究,并在此基础上对模糊演绎推理中的假言推理进行了研究.

一般假言推理的规则是

大前提	若 M 则 P(可记为 $M \to P$)
小前提	S 是 M
结　论	S 是 P

模糊假言推理的规则是

$$\begin{array}{ll} \text{大前提} & \text{若} M \text{则} P \\ \text{小前提} & S \text{是} M_1 \\ \hline \text{结　论} & S \text{是} P_1 \end{array}$$

其中 M_1 和 M 是同一论域上的模糊子集,大前提是一个模糊条件句,可看成是一个模糊关系.在 M 与 P 的论域是离散集时,这个模糊关系可用矩阵来表示.M_1 可写成一个行向量,按柴德定义的合成规则,结论为

$$M_1 \circ (M \to P)$$

其中运算符号"$\circ$"表示矩阵的最大－最小乘法.

柴德仅就离散情况,给出了假言推理的规则,距离给出全部模糊推理规则还很远.但他的研究结果很快就被应用于构筑模糊控制器,并取得了良好的效果.

我们认为还可给出模糊三段论法和模糊归纳推理的规则,且可以加上语言真值.三段论法的形式为

$$\begin{array}{ll} \text{大前提} & M \to P \\ \text{小前提} & P \to \mathcal{N} \\ \hline \text{结　论} & M \to \mathcal{N} \end{array}$$

在模糊三段论法中,应有如下形式

$$\begin{array}{ll} \text{大前提} & M \to P \\ \text{小前提} & P_1 \to \mathcal{N} \\ \hline \text{结　论} & M \to \mathcal{N}_1 \end{array}$$

其中大前提的后件与小前提的前件是在同一论域中有联系而又不全同的模糊概念,所得结论中的 $\mathcal{N}_1$ 是和 $\mathcal{N}$ 在同一论域中的模糊概念.

一般的完全归纳推理形式为

$$\begin{array}{c} A_1 \text{是} M \\ A_2 \text{是} M \\ \vdots \\ A_n \text{是} M \end{array}$$

结论:若 $A=\bigcup_{i=1}^{n} A_i$,则 A 是 M.

模糊归纳推理的形式为

$$\begin{array}{c} A_1 \text{是} M_1 \\ A_2 \text{是} M_2 \\ \vdots \\ A_n \text{是} M_n \end{array}$$

结论:若 $A=\bigcup_{i=1}^{n} A_i$,则 A 是 M,其中 $M,M_1,M_2,\cdots,M_n$ 为互相有联系的模糊概念.

应该指出,目前模糊语言学和模糊逻辑的研究还只是开始阶段.柴德仅就

英语中一些能看成模糊变量的词进行了研究，对一些抽象的概念，尚未找到合适的模型. 对模糊推理的研究，尚未能系统严密. 距离我们对认识和思维进行定量研究的目标还很远.

五、应　　用

可利用现在的计算机来执行模糊算法.

粗略地说，模糊算法是模糊指令的有序集合，执行这一模糊指令集可以对所给问题求出近似解. 严格的定义要用到模糊图林机或模糊马尔柯夫过程.

像“x 是大的”“x 远大于 7 则停机”“x 除以 y，x 稍稍减小，转向 5”都是模糊语言. 由模糊语句构成的指令叫作模糊指令，包含了模糊指令的算法称为模糊算法.

椭圆 = 接近闭合的曲线 ∩ 看起来是凸的 ∩ 看不出有自交叉 ∩ 有两根接近正交的对称轴 ∩ 一轴明显地比另一轴长.

其中“接近闭合”“看起来是凸的”“椭圆”等较为简单的模糊概念均可用模糊算法来定义，在这基础上可写出确定椭圆的算法.

下面举两种应用为例：

1. 自动控制

模糊系统理论应用在自动控制上有着广阔的前景. 可以按模糊逻辑的规律，用语言综合的方法来设计控制系统. 目前，美国、英国、加拿大、丹麦、荷兰等国已研制出一系列模糊控制器，在中等规模实验工厂控制复杂的生产过程（冶金、化工等部门）.

为了用计算机来控制生产过程，按传统的方法，必须先建立生产过程的精确的数学模型. 对于一些复杂的生产过程，难以建立数学模型，或由于非线性、时变特性、无法进行有效的测量等原因，难以按传统的方法用计算机来控制生产过程，而只能用人工控制. 人工控制就得依靠直觉和经验. 直觉和经验可以表示为一组判定规则. 一个典型的规则是“假如温度高，且在上升，则把冷却水增加一点”. 其中“高”“上升”“增加一点”均为模糊的. 如何描述人的控制作用呢？按照柴德提出的方法，对于工业控制，可根据工厂熟练操纵者的操纵方法和设计者的经验来构成语言控制方案，得到一组语言控制规则. 运用模糊逻辑推理规则可以相当直接地对这些指令进行定量解释，从而判定该系统下一个动作应是什么. 其过程可分为四步：

（1）计算当前的误差和误差变化率.

（2）把误差和误差变化率用语言变量的值分成若干级（误差太大、不太大、较小等），每一级看成是一个模糊集，把（1）的结果表示为模糊集合作为输入.

(3) 用推理的合成规则,根据给定的判定规则和输入来判定,得出一个用模糊集合表示的结果.

(4) 按照一定原则,根据上一步所得结果,得出确定的控制量,用以控制工业过程.

语言综合模糊控制方法与传统的控制方法相比,有一系列优点.首先,对于复杂的系统,要确定大量精确的控制方程,要获得各类精确的反馈信息,比较困难,这时改用语言控制要简单易行得多.其次,用人工操作控制得很好的生产过程,只要把人的经验用语言写下来,在大多数场合都能方便地改为模糊控制.最后,用模糊控制方法,操作人员可随时加入控制环中,用自然语言进行人机对话,提供额外输入信息,修改判定规则和直接控制动作.

2.模式识别

模式识别是使人类大脑将感觉(视觉、听觉等)接收的信息转换为概念冀以辨识和确认客体的这种能力机器化.模糊系统理论已成功地应用在模式识别上.这方面已有不少工作,我们仅以识别手写数字为例来说明.

数字的基本笔画共有15种,如图2所示.但手写的笔画和印刷体有差异.这15种基本笔画可以看作是笔画空间的15个模糊子集,至于这15个模糊子集的从属函数,我们可以运用几何知识来确定.

图 2

整个识别系统由两部分组成:学习部分与识别部分,如图3所示.

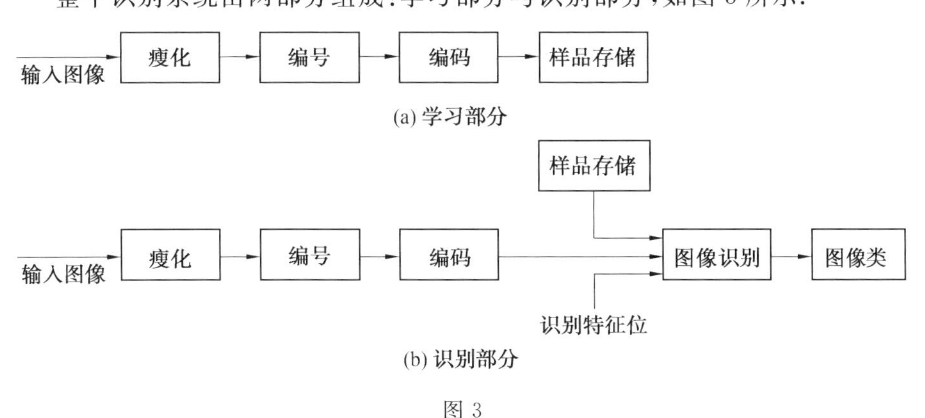

图 3

首先将输入图像数字化,变成矩形图格数组,在图像上的点取值1,其他点的值为0.

在瘦化这一步,利用瘦化算法检验图像的边界点,删去那些在边界上且移去后不影响连接性的点.

在编号这一步，先检出节点加以编号.然后对连接一对节点的线段——笔画，区分它应属于哪一个模糊子集，编以它们的代号.

在编码这一步，把节点号、笔画代号编为二进位码.

图3(a)为学习部分，在这个过程中，计算机通过学习把各种可能出现的数字的形状，以码的形式存入样品存储中.

图3(b)为识别部分，将待识别的数字经过瘦化、编号、编码变成二进位码.在查阅了样品存储中的各种码后，即能识别它是属于哪个数字.

有人在一台数字计算机中实现了这个图像识别系统.先随机找50个人，各写0,1,…,9这10个数字，在机器中存储这500个样本.当送入待识别手写数字时，正确识别率达98.4%.

模糊数学是经典数学的推广，各数学分支的模糊化给广大数学工作者提供了广阔的园地，相信不久必会收获丰硕的果实.模糊语言学与模糊逻辑为人类智能提供了数学模型，给对人类的认识与思维的研究开辟了新途径.模糊数学的应用已在自动控制、模式识别等许多方面显示出巨大威力，很可能不久就会出现模糊逻辑电路、模糊硬件、模糊软件和模糊固件，出现能和人用自然语言对话，更接近于人的智能的新的一类计算机.

模糊逻辑[①]

近代逻辑所涉及的领域，已不限于思维形式及其规律的问题，而拓展到某些物质过程的逻辑特性和规律的探讨. 在理论上，它与数学的关系日益密切，具有很多共同的特点，因此现代关于科学的分类，往往把逻辑学作为一门基础科学，与数学处于对等的地位. 在应用上，它日益广泛地渗透到其他领域，与应用数学相似，也有了应用逻辑，在科学技术方面的应用更为突出. 模糊逻辑就是一门新兴的应用逻辑.

近三十年来，应用数学有很大发展. 1965 年美国控制论学家查德第一次提出模糊集[1] 的概念，标志着模糊数学作为应用数学的一个分支的诞生. 十几年来的研究进展表明，它不仅日益广泛地应用于技术科学，如自动控制、计算机、系统研究等领域，而且在理论上，由于它开辟了一个新的方向，提出了一种新的方法，而日益使数学的各个分支模糊化.

由于数学与逻辑的内在联系和应用的需要，模糊集的概念和方法很快被推广运用于逻辑的研究. 1966 年马利诺(P. N. Marinos) 发表了关于模糊逻辑的内部研究报告. 接着，查德提出了关于模糊语言变量和似然推理的研究[2]，戈冈研究了不确切概念[3]，从此模糊逻辑便作为模糊数学的一个分支而与模糊语言学、模糊算法一道产生和发展起来.

---

① 王雨田，《自然杂志》第 3 卷(1980 年) 第 9 期.

一、模糊逻辑的产生与系统科学

模糊数学和模糊逻辑的产生与系统科学的形成和发展密切相关. 在 20 世纪 50 年代前后,出现了控制论、系统工程及一般系统理论,还出现了与之相应的应用数学和技术,如信息论、运筹学、电子计算机. 这类新兴的重要学科发展很快,到六七十年代,终于逐步形成了一类崭新的基础科学,即系统科学和信息科学. 控制论从 50 年代产生以来,已经由经典控制理论、现代控制理论进入对大系统理论的研究. 系统工程也在六七十年代日益进入对复杂的大系统和超大系统,如航天系统、生态系统、人脑系统、社会经济系统和智能系统等的研究. 所有这类大系统、复杂系统不仅结构和功能复杂,涉及大量的参数和变量,一般与分布参数和时变相关,而且其间的性质和关系十分错综复杂,往往模糊不清. 可以说,复杂的大系统的一个突出特点就是具有模糊性. 为了对之加以描述和处理,现有的以确切性为特点的数学工具、逻辑工具和计算机显然是难以胜任甚至无能为力的. 于是,在复杂性与确切性之间发生了尖锐的矛盾,查德称之为互克性原理. 他说:"从本质上说,互克性原理的实质是:当系统的复杂性日益增长时,我们做出系统特性的精密然而有意义的描述的能力将相应降低,直至达到这样一个界限,即精密性和有意义(或适当性)变成两个几乎互相排斥的特性."[4]

就逻辑学来说,形式逻辑的基本内容早就为亚里士多德所提出和大致加以明确了. 从莱布尼茨开始,特别是经过布尔、布雷格(Frege)和罗素等人,逐步运用数学方法于逻辑的研究并研究数学中的逻辑问题,这样,就出现了逻辑与数学相互渗透的一门新学科,即数理逻辑. 但是长期以来,数理逻辑是作为一门纯理论的学科而存在和发展的. 直到 20 世纪三四十年代,它才被用于电路开关设计. 到 50 年代,它成为控制论和计算机科学的基础理论之一. 这主要是因为在研制具有某种"目的"性的自动机器时,必须考虑到人的思维的某些逻辑特征与规律,并要使之形式化,以便为机器所接受. 建立在取真假{0,1}二值的基础之上的数理逻辑、布尔代数就适应了这种需要. 因为逻辑上取真假二值,与电路的开关和神经反应的"全"或"无"律是能一一对应的. 通过这种类比,使自动机器能具有某些逻辑的功能.

但是对于复杂的大系统和模拟人的高级智能的机器来说,现有的数理逻辑就不够了. 因为人的思维除了具有机械性的、精确性的严密推理外,还具有灵活地处理模糊性对象的能力,具有概括、抽象、直觉和创造性思维的能力,能够进行整体性的、平行性的思考,而且这后一种情况是主要的,也是大量存在的. 炼钢工人操纵炉温、高级厨师掌握火候、中医切脉诊治、艺术家的灵感、科学家的创见等，都与模糊性有关.作为控制论、系统工程的主要工具的计算机，不得不从对形式语言的处理去进一步探索自然语言的形式化和处理的问题.这就需要建立相应的数学和逻辑模型，于是模糊数学和模糊逻辑就应运而生了.

二、模糊逻辑的理论和应用

模糊逻辑是作为模糊数学，不是作为数理逻辑的直接推广和分支而产生的，而且从一开始就具有应用的目的，因此它与数学的关系十分密切，而作为一门逻辑学则在理论上至今还不完整、不系统，甚至迄今还没有明确的定义.在国外文献中，模糊逻辑有时用以表示对含混性(vagueness)、不确切性(inexactness)这类现象的探讨，有时用以表示对多值逻辑、无穷值逻辑的某些研究，有时则指把模糊集用于逻辑的研究.事实上，有些逻辑学家和哲学家如卢卡西维茨(Lukasiewicz)、罗素、布莱克(Black)等人早在20世纪二三十年代就已对前两者中的某些问题各自做过一些研究，所不同的特点是：模糊逻辑并不是一般地研究一切不确定性的对象，而仅仅是研究其中的一种，即模糊性的对象.这种模糊性是其本身的固有属性，而不是因为出现的次数(或频率)不够多才表现为不确定的，因而与概率论所研究的随机性有所区别.而且这种模糊性是指能够用模糊集的方法进一步数量化、精确化而使之转化为量的关系来加以处理的.而模糊集又是以无穷连续值的逻辑为依据的.由此可见，模糊逻辑是一种运用取无穷连续值的模糊集去研究模糊性对象(包括模糊的物质对象和思维、语言过程)的形式和规律并使研究对象适当确切化的科学.

在数学中，集合是一个重要的基础概念.虽然任意若干个(有穷或无穷多个)确定事物的全体可以组成一个集合，但在任一集合与组成这一集合的元素之间至少有一种性质，这就是：某一指定的元素要么属于这一集合，要么不属于这一集合.如果把前者与取真的值相对应，后者与取假的值相对应，就可与取真假二值的布尔代数、数理逻辑对应起来.这种要么真、要么假的性质只适合于确切性的描述和处理.查德为了描述和处理模糊性而提出的基本思想和方法，就是把“属于”关系进一步加以数量化.这就是说：某个元素并不是要么“属于”、要么“不属于”，而是可以在不同程度上“属于”某一集合.一个元素属于某一集合的程度称为隶属度(membership grade)，可以用相应的隶属函数(membership function)来描述，这在实际上是特征函数的一种推广.一个元素要么“属于”、要么“不属于”某一集合，这种性质是能用特征函数来描述的.当某一元素“属于”这一集合，其特征函数值为1，否则就为0.现在，模糊集中的元素可以在不同程度上“属于”某一集合(注意：这是一个正常集，正因为如此，严格说来，应称为模糊子集)，则其特征函数值既不能为1，也不能为0，而应在大于0与小于1之间取值.这种特殊的特征函数就是隶属函数.

这样，查德就把普通集合论推广为模糊集合论. 前者只取{0,1}二值，后者则可在[0,1]区间上取连续的无穷值；前者与二值逻辑对应，后者则与多值逻辑（取有穷的多值或无穷的连续值）相对应. 通过这一推广，模糊集成为刻画模糊性的一种数学模型.

把模糊集的这些基本概念和方法推广运用于逻辑领域中，为了对模糊的概念、判断、推理和命题、谓词加以相应的描述，查德首先提出的是模糊语言变量和语言真值这两个重要概念. 前者实际上就是一种具体的逻辑变量，后者用来对程度加以刻画. 现若以"年龄"作为模糊语言变量，它的语言真值就取如"很年轻""年轻""中年""有点老""老年""很老"等这样一些模糊子集. 从模糊逻辑的角度来看，"年龄"这一模糊语言变量，作为一种模糊逻辑变量，其所取真值显然不是要么老、要么小，而是在老、小之间取老、小的不同程度为真值，故与二值逻辑的逻辑变量的取值是不同的，而与集合中的子集相对应，与隶属度是密切相关的.

模糊逻辑中所用逻辑连接词一般与数理逻辑中所用相同，也是五个，即否定（$\neg$）、合取（$\wedge$）、析取（$\vee$）、蕴含（$\rightarrow$）和等值（$\leftrightarrow$）. 这五个逻辑连接词是对我们日常所用重要连接词的逻辑抽象. 大体说来，否定词用来表示某一命题的否定命题，合取用来表示"与"，析取用来表示"或"，蕴涵用来表示"如果……，则……"，等值用来表示两命题的真假值相同. 但在模糊逻辑中，有的连接词与二值的数理逻辑不同. 例如设模糊变量为 $\underset{\sim}{a}$，其否定式 $\neg\underset{\sim}{a}$ 虽然仍用 $1-\underset{\sim}{a}$，亦即用其集合的"补"来定义，但要注意的是：由于值域发生了由{0,1}到[0,1]的变化，所以排中律和矛盾律是不成立的. 这就是说：$\underset{\sim}{a}$ 与 $\neg\underset{\sim}{a}$ 的关系，并不是要么是 a，要么非 a；也不是既是 a 又非 a 就一定为假. 显然，这是由多值逻辑的特点所决定的. 此外，对于求 $\underset{\sim}{a}$ 与 $\underset{\sim}{b}$ 的合取和析取，也不是相应地用求集合的"交"和"并"来定义，而是分别取 $\underset{\sim}{a}$ 与 $\underset{\sim}{b}$ 中的最小值和最大值来定义，即 $\underset{\sim}{a}$ 与 $\underset{\sim}{b}$ 这两个模糊逻辑变量的合取用 $\underset{\sim}{a}$，$\underset{\sim}{b}$ 中的最小值来表示，而其析取则用最大值来表示. 对其他的逻辑连接词，也同样地加以定义.

在给出模糊逻辑变量并定义了模糊逻辑连接词之后，就能按给定的形式规则来构成合适的模糊逻辑函数，或称模糊逻辑公式. 显然，在给出了模糊逻辑变量的值后，就能相应地求出模糊逻辑公式的值.

此外，在数理逻辑中，还用谓词表示个体的性质或关系，用全称量词表示自然语言里的"一切"，用存在量词表示自然语言里的"有的""至少有一个". 同样地，模糊逻辑也可运用上述的方法对模糊谓词、模糊量词给出相应的定义.

总之，对于二值的数理逻辑中的一些基本概念和约定，模糊逻辑都做了相应的推广,并具有某些不同的特点.但是总的说来,模糊逻辑的基础理论的研究,特别是在公理化方面,还是很薄弱的,这与过去偏重于应用有关,今后有待逻辑工作者和数学工作者进一步加强对基础理论的探讨和研究.

十几年来,在模糊逻辑中研究得较多的还是应用方面的课题,这与计算机科学密切相关.应用着重于两个方面:一方面是研究如何将一模糊逻辑公式化为标准型,加以化简,即模糊逻辑公式的极小化问题.显然,对于任一合适的模糊逻辑公式,一般可以通过一些变换使之成为完全由析取连接词或合取连接词相联结起来的项所组成的公式,分别称为析取范式或合取范式.这在理论上就是数理逻辑和布尔代数中的求范式和化简的问题.在 20 世纪三四十年代,这已应用于电路开关的设计,为的是用来简化线路、节省元件.同样,现在也可以用来找到最佳的模糊开关线路,这是属于硬件方面.理论上现已证明,只要引入"修正系数"的装置,用模糊元件设计相应的自动机器是可能的,只是在技术上尚需克服一些困难才能逐步实现和完善.

另一方面是对似然推理的研究,就是用模糊命题进行模糊的演绎推理和归纳推理.查德着重研究了肯定前件的假言推理.这就是:如果已知命题 p 蕴含 q,现给出 p,则可推出 q,在数理逻辑中用 $((p\to q)\wedge p)\to q$ 来表示.但在模糊情况下,p,q 都不是确切的,而是 $\underset{\sim}{p}_1\to\underset{\sim}{q}_1$.现已知 $\underset{\sim}{p}_2$,要推出 $\underset{\sim}{q}_2$,这在传统的形式逻辑和数理逻辑中都是无能为力的,但模糊逻辑却能找到一种解决的途径.同样,对否定后件的模糊假言推理(即 $((\underset{\sim}{p}_1\to\underset{\sim}{q}_1)\wedge\neg\underset{\sim}{q}_2)\to\neg\underset{\sim}{p}_2$),以及与条件转移指令相当的模糊条件语句,即若 $\underset{\sim}{p}$ 则 $\underset{\sim}{q}$,否则 $\underset{\sim}{r}$ 这些模糊推理,也分别逐步进行了探讨和研究.

现在举一个例子来说明.若存在 u,则有 v 与之近似相等.已知 u 是小的,要问 v 的大小如何? 这可用下式表示

$$\begin{array}{l}\underset{\sim}{p}_1\to\underset{\sim}{q}_1:u\text{ 与 }v\text{ 近似相等}\\ \underset{\sim}{p}_2:u\text{ 是小的}\\ \hline \text{求 }\underset{\sim}{q}_3=?\end{array}$$

对这个问题,在日常的思维中,显然可以推知 v 也会是小的.值得注意的是这种推理具有模糊性,即 $\underset{\sim}{p}_1$ 与 $\underset{\sim}{p}_2$,$\underset{\sim}{q}_1$ 与 $\underset{\sim}{q}_3$ 都是既属于一类而又有所区别.这种模糊性的推理,若用形式逻辑或二值的数理逻辑做工具,是不能形式地推导出来的.而模糊逻辑则能够加以形式地处理:

现设有一正常集 U,为了简单,令其论域为 $\{1,2,3,4\}$.就 1,2,3,4 来说,1,2 较小而 3,4 较大.于是 $\underset{\sim}{p}_2$ 即"u 是小的"这一命题可以分别取对 1,2 的隶属度

大些而对3,4的隶属度小些来加以刻画.因为u对1的隶属度最大,我们取值为1,对2的隶属度小一点,取值为0.6,对3则再小一些,取值为0.2,而对最大的4则取值为0.这样,“$\underset{\sim}{p}_2$:u是小的”就可用表1来近似地刻画:

表1

论域	1	2	3	4
隶属度	1	0.6	0.2	0

同样,对于“$\underset{\sim}{p}_1 \to \underset{\sim}{q}_1$:$u$与$v$近似相等”这一复合命题,则可以看作是$\underset{\sim}{p}_1$与$\underset{\sim}{q}_1$之间的一种模糊关系.当我们把$u$对于论域{1,2,3,4}的隶属度加以取定后,我们又把v对于论域{1,2,3,4}的隶属度也加以取定,然后把这两组隶属度进行模糊关系的运算,显然能得出一组新的值,共应有$4\times4=16$个值,可用表2来表示(为了简单,我们省略掉模糊关系的运算,仅给出其结果,用下列的一组值来表示,即采用下列的对称矩阵来刻画这组模糊的近似关系).

表2

u \ v	1	2	3	4
1	1	0.5	0	0
2	0.5	1	0.5	0
3	0	0.5	1	0.5
4	0	0	0.5	1

经过上述处理后,我们就可把$\underset{\sim}{p}_1 \to \underset{\sim}{q}_1$与$\underset{\sim}{p}_2$这两个模糊命题间的模糊推理通过关系变换(即运用查德提出的模糊的组合推理规则,在下式中用“∘”表示)而转化为模糊矩阵的运算.其中$\underset{\sim}{p}_2$用一个行矢量来表示,$\underset{\sim}{p}_1 \to \underset{\sim}{q}_1$用对称矩阵来表示,即

$$\underset{\sim}{q}_3=\underset{\sim}{p}_2\circ(\underset{\sim}{p}_1\to\underset{\sim}{q}_1)=(1\quad 0.6\quad 0.2\quad 0)\begin{pmatrix}1 & 0.5 & 0 & 0\\ 0.5 & 1 & 0.5 & 0\\ 0 & 0.5 & 1 & 0.5\\ 0 & 0 & 0.5 & 1\end{pmatrix}=$$

$$(1\quad 0.6\quad 0.5\quad 0.2)$$

上式中的矩阵运算与线性代数中的运算规则是一样的,不过其中运用了求最大值与最小值的运算.例如上述结果中0.6这个值是由行矢量(1　0.6　0.2　0)与

对称矩阵中第二列即$\begin{pmatrix}0.5\\1\\0.5\\0\end{pmatrix}$进行运算而得

$$\vee[(1\wedge 0.5),(0.6\wedge 1),(0.2\wedge 0.5),(0\wedge 0)]=$$
$$\max[\min(1,0.5),\min(0.6,1),\min(0.2,0.5),\min(0,0)]=$$
$$\max[0.5,0.6,0.2,0]=0.6$$

同理,也可求出其他三值,故 $\underset{\sim}{q}_3$ 为:

论域	1	2	3	4
隶属度	1	0.6	0.5	0.2

将 $\underset{\sim}{q}_3$:(1　0.6　0.5　0.2)与 $\underset{\sim}{p}_2$:(1　0.6　0.2　0)加以比较,换成自然语言就是说:v 与 u 小得差不多.

通过这个例子可以看出,既然模糊命题间的推理可转化为表示不同隶属度的矩阵运算,而这些运算又可以化为求最小值和最大值的运算,这样,把模糊性对象加以数量化和形式化之后,就能为现在的计算机所接受[5].这方面的研究与软件有关,并可与模糊语言、模糊算法一道,用于模糊控制器的研制.模糊控制器在国外已研制成功,并在有些企业内付诸实用,国内也已开始研究了.

上述的 $\underset{\sim}{q}_3=\underset{\sim}{p}_2\circ(\underset{\sim}{p}_1\rightarrow\underset{\sim}{q}_1)$ 是一种模糊关系的公式.从1976年以来,开始进入到较一般的研究,即模糊关系方程和模糊关系不等式的研究.后来,还进一步研究模糊关系的可逆解问题,这就是从已知的模糊关系和结论出发,倒推出前提,例如医生根据某些症状判断病因,就是这类过程.国外已用于医疗诊断和自动控制的研究,估计对于环境污染、生态平衡、法医推断,以及某些复杂的社会经济现象和智能现象的研究,都将具有重大的意义.

三、模糊逻辑的重大意义

模糊逻辑作为一种应用逻辑,首先是对现代科学技术提供了一种崭新的技术逻辑工具.现代科学技术的一个突出特点是高度的自动化.在模糊数学和模糊逻辑、模糊语言、模糊算法出现以前,一般是用微分方程、拉氏变换、差分方程、布尔代数等精确性的数学工具和逻辑工具去描述和处理自动控制过程.但是这些对于非线性的、变系数的复杂情况,特别是对于现代系统科学所研究的复杂的大系统就难以甚至无法加以描述和处理了.而模糊控制器却能有条件地、部分地解决其中的某些难题.据国外已研制成功的某些模糊控制器来看,不仅结构简单，而且适应性强，效果好. 例如，有人用模糊条件语句研制过热水控制器，曾提出三种不同方案，结果，那种较粗糙的方案所得的效果反而好些，因为在某些场合，过于精确，灵敏度虽提高，但不易达到稳定状态. 这类模糊控制器的设计思想与通常的很不相同，它一般是将有关的经验和规律变换为一系列的模糊条件语句，然后运用模糊逻辑和模糊语言，编制成相应的模糊算法，再用适当的模糊装置加以实现. 这在国外称为"语句控制"，显然是一种崭新的技术.

其次，必须着重指出：在应用方面的这一新的途径是由模糊集理论所提出的新颖思想所决定的. 因而更重要的是模糊数学和模糊逻辑的深远理论意义. 这就是除了要研究确定性的对象和具有随机性的对象之外，还找到了一条途径去研究某些按其固有的特性来说即已具有某种模糊性的对象. 不少学者认为：数学已由古典的阶段、统计的阶段进入到模糊的阶段. 至少可以说进入到并行地研究确定的和模糊的这两类不同对象的阶段.

再次，与上述理论上和应用上的重大意义相联系，模糊数学和模糊逻辑还具有重大的方法论意义. 当前，人类的认识史和科学史已经进入一个新的时期，这就是由以分析为主进行确定性研究的时期逐步进入以整体性为主进行具体的、不确定性研究的时期. 国外已有不少学者把研究确定性对象的科学称为硬科学，而把研究不确定性对象的科学称为软科学. 显然，要用以确切性为特点的数学工具和逻辑工具去研究软科学是有困难的. 查德的功绩正在于用模糊集的理论找到了一种有效的方法去把某些模糊性对象加以确切化，使已有的数学工具和逻辑工具能用以描述和处理模糊性对象，从而使硬科学与软科学沟通起来，因而具有重大的方法论意义. 而且，所谓确切性在实际上往往是对不确定性的某种简化或抽象，或是一种近似的模型. 在日常生活和科研活动中，人们所接触和处理的对象，大量是属于不确定性的. 长期以来，人们以为只有确切性的研究才算科学，这是一种偏见. 问题在于我们对不确定性的对象的规律性还很缺乏认识. 如果我们能够加以认识，那就能使我们向自由王国大大前进一步.

当然，在我们充分肯定模糊逻辑重大意义的同时，还必须实事求是地看到它的局限性. 模糊数学和模糊逻辑并不能描述和处理任意的模糊性对象，而只适用于能用模糊集去描述和处理的那一类对象，也就是能用模糊集方法去加以确切化（包括数量化或形式化）的那一类模糊性对象. 当然更不是全部的不确定性对象. 因此还将出现各种不同的模糊数学和模糊逻辑的系统和其他系统，去处理各类不同的模糊性的和不确定性的对象.

最后，模糊逻辑不仅在本学科范围内有待于理论上的系统化、完整化和规范化，而且它还提出了一系列的重要理论问题和哲学问题，如确定性与不确定性、确切性与模糊性、必然性与偶然性、质与量的转化、主观性的运用等，有待进一步探讨和研究.

参考资料

[1] Zadeh L. A. ,*Information and Control*,8(1965)338;*id.* ,*Proc. Sympos. on Syst. Theory*,Polytec. Brooklyn(1969)29.

[2] Zadeh L. A. ,*E. R. L. memo M*411,Electr. Res. Lab. Univ. of California, Berkeley(1973).

[3]Goguen J. A. ,*Synthese*,19(1969)325.

[4] Zadeh L. A. ,*IEEE Transactions on System*,*Man and Cybernetics*, SMC-3(1973)28.

[5] Zadeh L. A. ,*Fuzzy Logic and Its Application to Approximate Reasoning*,paper presented at IFIP Conf. Stockholm(1974).

从数理经济学到数理金融学的百年回顾[①]

1874 年 1 月，在瑞士洛桑大学拥有教席的法国经济学家瓦尔拉斯发表了他的论文《交换的数学理论原理》，首次公开他的一般经济均衡理论的主要观点. 虽然人们通常认为数理经济学的创始人是法国数学家、经济学家和哲学家古诺(A. A. Cournot，1801—1877)，他在 1838 年出版了《财富理论的数学原理研究》一书，但是对今日的数理经济学影响最大的是瓦尔拉斯的一般经济均衡理论. 尤其是，直到现在为止，一般经济均衡理论仍然是唯一对经济整体提出的理论.

一、一般经济均衡理论和数学公理化

所谓一般经济均衡理论大致可以这样来简述：在一个经济体中有许多经济活动者，其中一部分是消费者，一部分是生产者. 消费者追求消费的最大效用，生产者追求生产的最大利润，他们的经济活动分别形成市场上对商品的需求和供给. 市场的价格体系会对需求和供给进行调节，最终使市场达到一个理想的一般均衡价格体系. 在这个体系下，需求与供给达到均衡，而每个消费者和每个生产者也都达到了他们的最大化要求.

瓦尔拉斯把上述思想表达为这样的数学问题：假定市场上一共有 l 种商品，每一种商品的供给和需求都是这 l 种商品的

① 史树中，《科学》第 52 卷(2000 年) 第 6 期.

价格的函数.于是由这 l 种商品的供需均衡就得到 l 个方程.但是价格需要有一个计量单位,或者说实际上只有各种商品之间的比价才有意义,因而这 l 种商品的价格之间只有 $l-1$ 种商品的价格是独立的.为此,瓦尔拉斯又加入了一个财务均衡关系,即所有商品供给的总价值应该等于所有商品需求的总价值.这一关系现在就被称为"瓦尔拉斯法则",它被用来消去一个方程.这样,瓦尔拉斯最终就认为,他得到了求 $l-1$ 种商品价格的 $l-1$ 个方程所组成的方程组.按照当时已为人们熟知的线性方程组理论,这个方程组有解,其解就是一般均衡价格体系.

瓦尔拉斯当过工程师,也专门向人求教过数学,这使他能把他的一般经济均衡的思想表达成数学形式.但是他的数学修养十分有限.事实上,他提出的上述"数学论证"在数学上是站不住脚的.这是因为,如果方程组不是线性的,那么方程组中的方程个数与方程是否有解就没有什么直接关系.于是从数学的角度来看,长期以来瓦尔拉斯的一般经济均衡体系始终没有坚实的基础.

这个问题经过数学家和经济学家 80 年的努力,才得以解决.其中包括大数学家冯·诺依曼(J. von Neumann,1903—1957),他曾在 1930 年投身到一般经济均衡的研究中去,并因此提出他的著名的经济增长模型;还包括 1973 年诺贝尔经济学奖获得者列昂节夫(W. Leontiev,1906—1999),他在 1930 年末开始他的投入产出方法的研究,这种方法实质上是一个一般经济均衡的线性模型.

分别获得 1970 年和 1972 年诺贝尔经济学奖的萨缪尔森(P. Samuleson,1915—)和希克斯(J. R. Hicks,1904—1989),也是因他们用数学方式研究一般经济均衡体系而著称.而最终在 1954 年给出一般经济均衡存在性严格证明的是阿罗(K. Arrow,1921—)和德布鲁(G. Debreu,1927—).他们对一般经济均衡问题给出了富有经济含义的数学模型,即利用 1941 年日本数学家角谷静夫(Kakutani Shizuo,1911—)对 1911 年发表的布劳威尔不动点定理的推广,才给出一般经济均衡价格体系的存在性证明.阿罗和德布鲁也因此先后于 1972 年和 1983 年获得诺贝尔经济学奖.

阿罗和德布鲁都以学习数学开始他们的学术生涯.阿罗有数学的学士和硕士学位,德布鲁则完全是主张公理化、结构化方法的法国布尔巴基学派培养出来的数学家.他们两人是继冯·诺依曼后最早在经济学中引入数学公理化方法的学者.阿罗在 1951 年出版的《社会选择与个人价值》一书中,严格证明了满足一些必要假设的社会决策原则不可能不恒同于"某个人说了算"的"独裁原则".这就是著名的阿罗不可能性定理.而德布鲁则是在他与阿罗一起证明的一般经济均衡存在定理的基础上,把整个一般经济均衡理论严格数学公理化,形成他于 1959 年出版的《价值理论》一书.这本 114 页的小书,今天已被认为是现代数理经济学的里程碑.

经济学为什么需要数学公理化方法？这是一个始终存在争论的问题.对于这个问题，德布鲁的回答是："坚持数学严格性，使公理化已经不止一次地引导经济学家对新研究的问题有更深刻的理解，并使适合这些问题的数学技巧用得更好.这就为向新方向开拓建立了一个可靠的基地，它使研究者从必须推敲前人工作的每一细节的桎梏中解脱出来.严格性无疑满足了许多当代经济学家的智力需要，因此，他们为了自身的原因而追求它，但是作为有效的思想工具，它也是理论的标志."[1] 在这样的意义下，才能正确理解现代数理经济学、数理金融学的发展究竟意味着什么.当然，这并非说通过对各种现象、实例、故事的描述、罗列、区分，使人们从中悟出许多哲理来的"文学文化"的认识方法不能认识经济学、金融学的一些方面.但是，如果认为经济学、金融学不需要用公理化方法架构的科学理论，而只需要对经济现实、金融市场察言观色的经验，那么将更不能认识经济学、金融学的本质.

二、从"华尔街革命"追溯到 1900 年

狭义的金融学是指金融市场的经济学.现代意义下的金融市场至少已有 300 年以上的历史，它从一开始就是经济学的研究对象.但人们通常认为现代金融学只有不到 50 年的历史.这 50 年也就是使金融学成为可用数学公理化方法架构的历史.

从瓦尔拉斯—阿罗—德布鲁的一般经济均衡体系的观点来看，现代金融学的第一篇文献是阿罗于 1953 年发表的论文《证券在风险承担的最优配置中的作用》.在这篇论文中，阿罗把证券理解为在不确定的不同状态下有不同价值的商品.这一思想后来又被德布鲁所发展，他把原来的一般经济均衡模型通过拓广商品空间的维数来处理金融市场，其中证券无非是不同时间、不同情况下有不同价值的商品.但是后来大家发现，把金融市场用这种方式混同于普通商品市场是不合适的.原因在于它掩盖了金融市场的不确定性本质.尤其是其中隐含着对每一种可能发生的状态都有相应的证券相对应，如同每一种可能有的金融风险都有保险那样，与现实相差太远.

这样，经济学家又为金融学寻求其他的数学架构.新的用数学来架构的现代金融学被认为是两次"华尔街革命"的产物.第一次"华尔街革命"是指 1952 年马科维茨的证券组合选择理论的问世.第二次"华尔街革命"是指 1973 年布莱克－肖尔斯期权定价公式的问世.这两次"革命"的特点之一都是避开了一般经济均衡的理论框架，以致在很长时期内都被传统的经济学家认为是"异端邪说".但是它们又确实使以华尔街为代表的金融市场引起了"革命"，从而最终也使金融学发生根本改观.马科维茨因此荣获 1990 年诺贝尔经济学奖，肖尔斯

(M. Scholes,1941—)则和对期权定价理论做出系统研究的默顿一起荣获1997年的诺贝尔经济学奖.布莱克不幸早逝,没有与他们一起领奖.

马科维茨研究的是这样一个问题:一个投资者同时在许多种证券上投资,那么应该如何选择各种证券的投资比例,使得投资收益最大,风险最小.马科维茨在观念上的最大贡献在于他把收益与风险这两个原本有点含糊的概念明确为具体的数学概念.由于证券投资上的收益是不确定的,马科维茨首先把证券的收益率看作一个随机变量,而收益定义为这个随机变量的均值(数学期望),风险则定义为这个随机变量的标准差(这与人们通常把风险看作可能有的损失的思想相差甚远).于是,如果把各证券的投资比例看作变量,问题就可归结为怎样使证券组合的收益最大、风险最小的数学规划.对每一固定收益都求出其最小风险,那么在风险-收益平面上,就可画出一条曲线,它称为组合前沿.

马科维茨理论的基本结论是:在证券允许卖空的条件下,组合前沿是一条双曲线的一支;在证券不允许卖空的条件下,组合前沿是若干段双曲线段的拼接.组合前沿的上半部称为有效前沿.对于有效前沿上的证券组合来说,不存在收益和风险两方面都优于它的证券组合.这对于投资者的决策来说自然有很重要的参考价值.

马科维茨理论是一种纯技术性的证券组合选择理论.这一理论是他在芝加哥大学作的博士论文中提出的.但在论文答辩时,它被一位当时已享有盛名、后以货币主义而获1976年诺贝尔经济学奖的弗里德曼(M. Friedman,1912—)斥为:"这不是经济学!"为此,马科维茨不得不引入以收益和风险为自变量的效用函数,来使他的理论纳入通常的一般经济均衡框架.

马科维茨的学生夏普(W. Sharpe,1934—)和另一些经济学家,则进一步在一般经济均衡的框架下,假定所有投资者都以这种效用函数来决策,从而导出全市场的证券组合收益率是有效的以及所谓资本资产定价模型(Capital Asset Pricing Model,简称CAPM).夏普因此与马科维茨一起荣获1990年诺贝尔经济学奖.另一位1981年诺贝尔经济学奖获得者托宾(J. Tobin,1918—)在对于允许卖空的证券组合选择问题的研究中,导出每一种有效证券组合都是一种无风险资产与一种特殊的风险资产的组合(它称为二基金分离定理),从而得出一些宏观经济方面的结论.

在1990年与马科维茨、夏普一起分享诺贝尔奖的另一位经济学家是新近刚去世的米勒.他与另一位在1985年获得诺贝尔奖的莫迪利阿尼(F. Modigliani,1918—)一起在1958年以后发表了一系列论文,探讨"公司的财务政策(分红、债权与股权比等)是否会影响公司的价值"这一主题.他们的结论是:在理想的市场条件下,公司的价值与财务政策无关.这些结论后来就被称为莫迪利阿尼-米勒定理.他们的研究不但为公司理财这门新学科奠定了基础,并且首次在文献中明确提出无套利假设.

所谓无套利假设,是指在一个完善的金融市场中,不存在套利机会(即确定的低买高卖之类的机会).因此,如果两个公司将来的(不确定的)价值是一样的,那么它们今天的价值也应该一样,而与它们财务政策无关;否则人们就可通过买卖两个公司的股票来获得套利.达到一般经济均衡的金融市场显然一定满足无套利假设.这样,莫迪利阿尼－米勒定理与一般经济均衡框架是相容的.

但是,直接从无套利假设出发来对金融产品定价,则使论证大大简化.这就给人以启发,不必非要背上沉重的一般经济均衡的十字架不可,从无套利假设出发就已可为金融产品的定价得到许多结果.从此,金融经济学就开始以无套利假设作为出发点.

以无套利假设作为出发点的一大成就也就是布莱克－肖尔斯期权定价理论.所谓(股票买入)期权是指以某固定的执行价格在一定的期限内买入某种股票的权利.期权在它被执行时的价格很清楚,即:如果股票的市价高于期权规定的执行价格,那么期权的价格就是市价与执行价格之差;如果股票的市价低于期权规定的执行价格,那么期权是无用的,其价格为零.现在要问:期权在其被执行前应该怎样用股票价格来定价?

为解决这一问题,布莱克和肖尔斯先把模型连续动态化.他们假定模型中有两种证券,一种是债券,它是无风险证券,也是证券价值的计量基准,其收益率是常数;另一种是股票,它是风险证券,沿用马科维茨的传统,它也可用证券收益率的期望和方差来刻画,但是动态化以后,其价格的变化满足一个随机微分方程,其含义是随时间变化的随机收益率,其期望值和方差都与时间间隔成正比.这种随机微分方程称为几何布朗运动.然后,利用每一时刻都可通过股票和期权的适当组合对冲风险,使得该组合变成无风险证券,从而就可得到期权价格与股票价格之间的一个偏微分方程,其中的参数是时间、期权的执行价格、债券的利率和股票价格的"波动率".出人意料的是,这一方程居然还有显式解.于是布莱克－肖尔斯期权定价公式就这样问世了.

与马科维茨的遭遇类似,布莱克－肖尔斯公式的发表也困难重重地经过好几年.与市场中投资人行为无关的金融资产的定价公式,对于习惯于用一般经济均衡框架对商品定价的经济学家来说很难接受.这样,布莱克和肖尔斯不得不直接到市场中去验证他们的公式.结果令人非常满意.有关期权定价实证研究结果先在1972年发表,然后再是理论分析,于1973年正式发表.与此几乎同时的是芝加哥期权交易所也在1973年正式推出16种股票期权的挂牌交易(在此之前期权只有场外交易),使得衍生证券市场从此蓬勃地发展起来.布莱克－肖尔斯公式也因此有数不清的机会得到充分验证,而使它成为人类有史以来应用最频繁的一个数学公式.

布莱克一肖尔斯公式的成功与默顿的研究是分不开的,后者甚至在把他们的理论深化和系统化上做出更大的贡献. 默顿的研究后来被总结在 1990 年出版的《连续时间金融学》一书中. 对金融问题建立连续时间模型也在近 30 年中成为金融学的核心. 这如同连续变量的微分学在瓦尔拉斯时代进入经济学那样,尽管现实的经济变量极少是连续的,微分学能强有力地处理经济学中的最大效用问题;而连续变量的金融模型,同样使强有力的随机分析更深刻地揭示金融问题的随机性.

不过,用连续时间模型来处理金融问题并非从布莱克、肖尔斯、默顿理论开始. 1950 年,萨缪尔森就已发现,一位几乎被人遗忘的法国数学家巴施里叶(L. Bachelier,1870—1946) 早在 1900 年已在其博士论文《投机理论》中用布朗运动来刻画股票的价格变化,并且这是历史上第一次给出的布朗运动的数学定义,比人们熟知的爱因斯坦(A. Einstein,1879—1955)1905 年的有关布朗运动的研究还要早.

尤其是,巴施里叶实质上已开始研究期权定价理论,而布莱克、肖尔斯、默顿的工作其实都是在萨缪尔森的影响下,延续了巴施里叶的工作. 这样一来,数理金融学的"祖师爷"就成了巴施里叶. 对此,法国人感到很自豪,最近他们专门成立了国际性的"巴施里叶协会". 2000 年 6 月,协会在巴黎召开第一届盛大的国际"巴施里叶会议",以纪念巴施里叶的论文问世 100 周年.

三、谁将是下一位金融学诺贝尔经济学奖得主

布莱克一肖尔斯公式的成功,也是用无套利假设来为金融资产定价的成功. 这一成功促使 1976 年罗斯(S. A. Ross,1944—) 的套利定价理论(Arbitrage Pricing Theory,简称 APT) 出现. APT 是作为 CAPM 的替代物而问世的. CAPM 的验证涉及对市场组合是否有效的验证,但是这在实证上是不可行的. 于是针对 CAPM 的单因素模型,罗斯提出目前被统称为 APT 的多因素模型来取代它. 对此,罗斯构造了一个一般均衡模型,证明了各投资者持有的证券价值在市场组合中的份额越来越小时,每种证券的收益都可用若干基本经济因素来一致近似地线性表示. 后来有人发现,如果仅仅需要对各种金融资产定价的多因素模型做出解释,并不需要一般均衡框架,而只需要线性模型假设和"近似无套利假设":如果证券组合的风险越来越小,那么它的收益率就会越来越接近无风险收益率.

这样,罗斯的 APT 就变得更加名副其实. 从理论上来说,罗斯在其 APT 的经典论文中更重要的贡献是提出了套利定价的一般原理,其结果后来被称为"资产定价基本定理". 这条定理可表述为:无套利假设等价于存在对未来不确

定状态的某种等价概率测度,使得每一种金融资产对该等价概率测度的期望收益率都等于无风险证券的收益率. 1979 年罗斯还与考克斯(J. C. Cox)、鲁宾斯坦(M. Rubinstein)一起,利用这样的资产定价基本定理对布莱克－肖尔斯公式给出了一种简化证明,其中股票价格被设想为在未来若干时间间隔中越来越不确定地分叉变化,而每两个时间间隔之间都有上述的"未来收益的期望值等于无风险收益率"成立. 由此得到期权定价的离散模型. 而布莱克－肖尔斯公式无非是这一离散模型当时间间隔趋向于零时的极限.

这样一来,金融经济学就在很大程度上离开了一般经济均衡框架,而只需要从等价于无套利假设的资产定价基本定理出发. 由此可以得到许多为金融资产定价的具体模型和公式,并且形成商学院学生学习"投资学"的主要内容. 1998 年米勒在德国所做的题为《金融学的历史》的报告中把这样的现象描述成:金融学研究被分流为经济系探讨的"宏观规范金融学"和商学院探讨的"微观规范金融学". 这里的主要区别之一就在于是否要纳入一般经济均衡框架. 同时,米勒还指出,在金融学研究中,"规范研究"与"实证研究"之间的界线倒并不很清晰. 无论是经济系的"宏观规范"研究还是商学院的"微观规范"研究一般都少不了运用模型和数据的实证研究. 不过由于金融学研究与实际金融市场的紧密联系,"微观规范"研究显然比"宏观规范"研究要兴旺得多.

至此,从数理经济学到数理金融学的百年回顾已可基本告一段落. 正如米勒在上述报告中所说,回顾金融学的历史有一方便之处,就是看看有谁因金融学研究而获得诺贝尔经济学奖,笔者同样利用了这一点. 恰好在本文发稿期间,传来消息:2000 年诺贝尔经济学奖颁给美国经济学家赫克曼(J. J. Heckman, 1944—)和麦克法登(D. L. McFadden, 1937—),以表彰他们在与本文主题密切相关的微观计量经济学领域所做出的贡献. 那么还有谁会因其金融学研究在 21 世纪获得诺贝尔奖呢?

看来,似乎罗斯有较大希望. 但在米勒的报告中,他更加推崇他的芝加哥大学同事法玛(E. F. Fama). 法玛的成就首先是因为他在 20 世纪 60 年代末开始的市场有效性方面的研究. 所谓市场有效性问题,是指市场价格是否充分反映市场信息的问题. 当金融商品定价已建立在无套利假设的基础上时,对市场是否有效的实证检验就和金融理论是否与市场现实相符几乎成了一回事. 大致可以这样来说,如果金融市场的价格变化能通过布朗运动之类的市场有效性假设的检验,那么市场就会满足无套利假设. 这时,理论比较符合实际,而对投资者来说,因为没有套利机会,就只能采取保守的投资策略. 而如果市场有效性假设检验通不过,那么它将反映市场有套利机会,市场价格在一定程度上有可预测性,投资者就应该采取积极的投资策略. 业间流行的股市技术分析之类就会起较大作用. 这样,市场有效性的研究对金融经济学和金融实践来说就变得至关重要.法玛在市场有效性的理论表述和实证研究上都有重大贡献.

法玛的另一方面影响极大的重要研究是最近几年来他与弗兰齐(K. French)等人对CAPM的批评.他们认为,以市场收益率来刻画股票收益率,不足以解释股票收益率的各种变化,并建议引入公司规模以及股票市值与股票账面值的比作为新的解释变量.他们的一系列论文引起金融界非常热烈的争论,并且已开始被人们广泛接受.虽然他们的研究基本上还停留在计量经济学的层次,但势必会对数理金融学的结构产生根本影响.

法玛的研究是金融学中典型的"微观规范"与实证的研究.至于"宏观规范"的研究,应该提到关于不完全市场的一般经济均衡理论研究.由无套利假设得出的资产定价基本定理以及原有的布莱克一肖尔斯理论,实际上只能对完全市场中的金融资产唯一定价.这里的完全市场是指作为定价出发点的基本资产(无风险证券、标的资产等)能使每一种风险资产都可以表达为它们的组合.实际情况自然不会是这样.关于不完全证券市场的一般经济均衡模型是拉德纳(R. Radner)于1972年首先建立的,他同时在对卖空有限制的条件下,证明了均衡的存在性.但是过了三年,哈特(O. Hart)举出一个反例,说明在一般情况下,不完全证券市场的均衡不一定存在.

这一问题曾使经济学家们困惑很久.一直到1985年,达菲(D. Duffie)和夏弗尔(W. Schafer)指出,对于"绝大多数"的不完全市场,均衡还是存在的.遗憾的是,他们同时还证明了,不完全市场的"绝大多数"均衡都不能达到"资源最优配置".这样的研究结果的经济学含义值得人们深思.达菲和夏弗尔的数学证明还使数学家十分兴奋,因为他们用到例如格拉斯曼流形上的不动点定理那样的对数学家来说也是崭新的研究.此后的十几年,沿着这一思想发展出一系列与完全市场相对应的各种各样的反映金融市场的不完全市场一般均衡理论.在这方面也有众多贡献的麦基尔(M. Magill)和奎恩兹(M. Quinzii)已经在20世纪末为这一主题写出厚厚的两卷专著.这些数理经济学家作为个人对诺贝尔经济学奖的竞争力可能不如罗斯和法玛,但是不完全市场一般经济均衡作为数理经济学和数理金融学的又一高峰,则显然是诺贝尔经济学奖的候选者.

21世纪的到来伴随着计算机和互联网网络的飞速发展.在这些高新技术的推动下,金融市场将进一步全球化、网络化.网上交易、网上支付、网上金融机构、网上清算系统等更使金融市场日新月异.毫无疑问,21世纪的数理金融学将更以意想不到的面貌向人们走来.

参考资料

[1] 德布鲁.数学思辨形式的经济理论.史树中译.数学进展,1988,3(17):251.

[2] 史树中. 数学与经济. 长沙:湖南教育出版社,1990.
[3] 瓦尔拉斯. 纯粹经济学要义. 蔡树柏译. 北京:商务印书馆,1989.
[4] 德布鲁. 价值理论. 刘勇、梁日杰译. 北京:北京经济学院出版社,1989.
[5] Miller M. H. ,Journal of Portfolio Management,1999,Summer:95.

计算几何的兴起①

一、什么是“计算几何”？它是从哪里产生的？

在造船工业、航空工业和汽车制造工业中经常遇到几何外形设计的问题. 比方说，造一只轮船，对于船体的肋骨线进行设计时，根据平面上若干个点画出一条曲线进行贴近拟合；制造汽车时，先做一个模型，然后把模型的各块曲面分成曲线网进行设计，如此等等. “计算几何”这个术语最初是由明斯基(Minsky)和帕伯特(Papert)(1969)作为模型识别的代名词被提出来的，到了福里斯特(A. R. Forrest)(1972)才有正式的定义：“对几何外形信息的计算机表示、分析和综合.”几何外形信息是指那些确定某些几何外形如平面曲线或空间曲面的型值点或特征多角形，船体数学放样中所用的样条曲线在各端点的几阶函数层数值就是样条曲线的信息. 我们按照这些信息做出数学模型(如曲线的方程)，通过电子计算机进行计算，求得足够多的信息(如曲线上许许多多的点)，就是所谓计算机表示，然后对它们进行分析和综合(如曲线上有没有二重点或尖点出现，有没有过多的拐点出现，等等). 这个研究过程叫作计算几何. 因此，计算几何同所谓“CAGD”(Computer Aided Geometrical Design)即“计算机辅助几何设计”有密切关系，

① 苏步青，《自然杂志》第1卷(1978年)第7期.

它是一门新兴学科 —— 由函数逼近论、微分几何、代数几何、计算数学特别是数控(NC)等形成的边缘学科.

二、曲线和曲面的拟合和光顺问题

在计算几何中研究的对象是曲线(主要是平面曲线)和曲面.一般为了便于设计几何外形,把曲面分成若干小块,块与块之间的边界就是平面曲线.所以我们研究的对象除了曲面块在各条边界线和各角落的接触和光滑问题之外,基本上集中到平面曲线的拟合和光顺问题.因此,插值和逼近技巧经常是被利用到曲线和曲面上去的.几何外形的各种性质却不同于函数的性质,而且一些常用的函数插值和逼近技巧未必都是适用的.比方说,外形是与坐标系的选取无关的东西,就是说,无论我们怎样选取坐标系的位置,几何外形(例如曲线的形状包括弯曲、奇点、拐点等)总是不会改变的.然而把曲线和曲面表示出来的函数 —— 例如在 xOy 坐标系下,用 $y=f(x)$ 这个函数,恰恰要牵涉到坐标系选取,就是说,不同的坐标系有不同的函数表示.不但如此,即使在选好的坐标系下,能不能用计算机算出曲线上许许多多点的坐标 y 来,也是一个问题.这里就产生了贴近拟合技巧,用简单的函数,例如 x 的 n 次多项式代替一般函数 $f(x)$.这样,我们才能通过计算机而按需要算出足够多的点来.然后,用绘图机画出一条曲线 C_n 作为所要的外形.有时,给定了一个特殊外形,例如一条圆弧.在这种场合,我们当然可以利用方便的拟合技巧,但是一般地说来,我们要求的是一种在允许的范围内可以接受的贴近拟合,它既保持着曲线或曲面的本性而又是光滑的或光顺的."光滑",就曲线说来,是指切线方向的连续性,或者更精密地指曲线曲率的连续性."光顺"是指曲线的拐点不能太多,拐来拐去,就不顺眼了.怎么办?我们先就小挠度曲线的拟合和光顺问题进行分析和综合工作.

所谓"小挠度曲线"是指所论的曲线段在各点的斜率(即切线和 x 轴的交角的正切)的绝对值小于 1 的情况(图 1).第一种拟合是按最小自乘法进行的.假定平面上已给定了 $m+1$ 个型值点,我们将决定一条曲线 C_n 使对应于型值点的纵标与型值点纵标的差方和[①]变为最小.用这种方法拟合的曲线在光滑和光顺问题上符合我们的要求,但是在误差方面可能有些问题,就是拟合不够精密.

第二种拟合是对于每相邻两型值点用分段的三次曲线 C_3 分别进行的方法,就是所谓"点点通过"的方法,使两相邻曲线在连接处(叫节点)的斜率和曲率各个相等,也就是说,n 段 C_3 合并成的整条曲线(叫三次样条曲线)在两端点

① 每两纵标之差的平方之和.

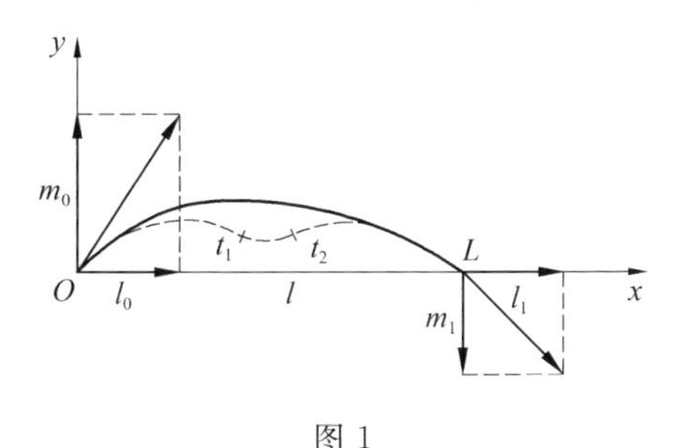

图 1

之间的斜率和曲率都是连续的. 这种样条拟合确实符合我们上述的要求——在所允许的设计误差范围内可以接受,而又是光滑、光顺的,但是它对大挠度曲线并不适用,这方面的理论根据这里就不谈了.

三、大挠度曲线的拟合和光顺问题

大家知道,船艏型线属于大挠度曲线(图 2),如果我们仍沿用三次样条曲线进行拟合,势必对于每个分段采用一个坐标系,从而由一个坐标系变换到另一个上,非常复杂费力. 在这样的情况下,我们采用参数样条曲线代替前述的三次样条曲线,就是由下列方程(E_3)

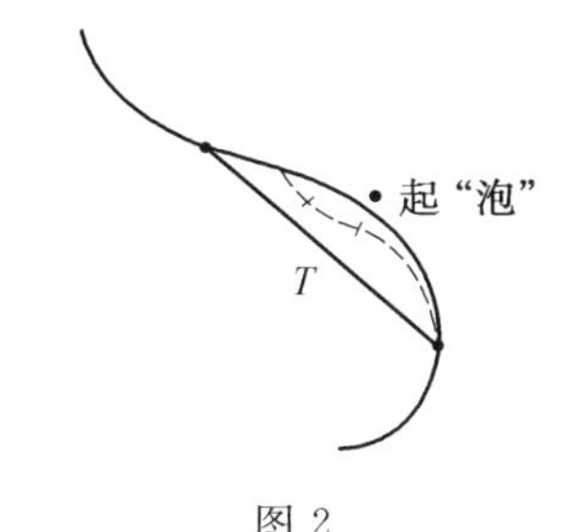

图 2

$$\begin{cases} x = a_0 + a_1 t + \dfrac{1}{2!}a_2 t^2 + \dfrac{1}{3!}a_3 t^3 \\ y = b_0 + b_1 t + \dfrac{1}{2!}b_2 t^2 + \dfrac{1}{3!}b_3 t^3 \end{cases}, 0 \leqslant t \leqslant 1$$

表示的曲线. 这是一种三次代数曲线,因为它同直线 $ax+by+c=0$ 相交于三点(包括虚点). 它具有一个奇点(二重点或尖点),就是特征. 在拟合中必须注意奇点会不会出现的问题. 如果出现,拟合就要改变,使二重点或尖点不在 $0\leqslant t\leqslant 1$ 区间里就可以.

另外,我们还要检查这个曲线段有没有拐点. 为此,首先对(E_3)中的参数 t 的取值不加任何限制,从而所考虑的不是曲线段而是整根曲线,然后再对各种插值曲线段进行拐点的检查.

我们作两向量(a_1,a_2,a_3)和(b_1,b_2,b_3)的向量积$(p,q,r)=(a_1,a_2,a_3)\times(b_1,b_2,b_3)$. 曲线的拐点方程是

$$pt^2-2qt+2r=0$$

显然,这个方程对于仿射变换①是不变的,所以各系数之比都是仿射不变量,因此

$$I=\left(\frac{q}{p}\right)^2-2\frac{r}{p}$$

是仿射不变量.

相反,p,q和r对于参数t的线性变换

$$T:t=c\bar{t}+f\quad(c\neq 0)$$

都要改变,但是容易证明:I对于T是权为-2的相对不变量. I的重要性表现在下列事实:

1. 当$I>0$时,曲线上有两个实拐点;

2. 当$I=0$时,曲线上出现一个尖点;

3. 当$I<0$时,曲线上出现一个二重点.

在船艏型的数学放样中,如果出现奇点,那么,型线上就起了"泡",于是我们必须调整型值点或在各节点的切线向量长度(这在非参数的三次样条曲线是办不到的),使对应的$I>0$.

在第1种即$I>0$的情况下,整条曲线固然要有两个实拐点,但是这两拐点不一定在所论曲线段上出现. 这里分为两种情形. 首先假定曲线在两端点的曲率是异符号. 那么,曲线段上不可避免地要出现一拐点,例如船艏曲线的上段就是这样.

其次,假定曲线段在两端点的曲率是同符号. 那么,要使两个实拐点在曲线段上出现,充要条件是:1. $q^2-2pr>0$;2. p,q,r有同一符号;3. $q/p>1$. 这时,曲线就有了两个多余的拐点. (苏步青,1976)

为了实现光顺的目的,我们考虑了一种消除多余拐点的插值法. (苏步青,1976—1977) 详细地说:在不改变曲线段在两端点的切线方向的条件下,把各切线向量模分别增加λ倍和μ倍$(\lambda,\mu>0)$②. 在(λ,μ)平面上我们找到这样一个区域$R(0<\lambda<L,0<\mu<M,L,M$为某常数),使对于$R$的点$(\lambda,\mu)$所作的三次参数样条曲线段,既不含有多余的拐点,又不包括尖点和二重点. (参见图1和图3)R称为正则区域.

---

① 这是平面上的点变到点、直线变到直线而保持两直线平行性质的几何变换.

② 在(λ,μ)全平面上讨论拐点和奇点的分布,是一个有趣的问题. (刘鼎元,1978)

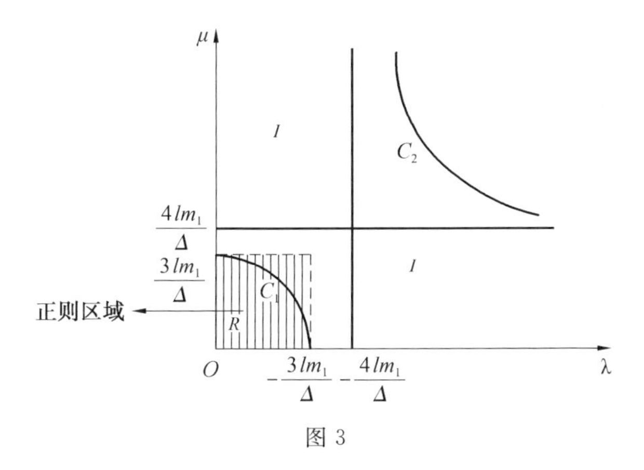

图 3

四、Bézier 曲线及其拓广

Coons、穗坂等做出的曲线和曲面的合成理论在实际中得到应用,但是要在连接合成中把全部连接条件规定下来,必然会引起错综复杂的情况. Bézier(1972) 因此设计出一种方法,使我们用一个式子表达全体,又能容易进行外形控制(图 4).

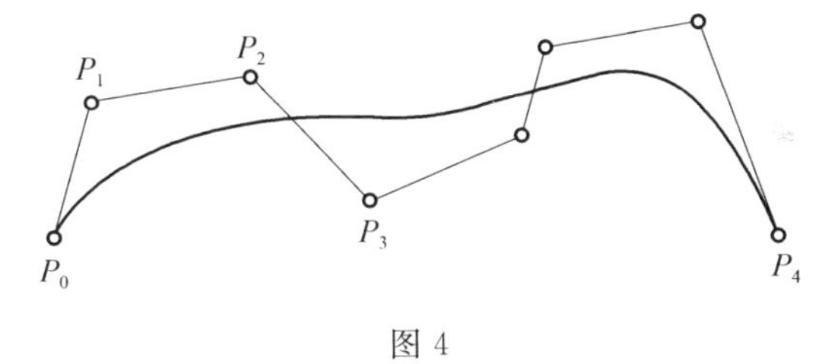

图 4

Bézier 曲线是用了所谓特征多角形 $P_0P_1\cdots P_n$ 的折线$\{P_i\}$,使曲线在两端同折线两端线段相切,而中间的形状则是作为各折线向量加权的向量总和的轨迹被表达成的. 已经明确,Bézier 曲线 $X(s)=[x(s),y(s)]$ 是以多角形顶点为样板点(sample point) 的 Bernstein 逼近

$$B_n[X(s)]=\sum_{v=0}^{n}X\left(\frac{v}{n}\right)\phi_v(s),0\leqslant s\leqslant 1$$

其中权函数 ϕ_v 对于固定的 s 是表示与一个固定概率有关的离散二项概率密度函数:$\phi_v(s)=\binom{n}{v}s^v(1-s)^{n-v},v=0,1,\cdots,n$ 这多项式 $B_n[X(s)]$ 在$[0,1]$一致收敛于 $X(s)$. 这里样板点是指$\left(\frac{v}{n},X\left(\frac{v}{n}\right)\right)(v=0,1,\cdots,n)$.

Bézier 在法国雷诺汽车制造公司发展了他的方法,从一块小黏土模型或一根手绘的曲线取来的数据以原尺寸被设计到放样机上. 然后,设计者从图上估计一根逼近曲线的一些参数,而且把曲线用机器绘下来. 对于三维空间的曲线则是在两平面投影中逐步加以逼近的. 一个可采用的逼近,一般只需经过曲线参数的调整便可在很少次数重复中收到成效.

福里斯特、戈登(W. J. Gordon)和罗林菲尔德(R. F. Riesenfeld)(1972,1974)通过 Bézier 多项式互相作用的插值与逼近,把 Bézier 曲线一般化. 穗坂卫、黑田满(1976)改进了 Bézier 曲线,采用了分段逼近法,并指出了 Bézier 曲线和 B — 样条间的关系. 请参照 Gordon and Riesenfeld:CAGD Proceedings (1976),95 ~ 126 页.

这方面的研究刚刚开始,适用于汽车制造的 Bézier 曲线或更一般的 B 样条插值,是不是也适用于造船工业呢? 在英国剑桥大学专门成立了一个叫 CAD Group 的研究小组,搞这门研究. 这方面以及曲面插值类似方面的研究,其中包括 Carl deBoor 存在定理(1962)、穗坂合成理论(1969)等,虽然有了一些进展(忻元龙,1976),但总的说来,还是处于发展初期,可能很有研究价值.

最后,必须指出:以上所述的样条曲线、Bézier 曲线、B 样条曲线,都被利用到曲面的拟合和光顺中去,方法也是相类似的. 上面介绍的文献中,凡是讲曲线的地方,一定附有曲面的简介,此地不再提了.

五、高维仿射空间参数曲线的内在仿射不变量

上述(第 3 节)的三次参数曲线有一个重要的仿射不变量 I,用以判别曲线有没有实拐点和奇点. 我们曾把这个结果推广到五次参数曲线去. (苏步青,1977)这种曲线的方程是(E_5)

$$x = \sum_{i=0}^{5} \frac{1}{i!} a_i t^i$$

$$y = \sum_{i=0}^{5} \frac{1}{i!} b_i t^i$$

它是有理整曲线. 从它和一条直线一般有五个交点(包括虚交点)的事实,我们便可断定:这种曲线一定是五次代数曲线,其亏格[①]为 0,它一般有六个拐点(虚拐点也算在内). 要使拐点个数尽可能减少,我们假定

$$p_{35} = 0, p_{45} = 0, p_{25} \neq 0$$

其中

---

① 设 n 次代数曲线有 d 个二重点和 r 个尖点,那么 $p = \frac{1}{2}(n-1)(n-2) - d - r$ 称亏格.

$$p_{ij}=a_ib_j-a_jb_i \quad (i\neq j, i,j=1,2,\cdots,5)$$

这两条件等价于

$$\frac{a_3}{a_5}=\frac{b_3}{b_5}(\text{比方}=\lambda_1)$$

$$\frac{a_4}{a_5}=\frac{b_4}{b_5}(\text{比方}=\lambda_2)$$

我们证明了,下列三式

$$a=5\left(\lambda_2-\frac{p_{15}}{p_{25}}\right)$$

$$b=20\left[\frac{p_{23}}{p_{25}}-\lambda_2\frac{p_{15}}{p_{25}}+\frac{1}{2}\left(\frac{p_{15}}{p_{25}}\right)^2\right]$$

$$g=-120\left[\frac{p_{12}}{p_{25}}-\frac{1}{2}\lambda_1\left(\frac{p_{15}}{p_{25}}\right)^2+\frac{1}{6}\lambda_2\left(\frac{p_{15}}{p_{25}}\right)^3-\frac{1}{24}\left(\frac{p_{15}}{p_{25}}\right)^4\right]$$

是三个(关于参数变换 T 的权分别为 -1, -2, -4 的)相对仿射不变量.因此,在 $a\neq 0$ 的假定下,我们得出两个内在的仿射不变量:$b/(a)^2$, $g/(a)^4$.

这个结果可以推广到平面上满足某 h 个($0\leqslant h\leqslant n-3$)条件的 n 次参数曲线去,从此得出 $2n-h-4$ 个(当 $n>3$, $h>0$)或 $2n-5$(当 $n=3$ 或 $n>3$, $h=0$)个相对仿射不变量.(苏步青,1977)

更一般的结果(苏步青,忻元龙,1978):

定理 m 维仿射空间($n>m>2$)次参数曲线一般有 $m(n-m)-2$ 个内在仿射不变量.

计算几何的新发展[①]

看过科学幻想电影《未来世界》的观众，会发出这样的疑问：女记者特蕾西在梦境中显示的美妙的曲线图案是怎样生成的？台洛斯那些电脑机器人的外形又是怎样塑造的？答案是：电影里塑造人脸的过程分为两步：先根据录像带贮存的特蕾西和查克的外形信息加工一张由直线和平面拼合而成的带棱角的脸部轮廓面，然后变换成一张光顺的五官俱全的脸.这些步骤原来是依靠计算几何的帮助来完成的.

一、计算几何的内容

从20世纪60年代初期开始，电子计算机被广泛应用于各个设计部门和产业部门.其中有三类问题同几何图形的表示密切相关.第一类是在造船、航空和汽车工业中经常遇到的几何外形设计问题，借助计算机来解决，就叫作“计算机辅助几何设计，(CAGD).例如设计船舶外壳形状时，用一组算式表示整个船体曲面，再用计算机算出一根根肋骨线.第二类是数据处理问题.例如在绘制地形等高线图或者人造卫星的运行轨道图时，对于代表已知信息的一批离散的数据点，我们让计算机构造一条光滑的曲线逼近地通过它们.第三类是数控加工问题.即在做出一张曲面的方程后，把这张曲面在数控铣床上切削出

① 苏步青，刘鼎元，《自然杂志》第4卷(1981年)第10期.

来，或者用数控绘图机画出曲面的一族平行截线，和在图像仪屏幕上显示出带有阴影的曲面轴测投影图或透视图.

计算几何的正式定义是在1972年由英国的福里斯特做出的："对几何外形信息的计算机表示、分析和综合."所谓几何外形就是几何图形，按照维数的不同而被分成点、线、面和体. 以往，人们在计算几何中所研究的对象主要是曲线和曲面，近年来，逐渐对体的研究开始产生兴趣. 所谓计算机表示，就是从已知的数学方程并借助于计算机算出许多必要的数据，从而确定这些几何图形. 接着，对所获得的几何图形进行理论和分析，例如：研究曲线上有没有拐点，会不会出现二重点或尖点，曲面是不是凸的，等等. 最后，考虑整个几何图形是否达到预定的标准，并且必要时，在不合要求的地方施以局部的修改和控制. 所有这些工作，可以由编制算法和程序来自动实现，也可通过人机对话来进行. 前者的数学处理较为复杂困难，但对主机和外围设备的要求较低，颇适合我国目前计算机硬件相对落后而数学方法相对先进的国情. 在国外则不然，对图形形状的控制大多是采用交互设计系统进行处理. 这就是计算几何的综合问题.

计算几何同CAGD这门技术有着密切的关系，它是CAGD的数学基础. 我们可以这样说：计算几何是由函数逼近论、微分几何、代数几何、数值分析和软件组成的一门新兴的边缘学科.

二、计算几何的方法

1. 样条函数

计算几何中经常遇到一种叫作插值的数据处理问题：平面上给定了n个有序点列时，如何构造一条光顺的平面曲线使之依次通过这组点列？经典的数学方法是采用$n-1$次多项式作为拉格朗日插值. 但是由于高次多项式会带来太多的拐点，不符合插值曲线光顺性的要求，因此，我们在实际问题中不用这种插值法.

长期以来，绘图员常常用一根富有弹性的均匀细木条或者有机玻璃条依次连接这些点列，并在每个点上用一块"铅压铁"压住，然后用铅笔沿着这根所谓"样条"画出光滑曲线. 人们从此受到启发：如果把木样条看成弹性细梁，把压铁看成作用于梁上的集中载荷，那么从力学的角度看，这样画出的光滑曲线相当于弹性细梁在集中载荷作用下的弯曲变形曲线. 这变形曲线所满足的常微分方程是非线性的. 但是，当变形曲线为小挠度时，我们对这方程可以做线性化处理，于是容易解出变形曲线函数$y=y(x)$. 实际上，在每相邻两块压铁之间，它是三次多项式. 相邻的两段三次多项式函数在压铁处的函数值(位移)、一阶导数值(转角)和二阶导数值(弯矩)相等,而三阶导数值(剪刀)则不相同.这种函数称为三次样条函数.一般地说,凡是分段解析,而且在连接处具有某种程度光滑性的函数都称为样条函数.

在计算几何中,三次样条函数是应用得最早,研究得最详尽的一种函数.这是因为:(1) 它是次数最低的二阶导数连续的函数,二阶导数连续是大多数工程和数学物理问题所需要的,次数低则计算简便而稳定;(2) 它是放样工艺中所用木样条的数学模型的线性近似.因而在小挠度的场合,样条函数是和用木样条画出的曲线非常相近而符合传统的光顺性要求的.

2. 参数样条曲线

但是,三次样条函数还有如下一些缺点:(1) 在大挠度场合,三次样条函数的光顺性可能被多余拐点的出现所破坏,从而不适用于插值;(2) 用三次样条函数表示的插值曲线依赖于坐标系的选择,就是说,它缺乏几何不变性,以致和曲线的几何特征相脱节.

为了解决这些问题而提出的新的插值方法是参数样条方法:曲线的每一个分量分别被表示为同一参数的样条函数,合并起来组成参数样条.只要把参数样条的表示写成向量形式,就可以与坐标系的选择无关地讨论几何对象.例如,三次参数样条曲线、Coons 曲面表示、Bézier 曲线和 B 样条曲线,都是在某种基表示下的代数参数曲线和曲面,用它们进行插值和逼近是当前计算几何中的主要方法.

3. Bézier 曲线和 B 样条曲线

大家知道,要描绘一辆汽车的外形,即使平庸的画家,也不会先在图纸上标出若干个"型值点",然后连起一条"插值"曲线来.他必定先用折线勾一个轮廓,再描若干光滑曲线段来"逼近"这条轮廓线.这是因为人们随手勾画一些直线要比随手勾画一条曲线轻松得多.

从 1962 年开始,法国雷诺汽车公司的工程师 P. E. Bézier 花了近十年的时间,创造出一种适用于外形设计的新的参数曲线表示法,完成 UNISURF 设计系统,后来被人们称为 Bézier 曲线.这种曲线表示的优越性在于:只要在平面上随手勾画一个多边形,把这个多边形的顶点坐标输入电子计算机,经过不到一秒钟的计算,绘图机就会自动画出既同这个多边形很相像又很光顺的一条曲线.Bézier 方法的精神实质简单地用一句话讲就是:把复杂曲线的描绘转化成简单的多边形描绘.

图 1 中画出了几条三次 Bézier 曲线.图 2 是四次和五次 Bézier 曲线,其中五次曲线可以用作球航艏型船艏轮廓线.

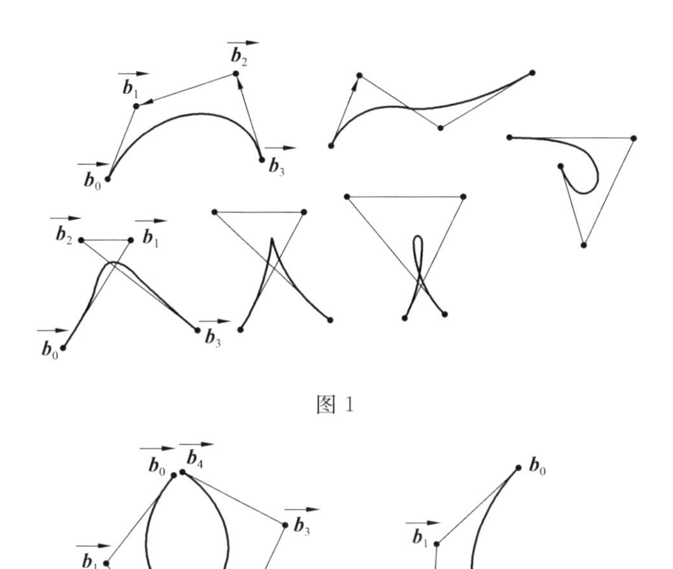

图 1

图 2

Bézier 曲线实际应用于外形设计的过程大致是这样：从一块汽车的油泥模型或一根手绘的曲线取来一些数据，以原尺寸把它们打在图板上. 外形设计师用普通的制图工具手工地描出这根曲线. 然后从这张草图上估计出 Bézier 多边形的各个顶点坐标，输入计算机，由数控绘图机画出相应的 Bézier 曲线. 对于空间曲线，则在两个平面投影中，即在两视图上分别加以逼近. 一般说来，只要稍许调整 Bézier 多边形的顶点，经过几次迭代便可获得满意的结果. Bézier 方法已经把函数逼近论同几何表示结合到这样一种简单而且直观的程度，使得设计者在计算机上实现起来就像他使用常规设计和作图工具一样得心应手.

我们在文章开头提到的特蕾西的梦境曲线，可以用 Bézier 曲线族来实现：给定一组顶点$\{b_i\}$，让它们按照一定的规律运动，变成时间 t 的函数：$\{b_i(t)\}$. 举一个简单例子：让 b_i 分别沿着直线段运动，于是相应的 Bézier 曲线便随着时间 t 而变化，显示在屏幕上就是奇妙的梦幻曲线.

在 1972—1974 年期间，福里斯特、戈登和罗森菲尔德等受到 Bézier 用多边形控制曲线形状的启发，把 B 样条函数扩张为参数形式的 B 样条曲线，他们还使用了一个叫作 B 特征的多边形来控制 B 样条曲线. 事实上 B 样条曲线是 Bézier 曲线的推广，而 Bézier 曲线是前者在重节点情况下的特例. B 样条曲线中特别有用的是三次式和二次式. 同 Bézier 曲线相比较，B 样条曲线除了直观和保凸这些共有的优点外，还具备下列优越之处：

(1) 局部修改只影响邻近几段，不会牵一而动百；

(2) 对特征多边形逼得更近，便于控制；

(3) 多项式的次数低，计算简单；

(4) 样条上允许出现直线段和某些折角，适应范围更广.

由于这些优点，B 样条曲线在几何外形设计中可算是很有前途的. 图 3 是在沪东造船厂的数控绘图机上画的 Bézier 曲线(实线) 和三次 B 样条曲线(虚线)，它们对应于同一个特征多边形，后者显然逼得更近些. 图 4 是同一绘图机上画的一些动物图案，用的是三次 B 样条曲线.

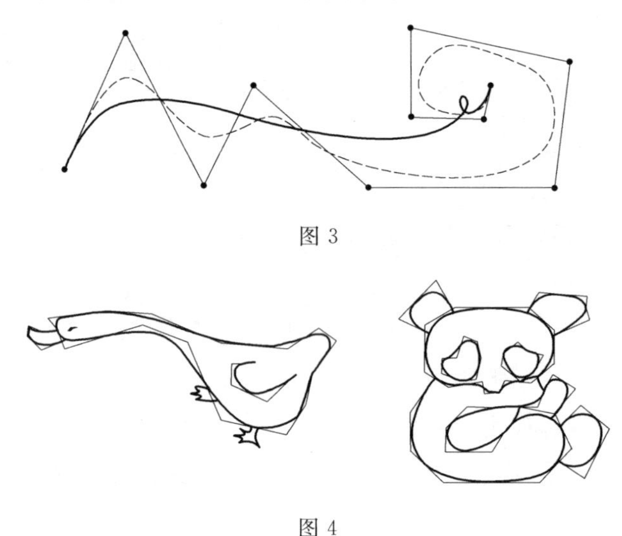

图 3

图 4

4. **样条曲面**

在船舶、飞机、汽车等几何外形设计工作中，所讨论的对象都是曲面. 这就需要把前述一元样条函数拓广成二元样条函数，从而把一维参数样条曲线拓广成二维参数样条曲面. 简单地讲，样条曲面是由样条曲线网分成的若干小块曲面片拼合成的，这些小片在接缝处具有一定程度的光滑性. 例如，用瓦片覆盖的屋顶仅达到 C^0 连续(位置连续)，用一片片牛皮缝成的排球具有 C^1 连续(切平面连续).

用样条曲面表示一条船或一辆汽车是计算几何中经常用的方法. 这是由于小曲面片的灵活性大，局部修改对全局的影响小. 图 5，图 6，图 7 中画的飞机、汽车和船舶外形，是在贵州 130 厂的数控绘图机上绘制的，组成它们的样条曲面称为 Coons 曲面.

1964—1967 年，美国的 Coons 构造了一种代数参数曲面片，把它们按照一

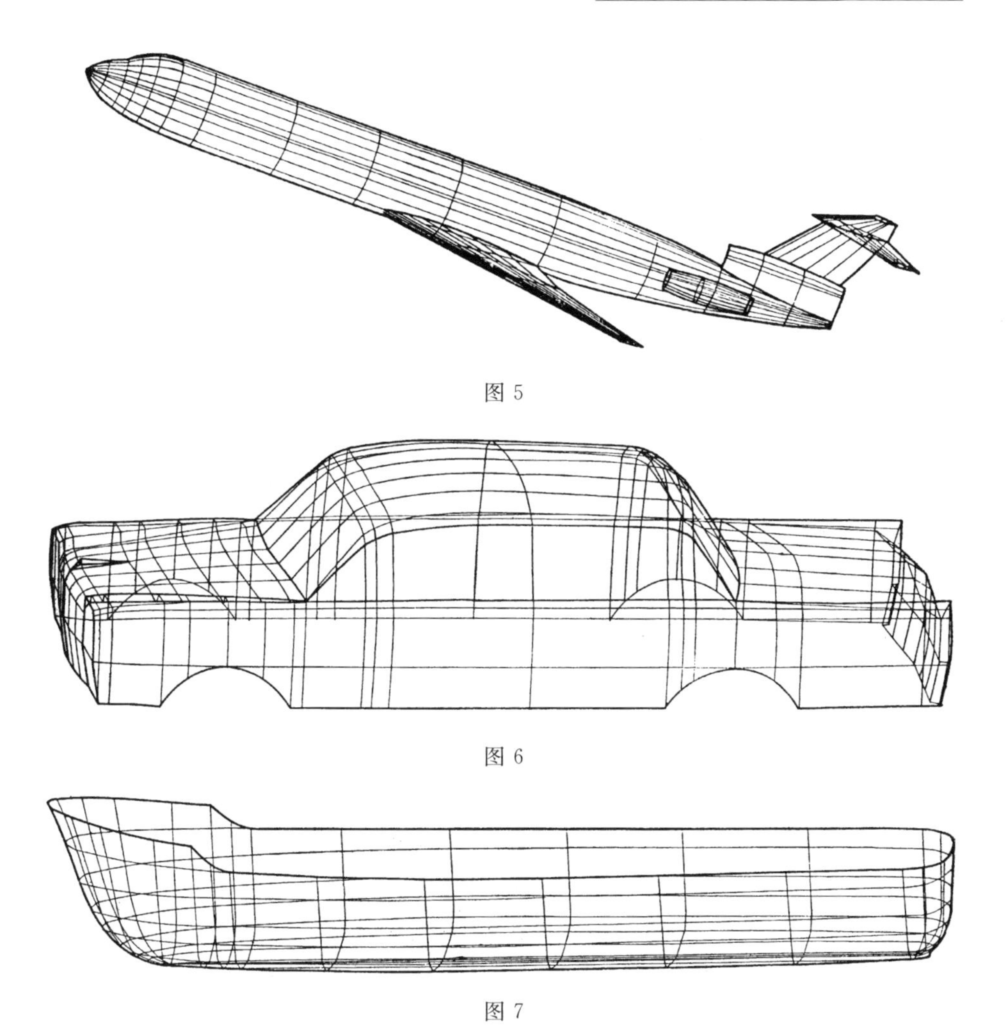

图 5

图 6

图 7

定的次序和光滑性装配起来,现在称 Coons 曲面.工程中经常采用的是按照 C^2 连续拼接而成的双三次参数的Coons曲面片,其中每一小片的矩阵表示式如下

$$P(u,w)=[U][M][C][M]^T[W]^T, 0\leqslant u,w\leqslant 1$$

式中 T 代表矩阵的转置,而且

$$[U]=[u^3 \quad u^2 \quad u \quad 1]$$

$$[W]=[w^3 \quad w^2 \quad w \quad 1]$$

$$[M]=\begin{bmatrix} 2 & -2 & 1 & 1 \\ -3 & 3 & -2 & -1 \\ 0 & 0 & 1 & 0 \\ 1 & 0 & 0 & 0 \end{bmatrix}$$

$$[C]=\left[\begin{array}{cc:cc}00 & 01 & 00_w & 01_w \\ 10 & 11 & 10_w & 11_w \\ \hdashline 00_u & 01_u & 00_{uw} & 01_{uw} \\ 10_u & 11_u & 10_{uw} & 11_{uw}\end{array}\right]$$

$[C]$ 称为角点信息矩阵，它的每个元素都是向量．其中虚线表示分组：左上块代表四个角点的位置向量，左下块和右上块分别表示边界曲线在四个角点处沿 u 方向和 w 方向的切向量．这三组唯一地决定了四条边界曲线的形状(图 8)．右下块称为角点“扭矢”，它们的调整会引起曲面片内部形状的隆起或者扁平，但是对曲面边界不产生影响．

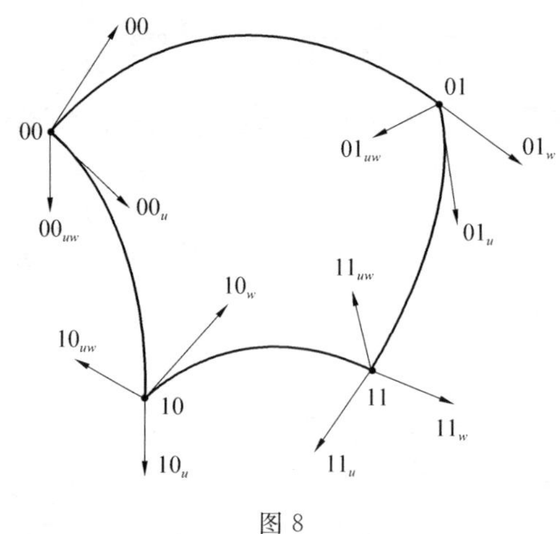

图 8

Bézier 曲线和 B 样条曲线在二维的拓广分别称为 Bézier 曲面和 B 样条曲面．这两种曲面的形状完全被一组二维网格顶点$[b]$所决定(图 9，图 10)．

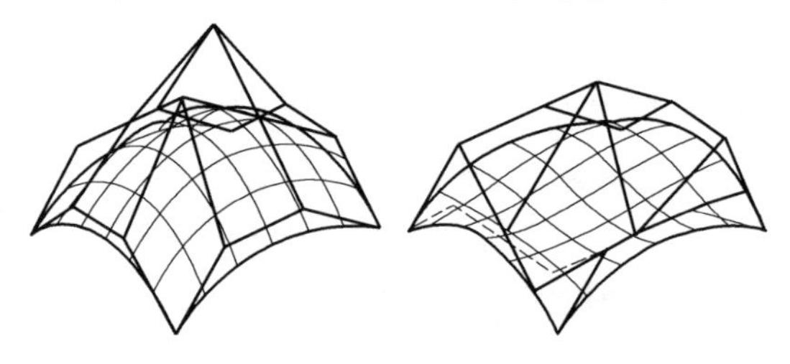

图 9　双三次 Bézier 曲面片及其特征网格

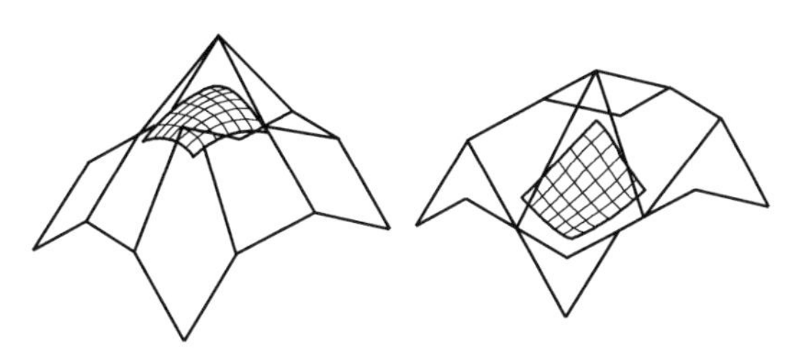

图 10　双三次 B 样条曲面片及其特征网格

三、计算几何的应用

在计算几何发展的早期即整个 20 世纪 60 年代，国外学者一般采用的样条函数和 Goons 曲面方法，至今仍在一些著名的公司里被用作几何外形设计系统中曲线和曲面造型的基本数学方法，如挪威造船业的 AUTOKON 系统、西德飞机公司的 GMD 系统、美国通用汽车公司的系统和福特汽车公司的 SURFACE 系统等. 到了 70 年代，在法国雷诺汽车公司的 UNISURF 系统取得较大成功之后，人们的注意力纷纷转到 Bézier 曲线和曲面、B 样条曲线和曲面，使它们成了当前研制新的几何外形设计系统的主要工具. 这方面的应用还在继续发展和完善.

国内自从 1965 年开展船体数学放样研究以来，几家船厂经过十余年的努力，已经完成了船体生产数控集成系统，达到实船生产阶段，研究工作基本结束. 航空工业方面也取得相接近的成果. 但是，外形设计则和数学放样不同，除了上海交通大学数学船型的研究起步较早外，这项工作只是刚刚开始. 这里，我们结合自己的一些工作实践，扼要地介绍一下我们所了解到的当前计算几何应用的研究动向.

1. 数学船型

1977 年 9 月在美国 Annapolis 召开的“计算机辅助船体曲面定义的第一次国际会议”出现了论文集，其中包括 10 篇数学船型和 6 篇 CAGD 的研究报告. 极大部分的研究是关于用 Bézier 曲面和 B 样条曲面对船体外形的表示.

最近，我们在和上海交通大学协作的数学船型研究中，尝试用几块 Bézier 曲面装配成整个光顺的几何外形，构造出了四种包括球艏型船在内的船型.

2. 汽车外形设计

Bézier 方法在汽车外形设计中已经卓有成效. 汽车外形设计与船体外形设计的不同点在于，前者更强调外形的美学标准，因此事先需要由美工设计师制作一只油泥小模型(例如 1∶5),然后在模型表面上实测一批数据点,再用 Bézier 曲面进行拟合. 我们和上海拖拉机汽车研究所协作的汽车外形设计研制工作中,为了尽量减少人机交互应答和取消人工配置初始网格顶点的步骤,把数据点直接输入计算机,来自动完成 Bézier 曲面片的拟合工作.

3. **飞机外形设计**

最近,上海 5703 厂的 CAGD 小组用重节点和重顶点的双三次 B 样条曲面方法研制成功一个曲面设计系统,并应用于飞机外形设计. 它的工作过程是:(1) 输入一批原始数据点,经过光顺后,用双三次 B 样条曲面进行插值(反求顶点);(2) 在光笔图像仪上对初始形成的曲面进行调整和控制;(3) 生成光顺的过渡曲面;(4) 数控绘制或显示曲面的各种截线(图 11).

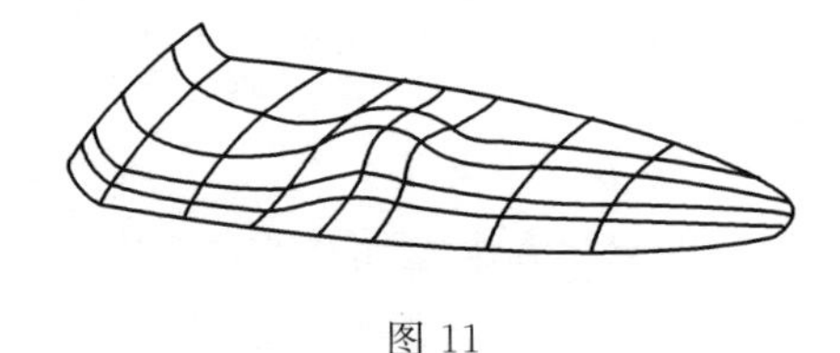

图 11

4. **涡轮叶型设计**

在和三机部 608 研究所协作的涡轮叶型设计工作中,我们采用了 Bézier 曲面和 B 样条曲面两种方法,以构造符合设计要求的叶片外形(图 12). 目前为了选择优化的涡轮叶型,正在把叶片外形设计和气动计算结合起来.

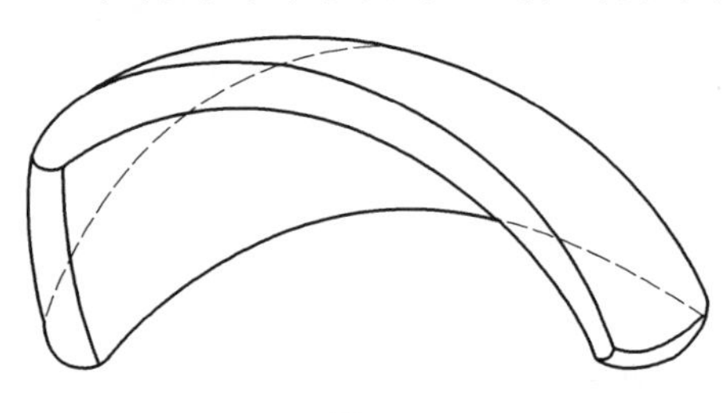

图 12

5. **道路选线设计**

上海计算技术研究所与铁道设计和公路设计部门协作,完成了一项道路选线优化设计课题. 他们采用三次 B 样条函数配置道路的拐点,再用二次 B 样条函数作为基底进行优化设计. 优化的约束条件是道路的最大允许坡度,某些地点的高度(如河流与道路的交叉口),等等. 一般可以选取工程的土方量作为优化的目标函数,也就是最小二乘优化.

6. **地形图绘制**

上海计算技术研究所和同济大学协作完成了地形等高线图的绘制程序.从航测或人工测量获得的数据点中,把等高的点子用一条或几条光滑曲线进行插值,就得到一幅地形图(图 13).这类问题的特点在于数据点是无序的,因此不能直接搬用一般的样条方法,而需要经过特殊的数学处理.

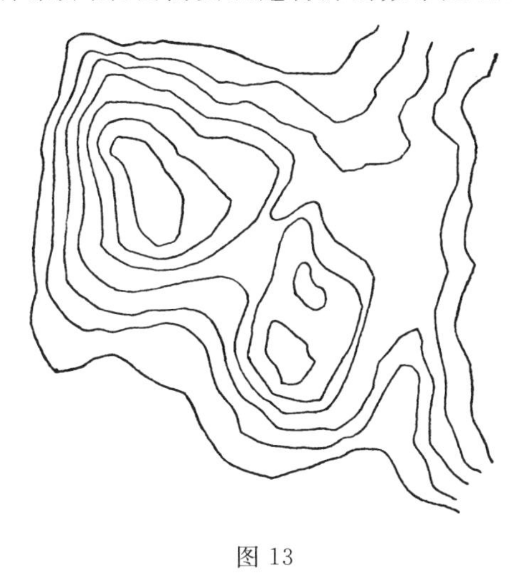

图 13

7. **鞋、帽设计**

据国外文献报道,鞋楦和鞋底的外形设计和数控制造已经投入使用(图 14).最近,北京航空学院 703 教研室,运用 C^1 连续的 Bézier 插值样条曲面加上曲面的局部造型,成功地完成飞行帽的外形设计工作.

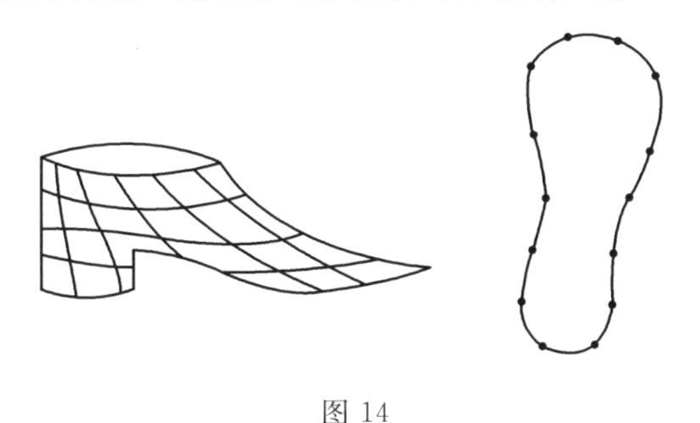

图 14

8. **艺术造型**

据 1979 年文献报道,纽约技术研究所的计算机图像实验室花四年多时间完成了一个"计算机辅助动画片系统"(CAAS) 应用于彩色动画片的设计和绘制.

目前,通过屏幕显示彩色图像的技术,已经达到非常逼真地模拟一幅油画作品的水平,色调和明暗的层次相当丰富.

在人或动物的颅骨上复原头像,是人类学和考古生物学关心的课题,传统的方法都是用手工雕塑. CAGD在这个领域里将是有所作为的. 举例来说,公安部门发现了一具无名尸体的颅骨,如果建立了复原头像的数学模型,便可把实测得到的一批数据点输入计算机,用CAGD中的曲面拼合技巧描写一个复原头像的方程,最后通过数控切削或屏幕显示给出一个复原头像.

四、计算几何的发展

上面介绍了计算几何的方法和应用,所讨论的中心问题是怎样用计算机造出形状复杂的一条曲线或一张曲面. 这称为计算几何中的形状复杂性问题.

另一方面,在机械工业中设计和制造的成千上万种零件,它们的轮廓线常常只是简单的直线段和圆弧段,但是要拼装成复杂的零件(图15). 这称为计算几何中的组合复杂性问题.

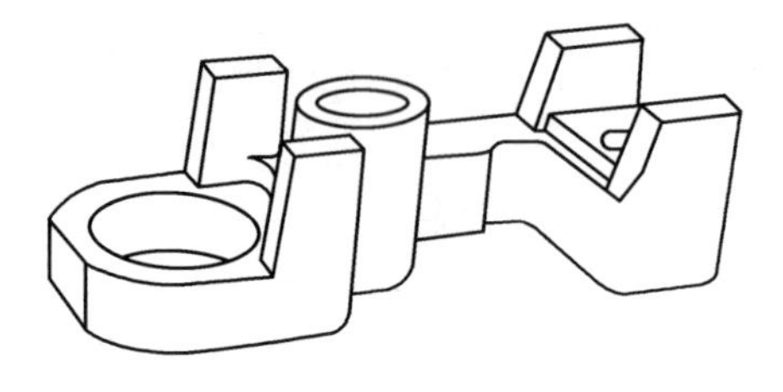

图15

这类问题的研究在20世纪70年代才开始发展,近已成为一个相当活跃的新领域. 目前欧美一些国家完成了几套成功的几何造型系统.

美国罗彻斯特大学从1972年起发展的PADL系统,把几何图形看成点集,按照集合运算法则对图形进行拼合组装. 例如,在平面上把矩形

$$A=\{(x,y)\mid 0\leqslant x\leqslant a,0\leqslant y\leqslant b\}$$

和半径r的圆

$$C=\{(x,y)\mid x^2+y^2\leqslant r^2\}$$

作为计算机表示的基本单元. A与C经过和、并、减三种运算后,便得到三种不同组合的图形(图16). 在三维的场合则是对长方体和圆柱体进行运算. 这样,我们就能直接对几何图形进行拼合运算来构造"体"了. 除了点集运算外,美国斯坦福大学GEOMED系统和英国剑桥大学的BUILD系统则采用分级的数据结构把一个体描述出来. 人们称这类问题为"体素造型"(volume modelling).

从几何角度看,形状复杂性只是讨论局部的曲线和曲面造型问题. 体素造

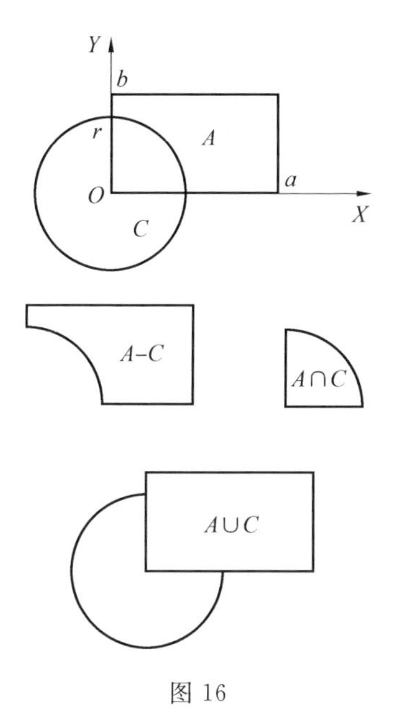

图 16

型则是研究整体的曲面，也就是二维紧流形的描述. 它们同流形的拓扑性质有着密切联系. 在这方面，斯坦福大学的 Baumgart 首先把欧拉公式

$$V-E+F=\chi$$

改造成为一个便于工程应用的直观形式，公式中 V,E,F 分别表示流形的顶点数、边数、面数，χ 表示流形的欧拉－庞加莱示性数，它是流形的拓扑不变量.

实用上，若要拼合一只镜框(图 17)，它的$\chi=0$. 因此，当用体素运算拼合镜框时，需要检查方程 $V-E+F=0$ 是否成立. 事实上，镜框同胚于一个环面. 由此可见，为了制造一个形状复杂的环面，定义在二维定向紧流形上的样条函数，以及由此生成的闭的 B 样条曲面，可能是有用的工具. 这是一个需要我们去开拓的新领域.

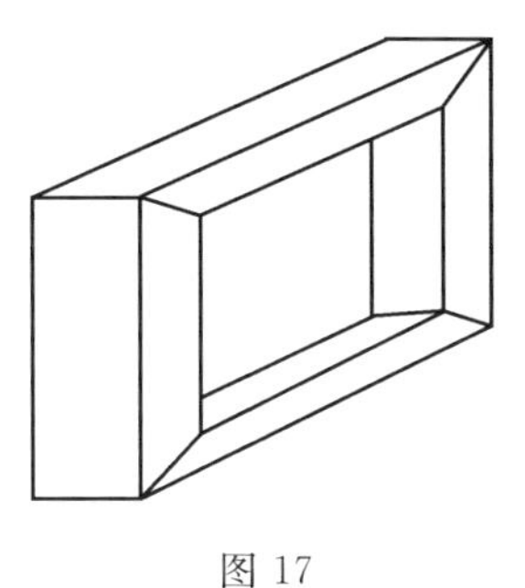

图 17

流形上的样条函数，除了应用到上述几何造型外，还有可能应用到流形上

微分方程的数值求解. 当前,应用的需要推动了数学的发展. 比如全球天气数值预报,要求定义在球面上的一组大气方程的数值解;而研究被封闭在环面中的等离子体,就要求环面上一组方程的数值解. 人们已经在用流形上的差分格式求解方程,而流形上的样条函数同样能把方程离散化,这也许会是一个令人感兴趣的问题吧.

分数维几何学简介①

一、分数维几何学的缘起

几何学的研究对象是物体的形状. 在自然界中,许多物体的形状是极不规则的,例如弯弯曲曲的海岸线,起伏不平的山脉,变幻无常的浮云,以及令人眼花缭乱的满天繁星,等等. 这些物体的形状有着共同的特点,就是极不规则,极不光滑. 但是,所有的经典几何学都是以规则而光滑的几何形状为其研究对象的. 例如初等平面几何的主要研究对象实质上是直线与圆,平面解析几何的主要研究对象是直线(一次曲线)与二次曲线,微分几何的研究对象是光滑的曲线与曲面,而代数几何的研究对象则是复空间中的代数曲线. 这种现象并不奇怪,因为素以精确严谨著称的各种经典的几何学,实际上是对客观世界中物体形状的不精确的描绘. 例如,我们把事实上凹凸不平的地球表面看成是绝对光滑的球面,或者比较精确一些,看成是椭球面. 虽然在许多情况下,这样做并不妨碍我们得到非常符合实际的结论,但是,随着人类对客观世界认识的逐步深入以及科学技术的不断进步,这种把不规则的物体形状加以规则化然后进行处理的做法已经不能令人满意了. 于是,在 20 世纪 70 年代中期,一门一产生就得到具体应用的新的几何学,所谓

① 施德祥,王建国,《自然杂志》第 8 卷(1985 年) 第 11 期.

分数维几何学(fraetal geometry) 就应运而生了.

分数维几何学的主要概念是分数维数(fractal dimension). 虽然这个概念可以追溯到20世纪初的大数学家豪斯道夫(F. Hausdorff),但是分数维几何学的创始人应为当代法国数学家曼德尔布罗(B. B. Mandelbrot). 曼德尔布罗早年毕业于著名的巴黎理工学院(Ecole Polytechnique),获理科硕士学位,后获巴黎大学数学博士学位. 他曾在哈佛、耶鲁、麻省等著名高等院校任教. 1973年他在法兰西学院(Collège de France) 讲课期间,提出了分数维几何学的思想. 曼德尔布罗认为分数维数的概念是一个可用于研究许多物理现象的有力工具,而分数维几何学则能用来处理那些极不规则的形状.

在这里,有必要对fractal一词的汉译做些解释. 这个由曼德尔布罗创造的、尚未列入词典的词,源于拉丁文的 fractus,与英文中的 fraction(碎片或分数) 及fragment(碎片) 具有相同的词根,据曼德尔布罗的解释,意为"不规则的"或"支离破碎的". 从这个意义上来看,把fractal geometry译成"无序几何学"较为妥当. 但考虑到在这门几何学中,刻画几何形状复杂程度的量——fractal dimension 在大多数情况下确实不是整数,因此在本文中,我们就把 fractal 译作"分数维数",而把 fractal dimension 译作"分数维几何学". 是否妥当,还有待于国内专家们的鉴定.

二、分数维曲线

历史上数学家对曲线的定义曾经有过各种不同的表达方式,如两曲面的交,动点的轨迹,代数方程的图像,连续函数的图像等. 在一段时期内,人们认为曲线至少应该是分段光滑的. 也就是说,曲线上除了个别的几个点以外,到处都可做出唯一确定的切线(即所谓可微). 但是,19世纪的德国数学家维尔斯特拉斯(K. Weierstrass) 首先发现了处处不可微的连续函数"妖魔". 接着,意大利数学家皮亚诺(G. Peano) 又给出了一条能填满整个正方形区域的处处不可微的曲线. 后来人们发现,这样的曲线有多种,于是就把这类曲线称为皮亚诺曲线. 图1是希尔伯特给出的具有两端点的皮亚诺曲线的构造过程. 遵循由图1(a) ~ (d) 显示出来的演变规律,一直构造下去,曲线的长度趋于无穷大,其极限曲线便可填满整个正方形区域. 实际上,皮亚诺曲线还可以填满三维的或更高维的立方体.

但是,在经典数学的研究中,数学家们视这些曲线为"病态" 曲线,小心翼翼地把它们摒之门外. 20世纪初,一些数学家对其中某些千奇百怪的、在当时看来毫无应用价值的自相拟(self-similar) 曲线产生了兴趣. 事实上,这些曲线正是现在分数维几何学的主要研究对象 —— 分数维曲线(fractal curve).

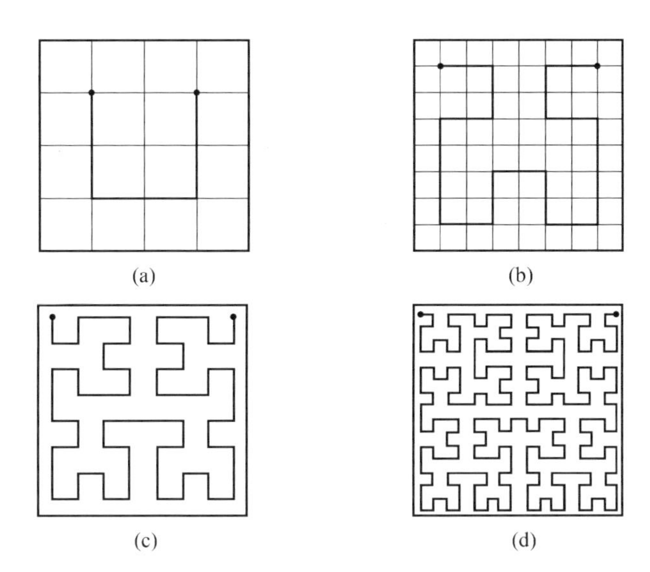

图 1　皮亚诺曲线

让我们用一个例子来说明分数维曲线的构造过程. 如图 2,取一个正三角形作为源多边形(initial polygon),取一条折线段作为生成线(generator). 构造的规则如图 3(a) ～ (e) 所示:凡是源多边形的直线段(在这儿就是正三角形的三条边),均按生成线的形状变形,变形一次遂成图 3(b),形成一个类似雪花的多刺状图形;再将这个图形中的每一条直线段按生成线的形状变形,遂成图 3(c);如此变形下去,第三次变形遂成图 3(d),第四次变形遂成图 3(e),……. 随着变形的进行,图形的边界长度趋于无穷大,实际上边界上任意两点间的距离都得趋于无穷大,但图形的面积却趋于原三角形面积的 8/5. 极限曲线是连续的,但处处不可微. 这就是由瑞典数学家科赫(H. von Koch) 于 1904 年提出的著名的科赫雪花曲线.

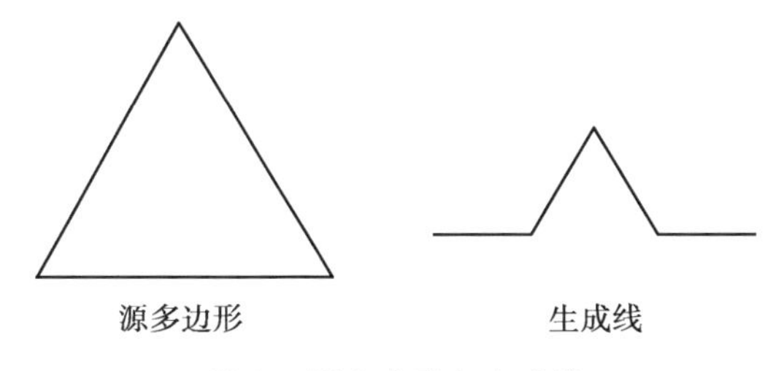

图 2　源多边形和生成线

在上述构造过程中,事实上每次变形我们都将生成线上的小三角形放在原来图形的外部. 当然也可以将小三角形放在原来图形的内部,这就得到了反雪花曲线. 反雪花曲线的长度也是无穷大,其所围面积为原三角形面积的 2/5.

如果取正多边形为源多边形,而构造的规则是在每条直线段的中间三分之

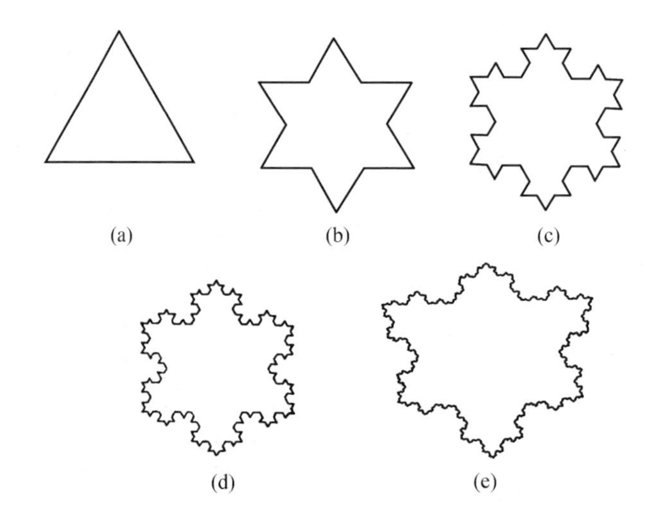

图 3　科赫雪花曲线

一处拼接一个同开关的小正多边形，那也可得到一条形状极其复杂的分数维曲线. 例如在一个正方形的每条边中间向外拼接一个小正方形(边长为原正方形边长的 1/3). 如此构造下去，就可以得到一个十字形的刺绣状图案. 它的周长为无穷大，面积为原正方形的两倍. 类似地，也可以向正方形的内部进行构造，结果得到一个反十字形图案.

这样的构造过程还可以在空间进行. 例如将正四面体的每个面分成四个小正三角形，以中间的那个小正三角形为底向外拼接一个小正四面体，如此构造下去，所得到的多刺状立体的表面积为无穷大，但内部体积为原正四面体的三倍. 对立方体进行类似的构造可以得到一个凸刺状立体.

值得提出的是，上面提到的源多边形，应做广义理解，一条直线段也可以作为源多边形. 图 4 是以直线段为源多边形、以夹角为直角的折线段为生成线而进行构造的过程. 变形一次成图 4(a)，变形两次成图 4(b)，变形三次成图 4(c)，变形四次成图 4(d)，变形八次就成图 4(e) 了. 其极限曲线就是著名的 C 曲线.

上面举出的各种分数维曲线和分数维曲面有一个共同的特点：处处连续，但处处不光滑. 这与经典几何学所研究的处处连续、至少分段分块光滑的曲线和曲面形成了两个极端. 这是对客观物体的形状从两个相反的方向进行抽象的结果，现实世界中的物体形状介于这两个极端之间.

分数维曲线除了形状复杂之外，还有一些非直观的奇特的性质. 我们举一个例子，如图 5(a)，以一个正六边形为源多边形，以一条 Z 字形的折线段为生成线，折线段的每条线段长为正六边形边长的 $1/\sqrt{7}$. 变形一次得到一个非凸的正十八边形，面积与原图形相等. 变形两次得到一个非凸的正五十四边形. 每次变

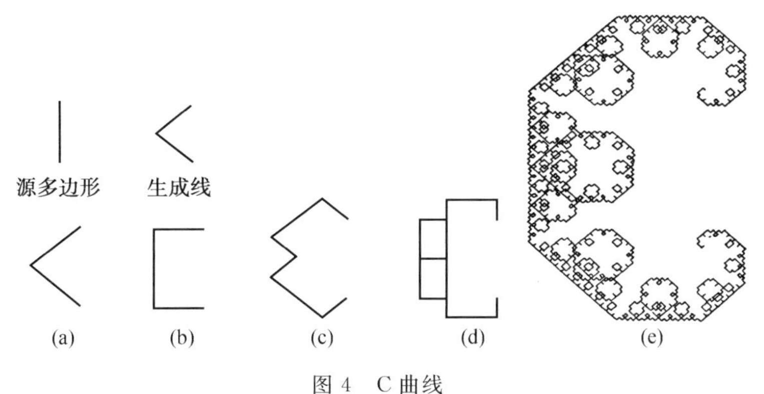

图 4　C 曲线

形都使边数增加到三倍，而面积保持不变. 令人惊奇的是每次变形后的图形都可分割成七个与变形前图形完全相似的小图形. 由此可以想象，极限图形可以分割成七个与自己完全相似的小极限图形(图 5(b)). 因此，小极限图形与极限图形的面积比为 1/7. 现在从另一角度来看，将图 5(b) 中处于外围的六个小极限图形用 AB 线段分成相等的两段，直观上似乎极限图形的周长由六个小极限图形的半周长接成，即小极限图形与极限图形的周长比应为 1/3. 相似图形的面积比应为它们的周长比的平方，因此它们的面积比似应为$(1/3)^2=1/9$. 既是 1/7，又是 1/9，问题出在哪儿呢？

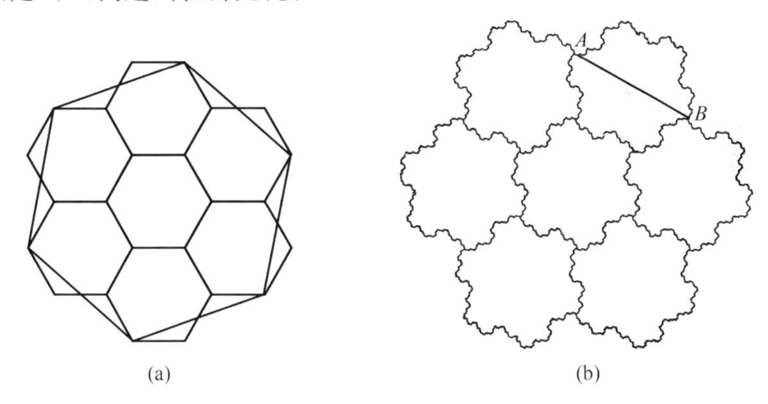

图 5

事实上，两者面积比无疑为 1/7，小极限图形与极限图形相似也是事实，问题在于它们的周长均为无穷大，因此周长比不是直觉上的 1/3. 在某种意义上，应为 $1/\sqrt{7}$. 这种非直观的性质可以说是分数维曲线的特征.

三、分数维数及其意义

我们知道，在经典的几何学中，点是零维的，直线是一维的，平面是二维的，各种各样的曲线也是一维的. 这种维数只取整数值，是拓扑学意义下的维数，我们把它记为 D_T. 上一节中我们列举了各种分数维曲线，它们的 D_T 都为 1. 显然这种维数不能反映出分数维曲线的特征，因此在分数维几何学中，另有一种维数，就是前面提到的分数维数. 这里，我们仅给出分数维曲线的分数维数定义：

设某分数维曲线的生成线是一条由 $\mathcal{N}$ 条等长直线段接成的折线段，若生成线两端的距离与这些直线段的长度之比为 $1/r$，则这条分数维曲线的维数

$$D=\lg \mathcal{N}/\lg(1/r)$$

一条直线可以看作是以单位长直线段为源多边形、以两单位长直线段为生成线而构造成的. 我们把这条生成线看作是由两条单位长的直线段相接而成的，则直线的分数维数 $D=\lg 2/\lg 2=1=D_T$. 这说明在最通常的情况下，分数维数与拓扑维数是一致的.

容易计算，对科赫雪花曲线和反雪花曲线，$D=\lg 4/\lg 3\approx 1.261\ 81$；对 C 曲线，$D=\lg 2/\lg\sqrt{2}=2$；对图 5 所示曲线，$D=\lg 3/\lg\sqrt{7}\approx 1.129\ 15$. 图 6 是曼德尔布罗给出的另一种雪花曲线，它的源多边形是正方形，生成线由八条直线段接成，除了当中两条直线段对接成一条直线外，其余的相接成直角. 图 6(a) 是按此生成线变形了两次后得到的图形，图 6(b) 是变形了三次后得到的图形. 它的分数维数 $D=\lg 8/\lg 4=1.5$.

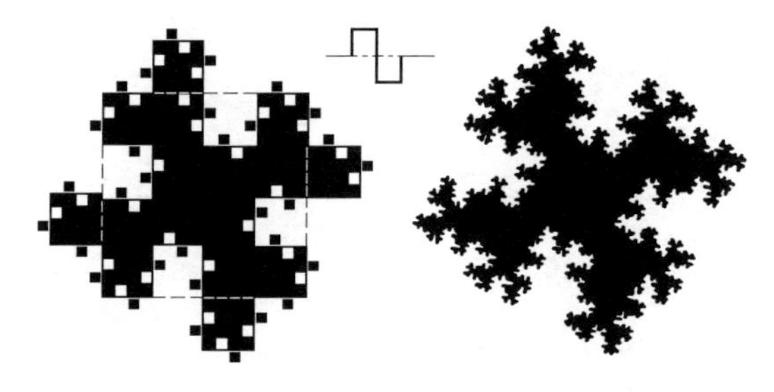

图 6　曼德尔布罗雪花曲线

上面这些曲线的 D 都大于 1，小于或等于 2. 这是分数维曲线区别于普通曲线的特征. 另外，还有 $2<D\leqslant 3$ 的分数维曲面和 $3<D\leqslant 4$ 的分数维立体.

比较图 3 和图 6，可知分数维数 D 是曲线复杂程度和空间填充能力的量度：曼德尔布罗雪花曲线的 $D(=1.5)$ 大于科赫雪花曲线的 $D(\approx 1.261\ 81)$. 从图上可见，随着变形次数的增大，曼德尔布罗雪花曲线的趋于复杂的速率比科赫雪花曲线的要快. 因此，分数维数就成为一个具有深刻物理意义的描述物体表

面几何形貌的参数.

设想有一张绘制得无比精确的海岸线地图,我们要用两脚规来测量这条海岸线的长度.设两脚规的开度为 λ,我们沿海岸线用这个两脚规一步一步地丈量,一共丈量了 n 步,这样,海岸线的长度 P_λ 可以近似地表示成 $n\lambda$.要测量得更精确些,可以把 λ 取得更小些.在大多数情况下,随着 λ 的无限减小,P_λ 将趋于无穷大,因为丈量的步数 n 将以更快的速率无限增大依靠.依靠经验获得的数据和理论的分析表明,n 增大的速率与 λ^{-D} 成正比,即 $n=\mathscr{K}\lambda^{-D}$.这里,$\mathscr{K}$ 是一个常数,而 D 就是海岸线的分数维数.因此 $P_\lambda=n\lambda=\mathscr{K}\lambda^{1-D}$.由此可见,$D$ 是 P_λ 随 λ 变化的速率的描述,而我们完全可以想象这种变化速率是由曲线的内在结构及其分布所决定的.这就是 D 成为一个物体表面几何形貌参数的本质所有.

四、应用简介

测量出来的总长度或总面积随着基本量度单位的减小而趋于无穷大,这种特性为许多实际物系所具有,如超细粒子的表面轮廓,各种凝聚物体的表面形貌,山脉的外形,大气湍流,悬浮液中某粒子的布朗运动轨迹,星星在天空中的分布图,等等.因此分数维几何学在诸如大地形貌、晶体表面、晶界形貌、催化剂结构、材料断裂机理分析、凝聚体结构等涉及物体表面几何形貌的研究中都有重要应用.甚至有人试图以分数维数作为一个巨大而复杂的计算机程序的质量指数.现代显微技术与计算机技术的迅速发展以及它们之间的相互结合使得分数维数的实验测定变得简单易行,这更加推动了分数维几何学在各科学领域中的应用.在迄今为止的所有应用中,最吸引人的恐怕要数在计算机成像技术中的应用了.用分数维几何学原理由计算机描绘出来的自然景象,简直可以与艺术大师们的杰作媲美.确实令人赞叹不已.

总而言之,分数维几何学是一门有强大生命力的新学科.国外在这方面的研究已十分活跃,我们希望本文的介绍能引起国内科学工作者对这门新学科的充分注意.

参考资料

[1] Mandelbrot B. B., *Fractals: Form, Chance, and Dimension*[M], W. H. Freeman and Company(1977).

算法几何学

—— 几何学的一个崭新分支[1]

古典的欧几里得几何学的研究对象是为数不多的有限个几何元素，诸如五个点、四条线段、三个圆、两个六角形等，而研究内容则是这些为数不多的几何对象之间的相当复杂的关系. 后来科学技术的发展要求人们处理大量分布于时空的几何对象，其信息量之大，表述形式之长，为古典的离散的几何方法所难以胜任，于是分析学便应运而生. 它运用连续模型对大量的离散对象做简单而近似的描述 —— 数学模拟，以获得具有一定精确度的一般结论.

现代计算机技术的发展使我们有必要也有可能对大规模系统中每一个个别对象的描述和处理达到必要的精确度. 随之产生的问题，往往涉及大量几何对象的简单几何性质. 虽然这似乎又回到了初等几何，但所关心的问题已与经典的初等几何有了本质的区别.

1975 年，沙莫斯(M. I. Shamos) 指出算法几何学这一崭新的几何学分支的存在. 从那时起，越来越多的计算机科学家和数学家投入到了这一学科的研究中. 由于高度的实用性和浓厚的理论趣味，它在短短的十年间蓬勃发展，形成了理论计算机科学与几何学相结合的一门边缘学科，也是初等几何学的一个极富有生命力的研究方向.

---

① 杨路，张矩，《自然杂志》第 8 卷(1985 年) 第 12 期.

算法几何学的英文为 computational geometry，与讨论样条插值的“计算几何学”同名，但意义完全不同.

一、算法几何学的研究对象

先考虑这样一个简单的算法几何学问题：给出平面上 n 个点的坐标，要求判断其中是否有四点共圆. 如果我们对每四个点都进行一次判断，判断它们是否共圆，则须做 $\binom{n}{4}$ 次判断，其计算量达到了 n^4 量级. 但在算法几何学中有一种巧妙的方法使我们可以只经过 n^3 量级的计算就能解决这一问题.

由此可见，算法几何学的研究对象是关于几何对象的算法问题. 问题的输入是一些几何对象的数值描述，输出则是下列四种之一：

(1) 另一些几何对象的数值描述(构造问题)；

(2) 某种几何关系的判断(判断问题)；

(3) 一些几何对象的计数(计数问题)；

(4) 某个几何量的计算(计量问题).

算法几何学所讨论的问题一般都有很简单的“平凡”算法，算法几何学研究的目的就是要找出时间复杂度比“平凡”算法低的“有效”算法.

既然讨论算法，首先就应该假设一个数学上的计算机. 在算法几何学中，假设这台计算机的每个存储单元中可以存放一个实数，计算机可以对实数进行精确的算术运算及比较和存取，每进行这样一次操作只计一个时间单位. 也就是说，我们采用的是一个实 RAM 模型.

在算法几何学中，几何对象完全是按照解析几何学或组合拓扑学的方式来描述的. 例如：点表示为两个实数的有序偶，线段由其两个端点来表示. 各维超平面以及球等的表示，可视问题而采取方便的形式.

对于较复杂的几何体，如高维复合形，我们可以给它各维的面都起上名字，并对每个面用指针表示与其他各面的邻接关系.

对于多边形，我们用沿顺时针(或逆时针)方向列出它各个顶点的方式来表示.

二、算法几何学问题举例

1. 求有限点集的凸包

设平面上由 n 个点所组成的集合 $S=\{s_0, s_1, \cdots, s_{n-1}\}$，包含 S 的所有凸集中

的最小者显然是一个凸多边形(图 1).求 S 的凸包也就是求出这个凸多边形.

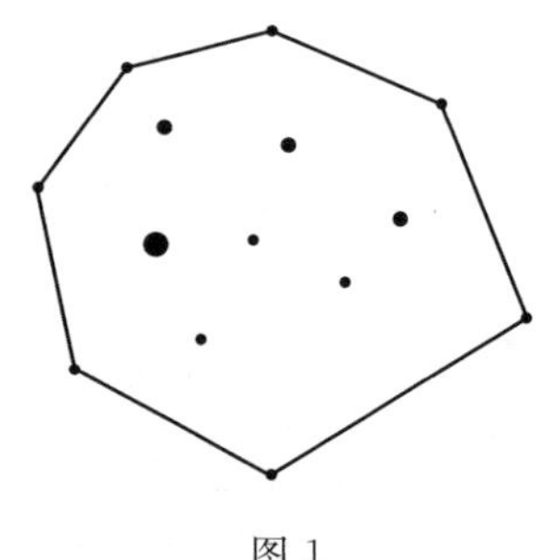

图 1

在 S 中任意取定一个点 s_0.对 S 中其他每个点 $s_i(i=1,2,\cdots,n-1)$ 都容易算出向量 $\overrightarrow{s_0 s_i}$ 的辐角,这一共只耗费 $O(n)$ 时间.然后将 $s_i(i=1,2,\cdots,n-1)$ 按辐角从小到大排列,并将 s_0 排在首位(注意只需定出各角的正弦与余弦不可以比较大小,所以事实上可以不必算出具体角度).对辐角相等的点,距离 s_0 近的排在前.S 中的点按这个次序形成了一个简单多边形的 n 个顶点(图 2).对这 n 个点进行排序所费的时间为 $O(n\log n)$.

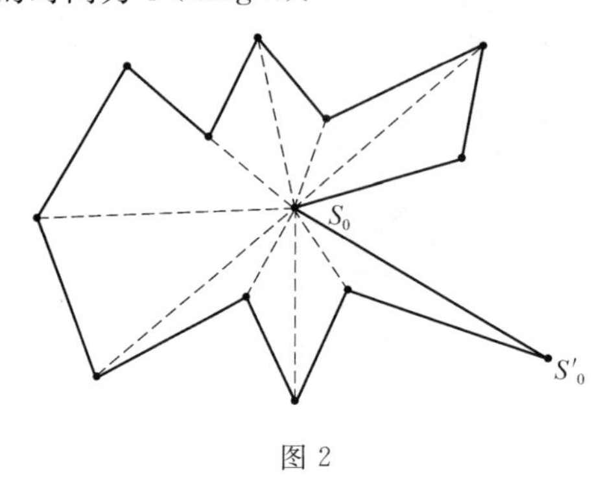

图 2

取 S 中横坐标值最大者为 s'_0(这点一定在凸包边界上),设上述简单多边形的 n 个顶点依次为 $s'_0,s'_1,\cdots,s'_{n-1}$.求 S 的凸包的算法可以直观地描述如下:

把 S 中的点看作竖在平地上的 n 个木桩,s'_{i-1} 与 $s'_i(i=1,2,\cdots,n-1)$ 之间及 s'_0 与 s'_{n-1} 之间都绷有一根绳子.现在将一根开始时充分缩短但可任意拉长的橡皮绳的一端固定在 s'_0 上,然后拉着另一端沿各木桩间绷得绳子的外侧行走直至回到 s'_0,这根橡皮绳就绷出了 S 的凸包(图 3).

在具体的程序中用一个数组来依次列出靠在橡皮绳上的那些木桩所代表的顶点.事实上在计算过程中我们只关心两种事件:一种是绳子的一端被牵到一个新木桩,另一种是橡皮绳被牵动离开某一个原来靠在橡皮绳上的木桩.这些事件一共只有 $O(n)$ 个,所以绷出这个凸包的计算量为 $O(n)$.由此可以看出,求出一个平面有限点集的凸包,有 $O(n\log n)$ 的算法.

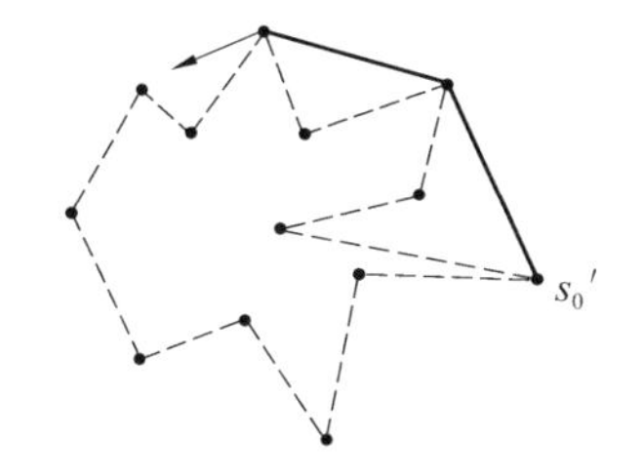

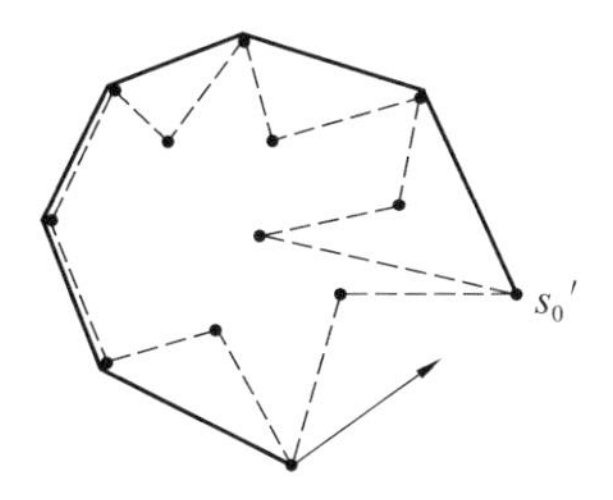

图 3

对于求高维空间中 n 个点的凸包问题,在三维的情况下有 $O(n\log n)$ 的算法[1],在 $d(d\geqslant 4)$ 维的情况下有 $O(n^{[(d+1)/2]})$ 的算法[2].

2. 有限点集上的极值问题

给定欧氏空间中一个有限点集,可以有各种类型的极值问题. 在平面的情况下,许多问题都有最优的算法.

给定平面上 n 个点,则每两点间有一个距离,找出这 $n(n-1)/2$ 个距离中的最大者和最小者,有 $O(n\log n)$ 的算法.

平面上 n 个点中每三点决定一个三角形,求出其中面积最大者有 $O(n\log n)$ 的算法[3],求出其中面积最小者有 $O(n^2)$ 的算法[4]. 求出以这些点中的 k 个为顶点的凸 k 边形中面积最大者有 $O(kn\log n+n(\log n)^2)$ 的算法[5].

求出覆盖平面上 n 个点的面积最小的圆有 $O(n)$ 的算法[6],而求出覆盖这 n 个点的面积最小的椭圆有 $O(n^2)$ 的算法[7].

3. 最优截取问题

给定一个凸 n 边形,求出含在其内部的圆中面积最大者,有 $O(n)$ 的算法.

设矩形 R 内有 n 个障碍点,在 R 上截出一个各边分别与 R 的边平行的矩形 E,使 E 的内部不含 n 个障碍点中的任一个,这种矩形 E 叫作空矩形. 求出面积最大的空矩形有 $O(n^2)$ 的算法[8]. 这种算法的基本思想是:从 R 的左边开始,从左至右分别考虑以这条边及各障碍点为左支撑点的各空矩形,选出这 $O(n^2)$ 个空矩形中面积最大者. 这基本上是一个平凡的算法. 不久前,又找到了一个使用“分治方法”的 $O(n(\log n)^3)$ 的算法[9],但这个算法需要记录很多辅助数据,使占用的存储空间达到 $O(n\log n)$.

4. 划分问题

在数值计算等领域中,经常需要将一个多边形划分成若干个三角形;在图像模式识别和图形处理技术等领域中,经常需要判断一个多边形区域最少能划分成多少个凸多边形.

关于多边形划分有一个简单的划分定理：任给一个有 n 个顶点的多边形 P，可以在 $O(n)$ 时间内找到它的两个顶点，这两个顶点间的连线完全位于 P 中，从而把 P 划分成两部分，这两部分的顶点数都不少于 $n/3$. 利用这个定理，可以在 $O(n\log n)$ 时间内把 P 划分成若干个三角形[10]. 使用更精细的算法，可以在 $O(n+\mathcal{N}\log \mathcal{N})$ 时间内实行多边形的三角化，其中 N 是 P 上凹角的数目[11].

决定一个有 n 个顶点的多边形可以分成多少个凸多边形有 $O(n+\mathcal{N}^2)$ 的算法，其中 $\mathcal{N}$ 为凹角的数目[12].

5. **相交性问题**

关于几何对象间的相交性问题有一个很重要的结果：给定平面上几条线段，求出这些线段间的所有交点有 $O(n(\log n)^2/\log\log n)+k$ 的算法，其中 k 为求出的交点的数目.

6. **机器人学中的算法几何学问题**

本刊去年第九期中《机器人与机器人学》[14] 一文介绍了机器人学，其中提到的"机器人运动学逆问题"就是一个典型的算法几何学问题. 对于有 n 个关节的机器臂，这个问题有 $O(n^3)$ 的解法[15].

以机器人学为背景的算法几何学问题中讨论较多的还有所谓"移动设计"问题. 这个问题的二维形式是：在平面上给定若干个多边形"障碍"，再给出某个多边形"可移动块"的两个位置，问可否设计出一种方法，把这个"可移动块"从一个位置挪到另一个，且在挪动过程中"可移动块"不会与"障碍"的内部相交.

三、算法几何学与线性规划

数学规划理论中的算法往往依赖于高维线性空间的几何性质，因此有着较强的几何直观背景. 特别是线性规划中的算法，许多都可看成是算法几何学研究的一部分，而许多重要的几何问题也归结到线性规划. 近年来，梅吉多(N. Megiddo) 等人从算法几何学的角度来研究线性规划的算法，取得了杰出的成就.

一个 n 个变元 m 个约束的线性规划问题有 $O(2^n m)$ 的算法[16]. 我们以下叙述两个变元 m 个约束的特殊的线性规划问题为例来说明这个算法的思想.

问题(L)：在约束条件 $y\geqslant a_i x+b_i(i=1,2,\cdots,m)$ 下，使 y 达到极小.

这个算法重复用到了极其重要的选择 n 个数中第 k 大者$(1\leqslant k\leqslant n)$ 的 $O(n)$ 的"选择"(selection) 算法，并发展了这个算法的思想.

直观地看，问题(L)是要找如图4那样一个凸多边形上纵坐标最小的点.

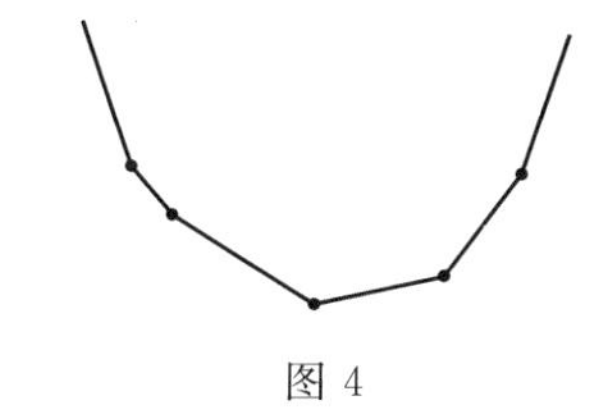

图 4

将 m 条直线 $y=a_ix+b_i(i=1,2,\cdots,m)$ 每两条一组地分成 $m/2$ 组(当 m 为奇数时，最后余下一条不参加分组)，例如可将 $y=a_{2k-1}x+b_{2k-1}$ 与 $y=a_{2k}x+b_{2k}$ 分在一组($k=1,2,\cdots,m/2$). 每组中两条直线有一个交点，这样就得到 $m/2$ 个交点$\{t_1,t_2,\cdots,t_{m/2}\}$. 做这些事情一共只需要 $O(m)$ 时间. 然后运用选择算法找出$\{t_i\}$中横坐标为第$(m/2)/2$大者，记为 t_s. 这也只需要 $O(m)$ 时间. 过 t_s 作一条平行于 Y 轴的直线 l，求出所有直线 $y=a_ix+b_i(i=1,2,\cdots,m)$ 与 l 的交点，选出其中纵坐标最大的交点，设这个交点是由直线 $y=a_jx+b_j$ 与 l 相交而得的. 假设 a_j 为正，则所寻求的极小点一定在 l 的左侧(反之则在右侧). 这时对$\{t_i\}$中位于 l 右侧的每一点 t_k，若 $a_{2k-1}\geqslant a_{2k}$，则在问题(L)的约束条件中去掉 $y\geqslant a_{2k-1}x+b_{2k-1}$，反之，则去掉 $y\geqslant a_{2k}x+b_{2k}$，这并不影响(L)的解(图5). 注意到位于 l 右侧的 t_k 至少有$((m/2)/2)$个，而当 m 充分大时，$((m/2)/2)\geqslant m/5$，因此，我们只花费了 $O(m)$ 时间就将约束数目减少了起码五分之一. 设解两个变元 m 个约束的线性规划问题(L)的时间为 $T(m)$，则显然有常数 C，使

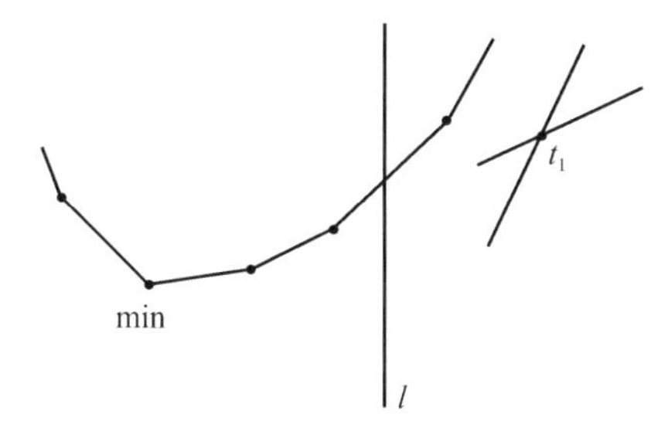

图 5

$$T(m)\leqslant Cm+T\left(\frac{4}{5}m\right)\leqslant Cm+\frac{4}{5}Cm+T\left(\left(\frac{4}{5}\right)^2m\right)\leqslant$$
$$Cm\left(1+\frac{4}{5}+\left(\frac{4}{5}\right)^2+\cdots\right)=$$
$$5Cm$$

即 $T(m)=O(m)$.

利用线性规划算法，找到线性时间算法的典型例子是所谓分离性问题：给定平面上两个有限点集 A 和 B，$|A\cup B|=n$，则可在 $O(n)$ 时间内判断有没有一条直线 l 使 A,B 分别在 l 两侧.

博格瓦特(K. Borgewardt) 和斯梅尔(S. Smale) 分别对解线性规则的单纯形法的平均复杂度做过研究，发现在适当的概率假设下平均运算时间是 n 与 m 的多项式. 但他们并没有准确说明具体是在什么量级上，只是给出了一个比较高的上界. 1984 年艾德勒(I. Adler) 和梅吉多[17] 发现，一种特殊的单纯形法的平均转轴次数是在$(\min(m,n))^2$ 量级上，其中 n 为变元数，m 为约束数.

四、算法中的查询、检索及维护问题

近几年，存储几何对象以支持某些查询或检索的数据结构得到了深入细致的研究.

1. 查询问题

最基本的查询问题是所谓邮局问题，即在数据库中保留平面上 n 个点 $s_1,\cdots,s_n$ 的坐标，支持用户的查询：给出平面上任意一点 q 的坐标，要求查出 $\{s_i\}$ 中距离 q 最近的一点. 当然我们可以算出 q 到每个 $s_i(i=1,2,\cdots,n)$ 的距离，然后取其中最小者. 然而这就相当于从字典的第一页开始一页一页地翻下去查找一个字. 我们只要适当地组织数据，就能找到只花 $O(\log n)$ 时间执行一次查询的算法.

首先引入一个概念. 对点集 $S=\{s_i\}$ 中每一点 s_i，点集 $Vs_i=\{p \mid p$ 是平面上的点；$\forall j\neq i, d(p,s_i)\leqslant d(p,s_j)\}$(其中 $d(x,y)$ 表示 x 与 y 间的距离) 是一个多边形区域(可能无界)，称为对应于 s_i 的 Voronoi 多边形. 平面上每一点都落在某一个 Vs_i 中，即$\{Vs_i\}$ 形成平面的一个划分. 把平面看成由$\{Vs_i\}$ 拼成的一个二维复合形，这个复合形 V_S 叫作 S 的 Voronoi 图(图 6).

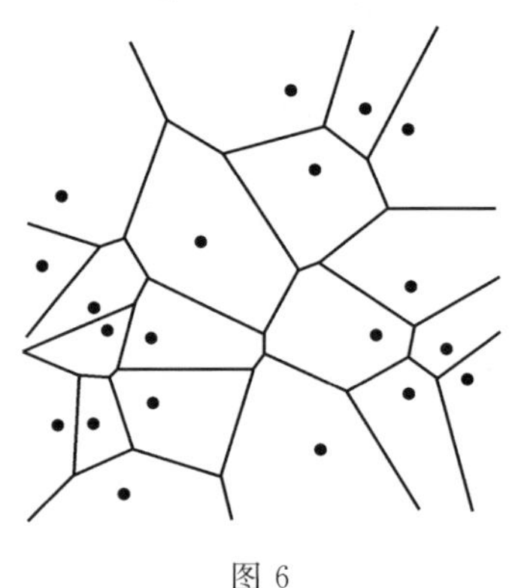

图 6

根据欧拉公式，平面划分的面、边、节点数目彼此有线性关系，所以为表示这个复合形所占据的存储空间为 $O(n)$.

我们这样来组织 S 的数据. 首先我们做出 S 的 Voronoi 图,这需要花费 $O(n\log n)$ 时间[18]. 将每个 Vs_i 再剖分一次,使之由若干个三角形拼成,由于不增加新的节点,表明这个由三角形拼成的平面复合形 V_S^1 所占的存储空间仍为 $O(n)$. 进行这一步所花费的时间也是 $O(n)$. 我们的数据结构包含很多层,最底层是 S 的 Voronoi 图,上面一层是这 Voronoi 图的"三角化"V_S^1. 再上面各层都是用三角形铺满平面而构成的二维复合形,最上层是未经划分的全平面. 现在来说明怎样从下面一层构造出上面一层. 据欧拉公式,由 V_S^t 中各"边"和"节点"所构成的平面图上度数小于 12 的节点一定不少于一半. 这样就能选出一个由一些度数小于 12 的节点组成的集合 I^t,其中任两点在 V_S^t 中不邻接,且 I^t 中节点数目不小于 V_S^t 中节点数目的 1/24. 然后将 I^t 中节点及其连带的边从 V_S^t 中取走,得到平面的划分 V_S^t/I^t. 将 V_S^t/I^t 中每个有多于三边的面三角化,就得到 V_S^{t+1}. 最后对 V_S^{t+1} 中每个三角形注明,对这个三角形中的任一点,怎样判断它在 V_S^t 的哪个区域中(最多有 12 个区域可能含有这个三角形中的点). 由于每一层都比它下面一层的节点数要少一个固定比例,所以只需向上构造 $O(\log n)$ 层就到了最上面的一层 —— 一个未经划分的平面,而且总的存储空间为 $O(n)$.

每当用户输入点 q 要求查询,我们就从最上面一层开始,逐层判断 q 应属于各层的哪个区域. 由于从上面一层到下面一层花费的时间不会多于某个常数 C,所以经 $O(\log n)$ 时间就可完成一次查询.

利普顿(R. J. Lipton) 和塔詹(R. E. Tarjan)[19] 于 1977 年首先得到花费 $O(n)$ 空间支持 $O(\log n)$ 时间进行查询的结构,这里介绍的方法取自资料[20].

对三维空间中 n 个点可以在 $O(n^2)$ 时间内构造一个占据 $O(n^2)$ 空间的数据结构,支持在 $O((\log n)^2)$ 时间内进行一次找最近点的查询[21].

查询问题很多,特别值得提到的是比较困难的查询数值的问题. 例如有这样一个没有很好解决的问题:保留一个凸多面体的数据,用户给出其表面上两点,查询这两点之间的在此凸多面体表面上的最短路径的长度.

2. 检索问题

二维条件检索是一个最典型的检索问题. 数据库中保留平面上 n 个点,组成点集 S,支持用户这样的检索:输入 X 轴上一个区间 $[a,b]$,Y 轴上一个区间 $[c,d]$,要求报出 S 中横坐标在 $[a,b]$ 中且纵坐标在 $[c,d]$ 中的那些点(图 7).

解这个问题的数据结构也分成 $\log n$ 层,最底层各点按横坐标排列,然后经过 $\log n$ 层有规律的次序改变,到最上层各点按纵坐标次序排列,并在各层之间加上许多指针. 这样每当用户输入关于两个坐标的条件,就可在 $O(\log n+k)$ 时间内报出 S 中所有落在输入矩形中的点,k 是这些点的个数. 注意花费时间分为两项,前一项 $\log n$ 相当于一笔手续费,然后为报出的每一点付一定的代价就

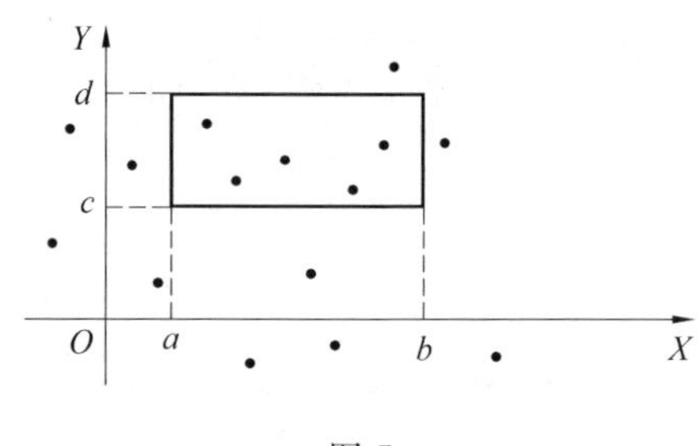

图 7

成为第二项 k. 所有的检索问题的检索时间都具有这样的形式.

有许多解决得相当好的检索问题,其基本形式都是在数据库中保留许多几何对象,用户每次输入某个几何对象,要求报告数据库中所有与这个几何对象相交的元素. 当数据库中保留的元素为一些点,支持用户输入一个半平面检索时,可在 $O(\log n+k)$ 时间内执行一次检索[22]. 当数据库保留一些点,用户用圆检索时,有占 $O(n(\log n)^3)$ 存储空间的数据结构,支持在 $O(\log n+k)$ 时间内执行一次检索[23]. 当数据库保留一些线段,用户也用线段检索时,有占 $O(n^2)$ 存储空间的数据结构,支持在 $O(\log n+k)$ 时间内执行一次检索[24].

3. 维护问题

在上面讲到的查询和检索问题中,数据库保留的都是一个固定的集合. 如果我们考虑要经常增加或删除数据库保留的元素,问题就要复杂一些. 我们既要保证查询或检索快速进行,又要保证增删快速完成.

对应于算法几何学中的构造问题也可以有维护问题. 例如平面点集的凸包维护:对一个平面点集 S 做出其凸包,S 中的点有时增加有时减少,每当 S 出现这种变动时就在 $O((\log n)^2+k)$ 时间内得到新 S 的凸包,其中 k 为凸包边界上增加的顶点数. 这可以通过利用一个 $2-3$ 树动态字典结构存放 S 中的点来实现[25].

五、算法的理论与实际

从理论上设计的算法往往热衷于降低算法复杂度的量级,但这经常以提高较小输入时的时间复杂度为代价,甚至不惜把实际面临的问题的时间复杂度提高到无法容忍的地步. 这些理论讨论只是对发展算法设计技巧,为算法设计建立起系统的理论体系起指导作用. 在实际实用算法时,其效果好坏与最坏情况下的复杂度并无直接联系,真正能反映实用性的是在符合实际的概率假设下的平均复杂度. 由于最基本的算法问题——如整序和选取第 k 大元素的最坏情况复杂度意义下的好算法和平均意义下的好算法是完全不同的,所以如果我们从实用的角度来考虑算法设计,将会是另一番景象.然而由于实际工作者对直接使用效果的满足,理论工作者对简洁完美的偏爱,而且由于计算概率特别是几何概率的固有困难,人们仍然没有能系统地对各种问题用系统的方法来评价平均复杂度并按平均复杂度的要求来设计高效率的算法.

有一种广泛应用的所谓概率算法.这种算法中包含“掷骰子”的步骤(计算机上用一个随机数发生器来实现“掷骰子”)来决定下一步计算.如果每次运气都不好,计算时间可能会长得不能容忍.但要运气总是不好就像要它总是好一样困难.每个概率算法都有一个所谓“期望运行时间”.只要一个概率算法中有充分多次“掷骰子”的机会,则几乎每次具体计算的运行时间都与期望运行时间相差无几.

无论从实际工作中还是从理论研究中,经常都可以提出新的算法几何学问题.数学文化的兴旺发达从几何学开始,或许,正在到来的信息时代也会从几何学开始对数学的内容、观点和方法产生革命性的影响.

参考资料

[1] Prepatata F. P., Hong S. J., *Commun. ACM*, 20, 2(1977)87.

[2] Seidel R., *M. S. Thesis*, Dep. Comput. Sci. Univ. British Columbia, Tech. Rep. 81－14(1981).

[3] Dobkin D. P., Snyder L., *Proc. 20th IEEE Annu. Symp. Found. Comput. Sci*(1979)9.

[4] Edelsbrunner H. *et al.*, *Proc. 24th IEEE Annu. Symp. Found. Comput. Sci.* (1983)83.

[5] Boyce J. E. *et al.*, *Proc. 14th ACM Annu. Symp. Theory Comput.* (1982)282.

[6] Megiddo N., *SIAM J. Comput.*, 12, 4(1983)759.

[7] Post M. J., *Proc. 16th Symp. Theory Comput.* (1984)108.

[8] Naamad A. *et al.*, *Discrete Appl. Math.*, 8(1984)267.

[9] Chazelle B. M. *et al.*, *Proc. Symp. Theoretic Aspects Comput. Sci.* (1984)43.

[10] Chazelle B. M., *Proc. 23rd IEEE Annu. Symp. Found. Comput. Sci.* (1982)339.

[11] Hertel S., Mehlhorn K., *Proc. 4th Symp. Found. Comput. Theory.* (1983)207.

[12] Chazelle B. M., *Computational Geometry and Convexity*, Carnegie-Mellon Univ., Tech. Rep. CMU－CS－80－150(1980).

[13] Chazelle B. M., *Proc. 16th ACM Annu. Symp. Theory Comput.* (1984)125.

[14] 朱剑英,《自然杂志》,7,9(1984)655.

[15] Hopcraft J. *et al.*, *SIAM J. Comput.*, 14, 2(1985)315.

[16]Megiddo N. ,*J. ACM*,31,1(1984)114.
[17] Adler I. ,Megiddo N. ,*Proc.* 16*th ACM Annu. Symp. Theory Comput.* (1984)312.
[18] Shamos M. I. ,Hoey D. ,*Proc.* 16*th IEEE Annu. Symp. Found. Comput. Sci.* (1975)151.
[19] Lipton R. J. ,Tarjan R. E. ,*Proc.* 18*th IEEE Annu. Symp. Found. Comput. Sci.* (1977)162.
[20]Kirkpatrick D. G. ,*SIAM J. Comput.* ,12,1(1983)28.
[21] Chazelle B. M. ,*Proc. Conf. Found. Comput. Theory*,Springer-Verlag. (1983)52.
[22] Chazelle B. M. *et al.* ,*Proc.* 24*th. IEEE Annu. Symp. Found. Comput. Sci.* (1983)217.
[23] Cole R. ,Yap C. K. ,*Proc.* 24*th IEEE Annu. Symp. Found. Comput. Sci.* (1983)112.
[24] Chazelle B. M. ,*Proc.* 24*th IEEE Annu. Symp. Found. Comput. Sci.* (1983)122.
[25] Overmars M. H. ,van Leeuwen J. ,*Computing*,26(1981)155.

孤立子及其数学理论

——纪念J.S.罗素逝世一百周年①

1965年8月9日，美国数学家萨布斯基(Zabusky)和克鲁斯卡尔(Kruskal)在《物理评论快报》(*Physical Review Letters*)上首次创立“孤立子”(soliton)这个名词，来命名他们通过高速电子计算机的数值分析所发现的经“碰撞”而不改变形状和速度的孤立波(solitary wave)，引起了科学界的广泛注意.经过20年不到的时间，今天孤立子已经出现在晶格理论、非线性光学、等离子体物理、分子生物学、基本粒子理论、海洋学、凝聚态物理等领域中.最近有几个实验小组报道，孤立子甚至引起了对固体性质的一些异乎寻常的认识，也许会对固体物理产生极有意义的影响[1].那么，“孤立子”究竟是什么呢？在回答这个问题之前，我们还得简单回顾一下历史.

一、孤立波的发现和孤立子的诞生

1834年8月的一天，26岁的英国科学家约翰·司科特·罗素(John Scott Russell)在连接爱丁堡和格拉斯哥的运河河道的勘探中，发现了一个奇妙的景象，那时两匹马拉着一条船在这狭窄的河道中快速前进，船突然停下时，被船体带过来的水流聚集在船头周围，并处于急剧运动状态，而后就形成一个圆

① 黄迅成，《自然杂志》第5卷(1982年)第10期.

形光滑、轮廓分明的巨大水峰，以极高的速度离开船头向前移动.这水峰大约长914.4 cm(30英尺)，高30.48～45.72 cm(1～1.5英尺)，行进的速度每小时约12.84～14.48 km(8～9英里)，并且在行进过程中，速度和形状保持不变.罗素骑着马紧紧跟随，后来发觉波的高度渐渐减小，过了一段距离之后，它终于消失在蜿蜒曲折的河道之中.

罗素解释道："这绝不是被切开的通常的波，因为通常的波前进时，总是一部分高于水面，一部分低于水面.不仅如此，它的形状也是不同的.它也不同于半个波，而是一个完整的波.这个波不是一半在水面上，一半在水面下，而是始终全部在水面之上.除此之外，这'堆'水也不是停留在一个地方，而是前进了相当一段距离."

罗素称他的发现为"伟大的孤立波"，用了毕生的精力从事这方面的实验和研究.然而，由于当时数学水平的限制，人们无法在理论上给予完满的解释，为此，罗素热忱地希望"将来的数学家"能完成这项工作.

科学家们经过60来年的探索，使罗素的愿望得以实现.1895年，柯脱维格(Korteweg)和德佛累斯(De Vries)在研究单方向运动的浅水波时，建立了一个方程，这方程经过适当整理后可写成下面的形式

$$u_t + 6uu_x + u_{xxx} = 0 \tag{1}$$

这就是著名的KdV方程.这方程有一个特解

$$u(t,x) = 2a^2 \operatorname{sech}^2[a(x-4a^2t)] \tag{2}$$

它的函数图像犹如一个以速度$c=4a^2$向右运动的脉冲，而这在现象上正是激起罗素极大兴趣的孤立波(图1).

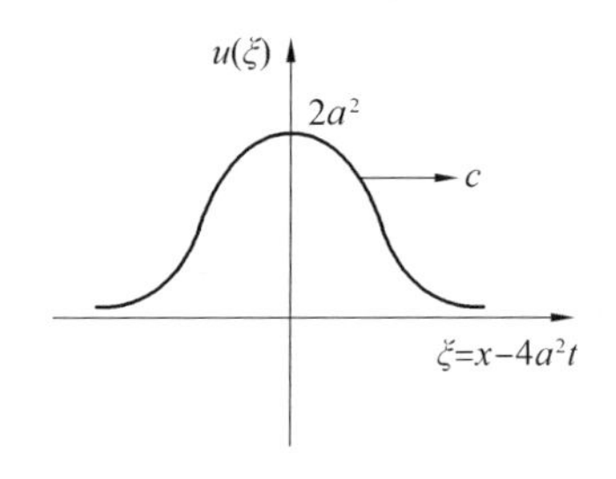

图1

从这个特解的形式中，我们可以看到，这种波的波幅$2a^2$、波速$4a^2$和波宽a三者相互联系，速度越快，波形越陡峭.因此，如果河道中存在两个同向前进的孤立波，一个高，一个矮，高的在后，矮的在前，那么经过一段时间后，高个子波就一定会追上矮个子波，两个孤立波就会发生"碰撞".这种"碰撞"的图景将是怎么样的呢？人们认为，由于KdV方程是非线性方程，它的解不能叠加，因而"碰撞"之后两个孤立波的形状就会破坏殆尽，正像一般的非线性波一样.所以

大家都认为孤立波解是不稳定的，对描述物理现象不会有很大的帮助，因而长期以来孤立波一直被忽视. 在沉默了一个多世纪之后，直至 20 世纪 60 年代中叶，孤立波的粒子行为被提示，从而导致“孤立子”这一新概念的诞生，才使孤立波重新放射出夺目的光彩.

那么，什么是“孤立子”呢？在数学和工程领域中，“孤立子”被理解为波动方程的脉冲状的行波解，它们即使经过碰撞也能保持各自的形状和速度；而在粒子物理等领域内，则把“孤立子”看作具有某个“安全系数”的特殊孤立波，在相互作用时只有微弱的变化. 因而一般的人们将“孤立子”视为波动方程的能量有限的解，这些能量集中在空间的有限区域，不会随时间扩散到无限区域中.

随着研究的深入，人们发现除 KdV 方程外，一系列在应用中十分重要的非线性演化方程都具有孤立子解. 例如，人们在正弦戈登（sine-Gordon）方程、非线性薛定谔方程、广田（Hirota）方程、布希纳思（Boussinesq）方程、本杰明－小野（Benjamin-Ono）方程、自透射方程和非线性晶格方程等方程中发现了扭状孤立子（kink）、正孤立子、反孤立子（anti-soliton）、呼吸子（breather）、包络孤立子（envelop soliton）以及数个孤立子叠加等形形色色的孤立子. 这些事实说明了，孤立子解必定反映了自然界的一种相当普遍的非线性现象. 令人奇怪的是，这些方程都是非线性色散（dispersive）波方程. 非线性和色散效应原本都是破坏波形稳定的因素. 色散效应使波形有散开的趋势，因为波的各组成部分具有不同的频率，它们以不同的速度运动，从而在一定距离之后，波形便变掉了. 同样，非线性效应会使较高频率不断累积，如果没有频率分散来补偿这种累积，这种波就会在前进的过程中变得越来越陡峭而最终达到破碎的地步，就像通常所能见到的白帽浪在海洋表面破碎一样. 然而，这两个因素的巧妙结合、相互制约、相互平衡，竟成功地保持了波形的稳定不变，这实在是大自然的一个有趣的杰作.

二、孤立子数学理论之一：散射反演方法

散射反演方法（inverse scattering method，或译作反散射法）是孤立子数学理论最重要的组成部分. 这个方法适用于求解形如

$$q_t = \mathscr{K}(q) \tag{3}$$

的非线性演化方程，$q=q(t,x)$ 可以是标量，也可以是向量. 这一方法的主要思想是将方程(3) 与一种定义的斯图姆－刘维尔（Sturm-Liouville）型线性算子的特征值问题

$$L\Psi = \lambda\Psi \tag{4}$$

联系起来，这里算子 L 与 q 有关（$L \equiv L(q)$），要求当 q 按方程(3) 演化时，算子 L

的谱不随时间变化，而且一些与谱相关的量随时间演化的规律相当简单. 这样，为了计算时刻 t 时的量 q，可以从给定时刻 $t=0$ 时的初值 $q=q(0,x)$ 出发，计算出算子 L 的谱及其有关的量，然后令其随 t 演化，根据所得的时刻 t 时的这些值来复原 $q=q(t,x)$.

这一方法最初由美国数学家加德纳(Gardner)、格林(Greene)、克鲁斯卡尔和缪拉(Miura) 在 1967 年研究 KdV 方程的求解时提出. 由于对非线性方程而言，解的叠加原理不再成立，导致常用的分离变量法、积分变换法等失去效用. 加德纳等人原先也同其他数学家一样，指望能像处理典型的非线性耗散(dissipative) 型方程 —— 贝尔格斯(Burgers) 方程 $u_t+uu_x-u_{xx}=0$ 那样(这个方程与 KdV 方程外形十分相像)，找到某种变量替换，使 KdV 方程化为某种线性方程而达到求解的目的. 虽然这种“线性化”的努力都失败了，却意外地发现方程(1) 与量子力学中的一维(与时间 t 无关的) 线性薛定谔方程

$$\Psi_{xx}-(u-\lambda)\Psi=0 \tag{5}$$

之间有着有趣的联系. 在方程(5) 中，Ψ 代表波函数，$u(x)$ 代表位势，λ 为特征值. 显然，当位势 $u(x)=u(t,x)$ 与参数 t 有关时，它的各个离散特征值 λ_i(它们对应于各个束缚态) 一般也应与 t 有关. 但加德纳等人发现，只要位势 $u(t,x)$ 按 KdV 方程变化，且在无穷远处衰减至零，则方程(5) 的各个离散特征值与 t 无关，特别是位势 $u(t,x)$ 的初值 $u(0,x)$ 与任意时刻 t 时的值 $u(t,x)$ 都对应于(5) 的同一组特征值. 这样，就可以将线性特征值问题及其反问题(即由特征值求位势) 作为桥梁，将 $u(0,x)$ 与 $u(t,x)$ 联系起来. 这种用一系列线性步骤求解非线性问题的技巧后来在美国的莱克斯(Lax)、苏联的萨哈罗夫(Захаров) 和沙巴特(Шабат)、美国的阿柏罗维茨(Ablowitz) 等人的相继工作之下，成功地用在非线性薛定谔方程、修改的 KdV 方程和正弦戈登(SG) 方程等一系列应用极为广泛的方程的求解问题上，从而发展成一种崭新的求解非线性演化方程的方法 —— 散射反演方法.

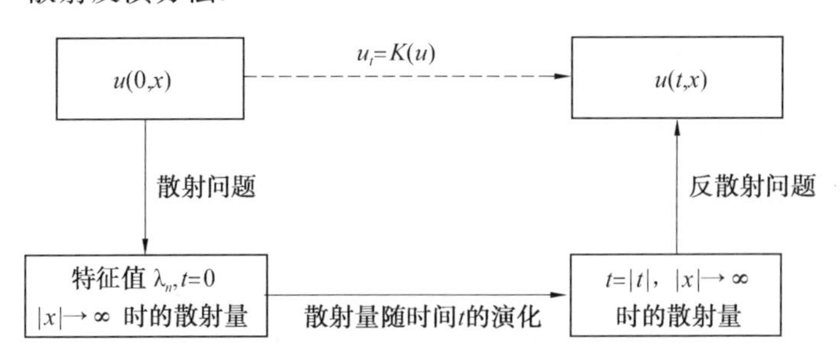

图 2　求解 $u_t=K(u)$ 的散射反演方法的示意图

图 2 表示求解 $u_t=K(u)$ 的散射反演方法的示意图. 我们不难从中发现，它与求解线性问题的傅里叶(Fourier) 变换十分相似，因此散射反演方法可以看

作是傅里叶变换方法在非线性问题中的推广.这一方法目前在理论上已有了相当深入的研究[2~4].毫无疑问,散射反演方法的出现是20世纪60年代以来应用数学领域最大的进展之一,它随同孤立子其他数学理论一起有力地推动了微分方程、微分几何、代数等各个数学分支的发展.这一点,我愿意提出来作为张奠宙同志的文章《二十世纪数学发展一瞥》[5]的补充.

三、孤立子数学理论之二:无穷多个守恒律

空间一个怎么样的方程具有孤立子解?数学家们费尽心机,想方设法,力图从各个途径解决它,其中一个途径就是研究方程的守恒律问题.

众所周知,物理学中有三大守恒定律,即质量守恒、动量守恒和能量守恒.在数学上,当一个物理现象可以用一个形如 $u_t=\mathcal{K}(u)$ 的微分方程描述时,这方程的一个守恒是指如下散度形式的方程

$$\frac{\partial T}{\partial t}+\frac{\partial X}{\partial x}=0 \tag{6}$$

其中 T 称为守恒密度,X 称为流量,都与未知函数 $u(t,x)$ 以及 u 对 x 的各阶导数有关,使得当 u 取上述方程的解时,式(6)恒成立.当 X 在区域边界上取零时,可从式(6)推出量 $I=\int\mathcal{T}\mathrm{d}x=$ 常数,与时间无关,亦即系统在演化过程中始终"守恒".

KdV方程的前三个守恒定律是很容易找到的.萨布斯基和克鲁斯卡尔在研究这一方程的数值解过程中,发现了第四个和第五个守恒定律,这一发现激起了科学界的兴趣,一时间,许多人都投入了这一工作.直至1966年夏季,第九个守恒律问世了.当时有人断言:到顶了,不可能再有了.但孤立子理论的另一创始人缪拉表示不信,不多久,靠着电子计算机的帮助,他果真又找到了两个.于是人们猜测KdV方程也许存在许许多多的守恒律.正是这一猜测,使得缪拉发现了一个很有用的变换,从而和另两位美国数学家克鲁斯卡尔与加德纳同时证明了KdV方程具有无穷多个守恒律.这个证明的"同时"发现,也是一件值得一提的趣事.那是1968年夏天的一个下午,缪拉和克鲁斯卡尔在办公室里忙到很晚,刚找到这个证明时,电话铃响了,原来是加德纳打来的,他也找到了证明,而且用的是另外的方法[6].

鉴于正弦戈登方程、修改的KdV方程、非线性薛定谔方程等典型的具有孤立子解的方程都有无穷多个守恒律,人们断定孤立子解与无穷多个守恒律之间有着一种密切的本质联系,然而这种联系的明确形式至今还没有找到.并非每一个方程都有许多守恒律,如前面提到的贝尔格斯方程就只有一个守恒定律(动量守恒).再如对于方程 $u_t+u^3u_x+u_{xxx}=0$,只找到了三个守恒定律,此外再

也没有找到.克鲁斯卡尔和缪拉早在1970年曾对重要的广义KdV方程

$$\frac{\partial u}{\partial t}+u^{q}\frac{\partial u}{\partial x}+\frac{\partial^{p}u}{\partial x^{p}}=0 \tag{7}$$

(其中 p,q 为非负整数,$p\geqslant 2$) 猜测它的守恒定律个数如表1所示:

表1

$p\backslash q$		0	1	2	$\geqslant 3$
偶		1	1	1	1
奇	3	∞	∞	∞	3
	$\geqslant 5$	∞	3	3	3

这一猜测被我国学者屠规彰和秦孟兆用对称函数方法在1979年圆满解决.那一年,在波兰召开的国际孤立子学术会议上,屠规彰教授报告了这一成果,表明我国孤立子数学理论的研究已达到相当高的水平.这两位学者今年发表的论文中,还证明了一大类可表示成 $u_t=\mathscr{D}g$ 形状(其中 g 为梯度多项式)的演化方程,例如

$$u_t+f(u)_x=\beta u_{xxx} \tag{8}$$

至少存在三个守恒定律[7].我国学者的这些工作受到了国际上的广泛注意.

令人感兴趣的是,是不是存在这样的演化方程,它的守恒定律个数不等于0,1,3或 ∞.即使只举出一个例子,也将是孤立子理论研究的一个可观的进展.

四、孤立子数学理论之三:贝克隆变换

说来有趣,贝克隆(Bäcklund)变换原本是属于微分几何范畴的课题,它在纯粹数学的文库中已经存在了一百来年,而随着孤立子的诞生,这颇为古老的枝条却在应用数学的园地里重新焕发了青春的活力.

图3(a)为曳物线,人用一根长为 a 的绳子拖曳物体 P 沿 z 轴走动时,物体 P 所走过的轨迹.

图3(b)为伪球面,它是由曳物线绕 z 轴旋转而得.

1875年,德国数学家贝克隆在研究伪球面——这种曲面的最简单的例子是喇叭形曲面(图3),它的曲率等于负常数,所以又称常负曲率曲面时就引入了这个变换,它的具体表达式为

$$\begin{cases}\dfrac{\partial}{\partial_{\xi}}\left(\dfrac{u_1-u_0}{2}\right)=a\sin\left(\dfrac{u_1+u_0}{2}\right)\\[2ex] \dfrac{\partial}{\partial_{\eta}}\left(\dfrac{u_1+u_0}{2}\right)=\dfrac{1}{a}\sin\left(\dfrac{u_1-u_0}{2}\right)\end{cases} \tag{9}$$

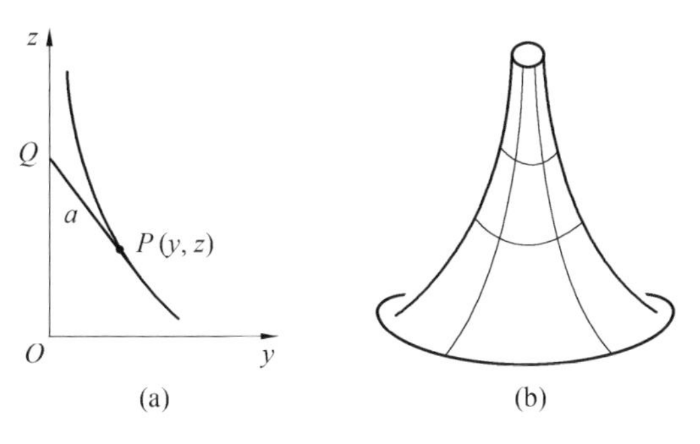

图 3

如果 u_0 为 SG 方程 $u_{\xi\eta}=\sin u$ 的解，由(9)解出 u_1 就得 SG 方程的另一解. 例如，取平凡解 $u_0=0$，代入(9)可以解得

$$u_1=4\tan^{-1}\left[\exp\left(\pm\frac{x-ct}{\sqrt{1-c^2}}\right)\right] \tag{10}$$

其中 $x=\xi+\eta, t=-\xi+\eta, c=(1-a^2)/(1+a^2)$. 这是 SG 方程的一个孤立子解，这种孤立子就是我们前面提到的扭状孤立子，简称为“扭”，解的符号“±”分别代表两种相反的旋转方向，称为正扭和反扭.

人们发现，一般说来变换(9)总是把 SG 方程的第 $\mathcal{N}$ 个孤立子解变为第 $\mathcal{N}+1$ 个孤立子解. 当初贝克隆提出这个著名变换是为了由一种伪球面引出另一种伪球面，而现在这个变换的作用就好比每次在解的中间加入一个新的孤立子. 以后，人们把非线性方程间类似的变换统统称为贝克隆变换. 形如 $u_t=\mathcal{K}(u,u_x,u_{xx},\cdots)$ 的演化方程的贝克隆变换的通常形式为

$$\begin{cases} u_t=F(u,u',u'_t,u'_x,\cdots) \\ u_x=G(u,u',u'_t,u'_x,\cdots) \end{cases} \tag{11}$$

进一步的研究表明，方程的贝克隆变换除了可导出方程的孤立子解外，还可根据“可换性定理”导出解的非线性叠加公式. 如 SG 方程的一个非线性叠加公式为

$$\tan\left(\frac{u_3-u_0}{4}\right)=\frac{a_1+a_2}{a_1-a_2}\tan\left(\frac{u_1-u_2}{4}\right) \tag{12}$$

我们还可以将贝克隆变换按某个参数展开而求得原方程的无穷多个守恒定律[8,9]，以及从贝克隆变换导出散射反演方法所需要的方程[10]，等等. 这三者的关系可用如下的形式来表示：

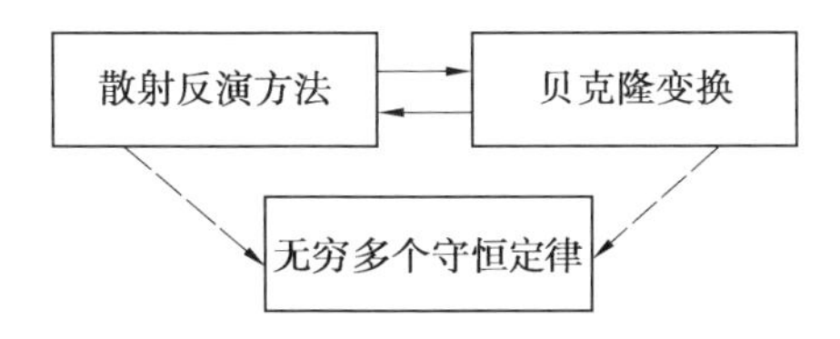

非线性演化方程的贝克隆变换本身的内在结构也是一个饶有趣味的课题.前不久,苏联的柯诺柏尔钦柯(Конопелченко)指出[11]:凡是可用散射反演方法求解的非线性演化方程的贝克隆变换构成了一个无限群,这个群是另外两个群的张量积:一是包含非孤立子解的贝克隆变换组成的无限连续阿贝尔(Abel)群,一是包含孤立子解的贝克隆变换组成的无限离散阿贝尔群.

我们上面所提到的贝克隆变换,都是指将同一方程的一个解映射到另一个解的自(auto-)贝克隆变换.还有一种可逆(invertible)贝克隆变换,它将一个方程的解映射到另一个方程的解.这类贝克隆变换的应用也很广泛,例如人们利用联系刘维尔方程($u_{xt}=\exp mu$)和热传导方程($u_{xt}=0$)的可逆贝克隆变换,以及利用联系贝尔格斯方程和扩散方程($\Psi_t=\mu\Psi_{xx}$)的可逆贝克隆变换,分别将刘维尔方程和贝尔格斯方程精确求解;又如人们还利用联系SG方程和修改的SG方程($u_{xt}=(1-k^2u_x^2)^{1/2}\sin u$)的可逆贝克隆变换导出了SG方程的无穷多个守恒定律[4].

关于寻找方程的贝克隆变换,常用的方法有:克莱林(Clairin)法(见资料[8]所用),这一方法本质上是一种待定函数法,要是事先能知道方程确有贝克隆变换,那是相当有效的,不过推导的过程烦琐了一点;陈新汉(Chen Hsing-Hen)法[3],即由散射反演方程引出黎卡提(Riccati)方程,再导出贝克隆变换,这一方法对绝大部分非线性演化方程都较为有效;再有一种是广田法,即采用广田双线性算子来讨论这个问题,它的形式简洁,别具一格,目前在日本用得很多.最近也有人用另外的方法来推导贝克隆变换,主要思想是利用联系两个不同方程的可逆贝克隆变换和其中一个的自贝克隆变换之间的适当转换来导出另一个方程的未知自贝克隆变换.实例表明,这是一条有意义的途径[12].

贝克隆变换是一个内容很丰富的课题,它除了包括贝克隆变换、可逆贝克隆变换,还有限制性贝克隆变换、无穷小贝克隆变换、李(Lie)贝克隆变换等许多类型.这方面的研究目前是相当活跃的,成果一个接着一个,然而还是有许多问题需要深入探讨,例如:有无穷多个守恒律的方程是否一定有贝克隆变换.而且前面提到的贝克隆变换的"可换性",在一般情况下还没有得到证明.因而目前越来越多的数学家被吸引到这个领域里来了.我们有理由期待,这枝应用数学园地新绽的蓓蕾必将盛开出艳丽的花朵.

五、余　　论

冯康教授早在1978年2月的一次应用数学报告会上指出:诸如KdV、SG等一些典型的非线性波动方程,它们都具有如下五个共同特色:1.有孤立子解;2.有无穷多个守恒定律;3.可以用散射反演方法求解;4.具有贝克隆变换;5.可化成完全可积分的哈密尔顿(Hamilton)系统.显然,这五个方面的如此紧密的联系,是由这些方程所描述的物理现象具有某种稳定性和不变性的本质所决定的.关于完全可积分的哈密尔顿系统的问题,本文没有涉及,有兴趣的读者可从资料[4]和其他文章中找到有关的论述.

"孤立子"这一新概念自从1965年诞生以来,取得了很大的进展,它的理论的新颖和应用的广泛已经吸引了世界上许多一流的学者、专家.例如,大家熟悉的李政道博士研究了孤立子解的量子展式、三维空间里的标量场孤立子解类、四维空间的孤立子解的例子以及反常核态和三维空间里的规范场非拓扑性孤立子;他还成功地运用孤立子态是能量的最低态这一思想,解释了著名的夸克禁闭问题.又如另一位世界著名的美籍华裔学者陈省身的研究表明:某些重要的演化方程,如KdV方程、SG方程等,可视为(2×2)-幺模群$SL(2,R)$的结构方程,从而发现孤立子数学现象的代数基础是群及其结构方程.1980年在北京举行第一次"双微"会议时,陈教授还提出了用曲面上奇线的数目表示孤立子数目这个引人深思的猜想.显然,这些著名科学家的论文、讲演和专著,进一步推动了孤立子研究的进展.然而,由于理论本身还是"新"的,离开最终形成一个完整而实用的体系还有很长的路程,有不少重要而基本的问题还有待于解决.这些问题在前面几节的介绍中已经提到一些,读者还可以在资料[2～4,6]中更为系统地了解它们.

1982年8月,是孤立子的先驱、孤立波现象发现人罗素(1808—1882)逝世100周年,这个本来以造船技师和工程师为职业的英格兰人,没有想到他的偶然发现(当然,这是与他勤于观察、善于思考的优秀的科学素质分不开的)竟使他在人类智慧的发展史上留下了永恒的痕迹.孤立子是一座非人工的纪念碑,上面刻下了所有对它做过贡献的人的名字.8月22日到9月3日,世界各国许多科学家将在罗素的故乡爱丁堡的海略特-瓦特(Heriot-Watt)大学举行大型国际孤立子科学报告会和隆重的纪念活动.

说来也是一种巧合,今年4月人们刚刚纪念过另一位英国人达尔文(1809—1882)逝世100周年,而就在逻辑发现孤立波的那个时刻,达尔文正在贝格尔舰上做南半球探险,孕育着进化论的诞生.可以肯定,这两位几乎同年诞生、同年离开人世,又在同一时期为人类智慧增添光荣的英国人的逝世100周年纪念,必将作为1982年科学界的重要事件而载入史册.

参考资料

[1] *Scientific American*,24,2(1981)68.
[2] 屠规彰,《应用数学与计算数学》,1(1979)21.

[3]ed. Miura R. M. ,*Bäcklund Transformations*,Springer-Verlag(1976).
[4]ed. Bullough R. K. ,Gaudrey P. J. ,*Solitons*,Springer-Verlag(1980).
[5] 张奠宙,《自然杂志》,5(1982)179.
[6]Miura R. M. ,*SIAM Rev.* ,18(1976)412.
[7] 秦孟兆,屠规彰,《应用数学学报》,5(1982)155.
[8] 屠规彰,《应用数学学报》,4(1981)63.
[9] 周光召,宋行长,《中国科学》,5(1982)431.
[10]Wadati M. *et al.* ,*Prog. Theor. Phys.* ,53(1975)419.
[11]Konopelchenko B. G. ,*Phys. Lett.* ,74A(1979)189.
[12] 黄迅成,《上海交通大学学报》,3(1982)35.

人工神经网络简介[①]

什么是人工神经网络？它的基本特征及与大脑、电脑的关系是什么？它有哪些可能的应用？当前“热”的原因及发展前景如何？

人工神经网络（以下有时简称神经网络或网络）的研究虽已有30年历史，但发展很不平衡．20世纪80年代以后，特别是近几年，世界各国神经网络研究形成热潮．现在每年要召开几次有关的国际性学术会议，每次会议出席人数之众（逾千人）、涉及专业领域之广、提交论文之多（几百篇），为一般学术会议所少见．几年前，我国仅少数单位开展有关研究．1988年，在北京首次召开的神经网络的国际研讨会中，国内也只有几十个单位的百余人参加，而且以外国专家报告为主，国内所做的工作较少．到1990年，我国8个学会联合召开首届全国神经网络大会（C^2N^2-90）时，已有近百个单位的400多人与会，提交论文300余篇，可见发展之迅猛．

一、什么是人工神经网络

人工神经网络是在现代神经科学研究成果基础上提出的一种抽象数学模型，它反映了大脑功能的若干基本特征，但并非其逼真的描写，只是某种简化、抽象和模拟（正如飞机与小鸟

① 张承福，《自然杂志》第14卷（1991）年第6期．

的异同关系).

人工神经网络可概括定义为:由大量简单元件广泛互连而成的复杂网络系统.所谓简单元件(又称神经元),是指它可用电子元件、光学元件等模拟,仅起简单的输入－输出变换 $y=\sigma(x)$ 的作用.3 种常用的元件类型:其中(a) 是线性元件,可用线性代数法分析,但是功能极其有限,现在已少用;(b) 与(c) 都是非线性的,是当前研究的主要元件.联结型模型(b) 便于解析性计算及器件模拟,离散型模型(c) 则便于理论分析,亦可用阈值逻辑器件实现.每一神经元有许多输入、输出键,各神经元间以联结键(又称突触) 相连,它决定神经元之间的连接强度(突触强度)W_{ij} 和性质(兴奋或抑制),即决定神经元间相互作用的强弱和正负.当连接强度 $W_{ij}>0$ 时,表示第 i,j 神经元间有兴奋型连接;当 $W_{ij}<0$ 时,则表示第 i,j 神经元间为抵制型连接;$W_{ij}=0$ 时,表示两者无联系.这样,N 个神经元(一般 N 很大) 构成一个互相影响的复杂网络系统,其演化的数学表达式为

$$S_i=\sigma\left(\sum_{j=1}^{N}W_{ij}S_j-\theta_i\right),i=1,2,\cdots,N$$

其中 $\sigma(x)$ 是神经元的变换函数(可为图 1(a),(b),(c) 中之一),S_i 表示神经元 i 的状态,θ_i 是其阈值,W_{ij} 是 i,j 神经元间的突触连接强度.显然,这个网络的性能取决于全部连接强度及阈值 $\{W_{ij},\theta_i\}$ 也即这是全部信息所在.如何调整 $\{W_{ij},\theta_i\}$ 参数,使网络具有所需要的特定功能,称为学习、训练或自组织.这是神经网络研究的重要课题.

上述模型的基本形态源于大脑皮层结构.现在已知大脑皮层约由 $10^{11}\sim10^{12}$ 个神经元组成,虽然有多种分类,但基本结构相似:每个神经元有大量输入端(树突) 与输出端(轴突),有 $10^1\sim10^5$ 个突触(两神经元输出与输入的结合部).在外界刺激下,突触强度可通过电生化反应而改变.如著名的赫布(Hebb) 规则给出 $\Delta W_{ij}=\alpha S_iS_j$,即:若 i,j 神经元同时兴奋($S_i=S_j=1$),则它们之间联系增强.这反映了其可学习性.现在认为,长期记忆主要是靠此种形式实现的.当然,大脑功能是多方面的、奇妙而复杂的,许多问题至今仍是未知数.要完全模拟大脑功能是不可能也是不必要的.传统的计算机(“电脑”) 及与之相应的人工智能也模拟了大脑的某些功能,如逻辑推理、抽象思维等,这些处理主要是串行的.由于电脑有极大的储存容量、极快的搜索和去处速度,对于特征明确、推理或运算规则清楚的问题,可有效而高速地处理,极大地延拓了人脑的功能.但是,对另一类问题,即主要与形象思维、直觉、经验、联想、灵感等有关的问题,电脑就远不如人脑了.对这类问题,由于识别特征的畸变、缺损或不确定,推理规则的不明确或多变性(如“可意会,难言传” 的经验,“灵活掌握” 的原则等),电脑和现有人工智能方法就显得笨拙和无能了.用搜索方法,由于状态空

间的“组合爆炸”(随问题的规模指数式地增加),也是不现实的,有人曾指出,人能容易地穿越车水马龙的繁华街道,若用计算机来完成这一任务,所需的超级计算机排列起来将占中国面积的1/14!总之,在模式识别、复杂系统的控制、复杂环境下的决策、以经验为主的专家系统(如中医专家系统)等许多方面,现有电脑不能模拟人脑功能.神经网络系统研究的兴起正是为了弥补这一缺陷,力图在这些方面能更好地反映人脑处理此类问题的基本特征,从而发展出一代不同于冯·诺伊曼(Von Neumann)型的新型计算机来.

二、神经网络的基本特征

现有的网络模型虽然很多,但远非完备和成熟.总体而言,它应力图体现人脑的如下基本特征.

1. 大规模并行处理

人脑神经网络(生物神经网络系统)中的神经元之间传递信息(神经脉冲)以毫秒计,比电子计算机(约10^{-8}s)慢得多.但人能在不到一秒的时间内对外界事物做出判断和决策,即“百步程序”决策,这是传统计算机绝对做不到的.这表明人脑的“计算”必定是建立在大规模并行处理基础上的.而且这不是简单的“以空间复杂性代替时间复杂性”,而是基于不同的“计算”原理.图2是一个关于英文字母识别的浅显例子.逐点扫描或逐字识别都难以很快得出正确结论,但结合英文知识背景的整体识别,则马上就能做出正确判断.视觉在人们获取知识中的重要作用,“登高远望”“高瞻远瞩”在人们对复杂场景做出正确判断和决策时的作用,都与此有关.用逐点扫描、“盲人摸象”的方法虽也能获取信息,但事倍功半,甚至无法对全局做出正确判断.做简单搜索和计算,人脑远不如电脑,但人善于在复杂环境中做出判断则正与此有关.因此,不能将神经网络的大规模并行处理与当前计算机界的多处理器并行机等同起来.前者强调对决策有关的因素应同时处理;后者则强调相互独立的量可同时计算.当然,单纯的并行网络不能很好体现因果关系和信息的相互影响,功能必然过于简单.好的网络应是大规模并行处理与串行处理的有机结合(如演化式网络等).

2. 容错性与壮实性

人脑具有很强的容错性和联想功能,善于概括、类比、推广.如能很快辨认出多年未见、面貌大变的老友,能根据不完整的照片做出辨认,善于将不同知识领域结合起来应用,等等.人脑的壮实性则表现在:每日有大量神经元(神经细胞)正常死亡,但并不影响功能;大脑局部损伤会引起某些功能逐渐衰退,但不

图 2

是突然丧失等.这与电脑完全不同.对于后者,不同数据和知识在储存时互不相关(局域式储存),仅当通过人编的程序才能互相沟通,这种沟通亦不能超越程序编写者的预想;元件的局部损伤、程序中的微小错误都可引起严重的后果,即表现出极大的脆弱性.人脑与电脑这一巨大差别的根本原因在于它们对信息的储存和加工方式不同.大脑信息的储存,本质上不是局域式的,而是分布式的:每一信息记录在许多连接键(突触)上,这些连接键又同时记录许多不同的信息.可以以普通照片与全息照片的差别为例说明之.前者是局域式储存,照片任何部位的缺损是无法复原的;后者属分布式储存,缺损的全息底片仍可呈现完整图像,只是变得模糊些即逐渐衰退而已.在人脑的神经网络中,信息储存区与操作区合而为一,不同信息间的沟通是自然的.当然,分布式储存的信息之间的干扰也较大,因此,同样硬件条件下的储存容量,分布式储存远低于局域式储存.这可能是一种必要的代价.

3.**自适应性或自组织性**

大脑功能受先天因素制约,但后天因素如经历、学习等也起着重要作用.这表明大脑具有很强的可学习性、自适应性或组织性.如盲人的听觉与触觉特别灵敏;聋哑人对手势、唇语十分敏感;正常人的先天条件相仿,但经历不同会导致在知识专长上的千差万别,等等.人类很多智能活动并不是按逻辑推理方式进行的,而是由训练而"习惯成自然"的.如人学习自行车并非按力学原理推断每步的动作;小孩能识别亲人但很难说出"特征是什么"来;快速摄影表明,熟练打字员手部位置和姿势是根据一串(而不是一个!)字符合理地动作,这显然不是逻辑推理的结果.所有这些,要编成程序是十分困难的.人的许多能力,是通过实例,反复训练而得到的.这是传统方法与神经网络的又一重大差别:前者强调程序编写,系统功能取决于编写者的知识与能力;后者强调系统的自适应或学习，同一网络，因学习方式及内容不同，可具有不同的功能. 只有能学习的系统，才有可能发展知识，超过设计者原有的知识水平. 学习的方式有很多，大致可分为“有导师学习”与“无导师学习”两类. 前者属死记式学习；后者只规定学习的方式，学习的具体内容随系统所处环境而异. 寻找快速而有效的学习方法乃是网络研究的重大课题之一.

三、神经网络的运行方式及可能应用

大量实际智能问题可表达为“输入 — 输出”，即“问题 — 答案”形式. 如图像识别、模式分类、系统控制等问题中，待识别的图像、待分类的模式、系统的状态参量等就是输入的问题，而复原的图像、模式的类别、系统的控制参数等就是输出的答案. 通过编码总可将输入与输出两个矢量 x 与 y(其分量为二值或连续的) 表示，进而可用一串神经元的状态来表示. 一系统如果对某领域内的问题都能有正确的答案，即有正确的函数关系 $y=f(x)$，则认为此系统具有该领域的智能. 许多实际问题，如语音识别、手写体识别、以经验为主的复杂系统的判断与控制等，问题本身存在多种(难以枚举的) 畸变、缺损或不确定性，其内部规律也往往不清楚，用传统的人工智能方法就很棘手. 神经网络具有相当的纠错功能及可学习性，可能在这类问题中发挥作用.

神经网络有两种运行方式，一是前传式的，如图 3 所示. 最下是输入层，最上是输出层，中间可有 p 个($p=0,1,2,\cdots$) 隐层. 相邻两层间有联结键相连，信息由下向上单向传递. 通过学习，调整连接强度，使它具有正确的输入、输出关系. 这是用连接的形式实现 x 到 y 的正确映射，连接强度可由样本集$\{x,y\}$ 训练而得，是用“例子”进行的“有导师学习”. 无隐层($p=0$) 的前传网络是最简单的网络，如 20 世纪 60 年代很出名的“感知器”(perceptron). 只要问题有解，学习时就能保证很快收敛到正确的结果. 但其功能亦极有限，只能完成大量问题中的很小部分 —— 线性可分问题. 原则上，只要增加一定规模的隐层($p\geqslant 1$)，就能证明多层网络可实现任何输入、输出对应关系. 这为网络的实用性提供了基础，但多层网络的学习问题是重要而困难的任务. 近年来，鲁梅尔哈特(Rumelhart) 等人提出的误差反传播法在一定程度上解决了学习问题. 但仍存在效率低、不能保证收敛(“陷于局域极值”) 等不足.

网络的另一种运算方式是递归式或演化式的. 此时输入层与输出层合而为一，递归运行. 著名的霍普菲尔德(Hopfield) 网络就是无隐层($p=0$) 的演化网络. 演化网络类似于耗散的非线性动力系统. 所谓耗散是指：网络的状态空间(N 维二值网络共有 2^N 个状态) 在演化中会收缩，最终收缩到一个小的(一般远小于 2^N) 终态集 —— 吸引子集(包括不动点及各种周期解)，每个吸引子都有

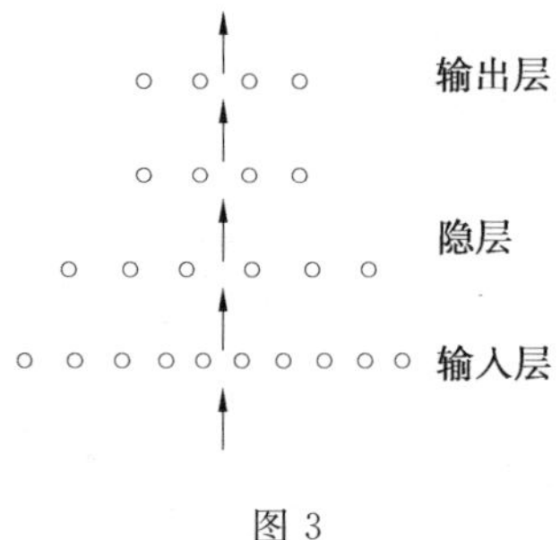

图 3

一定的吸引域.这可类比于小球在高低不平的场地上的运动,无论从哪里出发,小球最终总会停在某一坑底,每一坑底都有一定的吸引范围.演化网络的这一物理图像可从两方面加以利用.一是用于联想记忆.首先构造网络,使待记忆的样本集都成为吸引子.使用时,只要待识别的模式处于其吸引域内(即偏差不超过一定范围),总会趋于标准样本.二是用于具有多个制约条件的困难的优化问题.如货郎担问题:一货郎要环行 n 座城市,每地必去一次且只去一次,要求路程最短的循环,此问题看似简单,实际上是典型的难题.因可能的路径为 $(n-1)!/2$,当 $n=30$ 时约为 4.4×30^{30}! 遍历搜索算法完全不现实,而且没有简单的精确算法.利用演化网络具有的"球总往低处滚"的性质,设计合适的网络,可在极短时间内找到"较好解"(但不能保证得到最佳解,也即"最深的坑底").在大量需要快与较好(而非绝对最佳,人的决策多半如此)的实际优化问题中,此原理很有潜力.

在上述优化问题和多层网络训练问题中,都不可避免地会出现"陷于局域极值".波尔兹曼(Bltzmann)机是克服这一困难,找到全局极值的一种可能方案.这是一种概率网络,网络演化时"能量"并不单调下降,由于"热噪声",可有一定概率上跳.开始时使"温度"T 较高,易于跳出"浅坑",然后逐渐降温,即"退火",最终达 $T=0$,亦即趋于确定性网络.理论分析表明足够慢的"退火"能使系统达到全局极小.此法的不足是计算量很大.

四、对神经网络"热"的评估与瞻望

我们认为,最近的神经网络"热"有其必然性:计算机原理及人工智能原理有待新的突破(迄今几代计算机的发展都是技术上的突破);超大规模集成电路技术的发展已为神经网络的硬件实施打好了基础;一批重要的理论工作已出现;神经网络在若干应用中取得初步成功,等等.面对这一热潮,应强调提出以下两点.首先,大脑功能是奇妙的,是多层次多方位的.探索其各种功能与机理,从而应用于人工智能,是一项十分有意义的,然而也是艰巨的、值得人努力的任务.有人以为神经网络就是那几种模型,并因其“效能不高”而否定这一方向,这种态度是不足取的.其次,网络研究目前虽很热,但仍处于其发展的“婴儿期”.实际上人们对这一复杂系统的性能还了解甚少,目前的一些成功还只是些“小玩意”(虽然小玩意有时也能起大作用,如轮子的发明).当前,除了应用研究和硬件研究外,还必须花大力气对该系统的性能做多方探索和深入了解,否则难以有大的发展和突破,“热”也就难以持久.

关枢神经网络和脑的某些数学理论[①]

一、信息时代的神经科学

生命活动是自然界中最高级的运动形式.神经系统(脑)是生物体内最复杂的器官和系统.人脑是人的智能、意识等一切高级精神活动的生理基础.但是,脑的这些功能是怎样产生的,这一问题始终困惑着人类.虽然有的学者对这个问题最终能否得到解决抱悲观态度,他们提出"人脑能理解人脑本身吗"这样的疑问,但由于这个问题涉及的是人类对自然界与人本身的认识的最根本方面,因此历来受到人们的高度重视.特别是在当今信息时代,人们更需要对人类智能过程有一个本质上的认识,以便对它进行模拟,使得信息的加工和传输更为有效.因此,近几十年来,神经科学和脑功能研究的发展极为迅速.有的专家估计,继诺贝尔生理学、医学奖获得者华生(Watson)和克里克(Crick)于20世纪50年代提出DNA分子双螺旋结构,成功地解释了遗传学问题,在生物学中掀起分子生物学研究的浪潮以后,神经科学(或称脑科学)将是下一个浪潮.一些原先对分子生物学做出贡献的科学家,现在对神经科学产生了极大的兴趣,转而投身于这门科学的研究.例如,克里克认为分子生物学中基本问题已解决,现在已投向神经科学.又如,1972年度诺贝尔物理学奖获得者库珀(L. N. Cooper),现在对记忆

① 汪云九,《自然杂志》第9卷(1986年)第2期.

问题很有兴趣,并提出了一个关于记忆的模型,日本在制订生物物理学研究规划时,把脑的研究列为第一项.美国的神经科学学会是美国最大的学会之一.当前,世界上有关神经科学的研究机构、学术活动、出版物等相当多,而且有迅速增长的趋势.

但是,神经科学研究的对象是极其复杂的(例如,人脑估计有一百亿个神经细胞),因此,神经科学作为一门科学,它的产生是比较晚的.真正的神经科学起始于上世纪末.1875 年意大利解剖学家戈尔吉(C. Golgi) 用染色法最先识别出单个的神经细胞.1889 年卡贾尔(Cajal) 创立神经元学说,认为整个神经系统是由结构上相对独立的神经细胞构成的.20 世纪初,电生理技术开始发展起来,神经系统各种反射性活动得到详细研究,脑的功能定位学说也提了出来,脑组织的柱状功能结构观点有了发展,各种感觉系统,特别是视觉系统,得到充分研究,并取得很大进展.

尽管神经科学取得了这些重要成果,但是,用它们来解释脑的复杂功能却遇到很多困难.因此,随着现代科学技术相互交叉、相互渗透的发展趋势,在神经科学中引进了各具不同特点的多种研究方法,使得这门科学成为多兵种、多学科的研究领域.有的专家把神经科学中的研究途径大致归纳为下列三个方面:(1) 用组织学和电生理技术来研究神经系统的细胞结构和电活动;(2) 用行为实验和心理物理方法来研究完整动物(或人) 的整个系统的反应特性;(3) 用电子计算机和数学方法来研究神经系统的结构和功能模型.

本文述及的属于上述第三个方面,即关于神经网络和脑的某些数学理论.这个研究方向的兴起,是由于神经科学发展到现在,已经在各种动物、各级水平、各个系统上进行了大量实验,积累了许多资料,是到了该提出理论和模型并用数学方法来研究的时候了.例如美国洛克菲勒大学就专门成立了一个颇有特色的神经科学研究所,不设实验室,没有一件科学仪器,专门邀请世界各国神经科学家在此开会讨论,总结提高,著书立说.

第二次世界大战结束以来,信息论、控制论和系统论的产生,电子计算机的出现,标志着人类社会进入信息时代.人们对于复杂系统,特别对于复杂的信息系统的研究,有了一些初步的但是基本的方法、技术和理论.在此情况下发展起来的神经科学,不能不带有信息时代的特点.事实上,神经系统和脑的功能从本质来说是接收内外环境中的信息,加以处理、分析和存储,然后控制调节机体各部分,做出适当的反应.因此,可以说神经系统和脑是一种活的信息处理系统.现在,如视觉研究中的空间频率通道理论、视觉图像识别的可算性理论、视神经对图像信息的抽样定理等,已成为这一领域中常用的术语.而且,这些概念和理论,并不是泛泛而论的空话,而是实验中可测定的数据和资料.

二、某些数学理论和模型研究的进展

关于神经网络和脑的数学理论,可以说起始于麦卡洛克(McCulloch)和皮茨(Pitts).1943年,他们总结了神经元的一些基本特性,提出形式神经元和神经网络的理论,简称为MP模型.在这个模型中,规定神经元活动满足“全或无”原则,只有在一定数量的输入作用下,神经元才兴奋;抑制性突触起“否决”作用;整个网络的结构是固定的.又规定神经元之间的联系方式只有两种:兴奋性突触联系和抑制性突触联系.突触接头上信号延时 τ 是网络中唯一的时间延迟.因此把这一时间作为单位时间,可把时间离散化,运用递推算法,一步一步地了解输入事件在神经网络中的变化过程.对于由这样一些形式神经元按一定规则结合起来的神经网络,可以用逻辑演算的方法来刻画其中各神经元的活动和状态.这就是经典的神经网络理论.

从那时以来,关于神经网络和脑的理论与模型的研究,已有许多进展,并出版了若干专著.现就目前研究较多并具有一定实际意义的几个方面,做一简要介绍.

1.神经网络中的回响现象

所谓回响(reverberation)就是在神经网络中持续进行的周期性兴奋波(图1).这种周期性波的产生和维持,引起人们的兴趣.但是,回响现象的起因还没有完全搞清,一般认为这是在大量非线性元件所构成的网络中产生的一种现象.这种不衰减的周期性波有着重要的生理意义,据认为脑电波中的 α 节律、学习过程中的短时记忆等都与此有关.1960年,意大利控制论专家卡亚尼罗(Caianiello)提出了一个神经方程,可以用来描述回响现象.

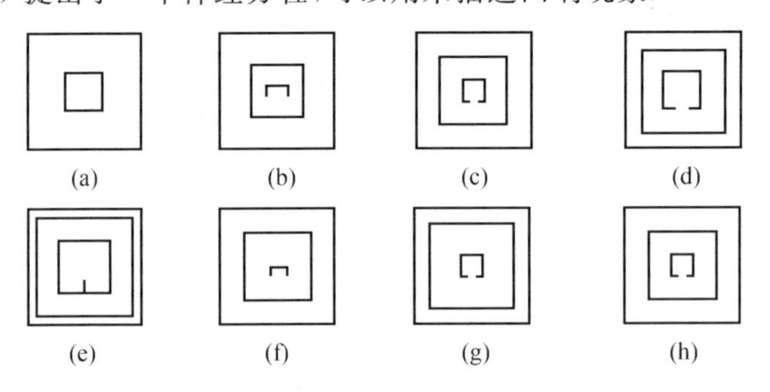

图1　$30\times30=900$(个)神经元组成的网络中回响兴奋波传播的情况,每一方框下的英文字母按顺序表示时间过程,方框内的线表示兴奋波.可以看出(c)与(h)完全一样,兴奋波在网络中不断产生,经久不衰.

把麦卡洛克和皮茨的形式神经元略加修改，就可变成现在常用的神经元模型(图2). 神经元在t时刻的状态用$u(t)$表示(为叙述方便起见，有时用$u(t)$表示神经元本身)，它所接受的外来输入(包括周围环境以及其他神经细胞的刺激)用$(x_1, x_2, \cdots, x_n)$表示，每个输入分量通过突触(联系权重为a_i)线性作用于神经元，神经元有一个固定的阈值h，只有当$u(t)$超过h，并通过一个输出函数$f[\ ]$后才有一个输出y，因此，神经元的输出可用下式表示

$$y = f\left[\sum_{i=1}^{n} a_i x_i - h\right] \tag{1}$$

其中，$f[\ ]$是一单调递增的非负函数，在简化条件下，可用单位阶跃函数表示

$$f[z] = 1[z] = \begin{cases} 1, z > 0 \\ 0, z \leqslant 0 \end{cases} \tag{2}$$

用(1)，(2)式表示的神经元模型，代表了真实神经元的空间总和性、阈值性以及逻辑决策性.

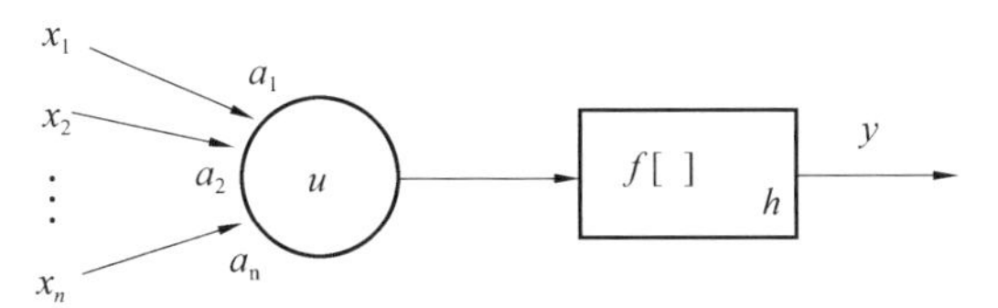

图2　神经元模型

卡亚尼罗在上述神经元模型基础上，引入神经元的不应期性质，提出一个神经方程，称为NE

$$u_i(t) = 1\left[\sum_{j=1}^{n}\sum_{r=0}^{H} a_{ij}^{(r)} u_j(t-r) + s_i(t) - h_i(t)\right], i = 1, 2, \cdots, n \tag{3}$$

其中$1[\ ]$就是单位阶跃函数，s_i代表第i个神经元所受到的外界刺激，h_i是第i个神经元的阈值，$t-r$代表过去的某一时刻. 由于在此模型中时间取离散值，所以r取正整数. H是某一正整数，代表有关影响在这一网络中能持续的最长时间. 当$i \neq j$时，$a_{ij}^{(r)}$代表神经元之间的相互作用，而当$i=j$时

$$a_{ii}^{(r)} = \begin{cases} -L, & 0 \leqslant r \leqslant R_1 \\ -f(r), & R_1 \leqslant r \leqslant R_1 + R_2 \\ 0, & R_1 + R_2 \leqslant r \end{cases} \tag{4}$$

其中$f(r)$是一个单调减小的函数，且$f(R_1) = L$，$f(R_1 + R_2) = 0$. 式(4)体现了神经元在兴奋期后出现的不应期.

卡亚尼罗的NE可以用来描述神经网络中的回响现象. 但由于NE中出现一个非线性函数，所以在用它研究回响现象时，就遇到一个在非线性系统中求周期解的问题，这是一个相当复杂的问题. 现在一般采用的办法是把时间离散化，用代数、矩阵等方法研究一些产生回响的条件，研究如何用外界因素来控制

回响的产生和周期的长短.由于分析解只能在十分有限的情况下取得,所以许多工作在电子计算机上用模拟方法进行.当然,回响现象不一定非用 NE 才能描述,用其他数学模型描述回响现象的工作也有报道.

2.神经网络中的竞争和协作

在 NE 中本质上没有考虑单个神经元的动态特性,因此不能很具体生动地描述神经网络的一些性质.到了 70 年代人们常用状态方程加上输出函数来描述一个神经元的行为.如第 i 个神经元的动态特性可用下式描述

$$\begin{cases}\dfrac{\mathrm{d}u_i(t)}{\mathrm{d}t}=-u_i(t)+x_i(t)+s_i-h_i\\ y_i(t)=f[u_i]\end{cases}\tag{5}$$

其中 $x_i(t)$ 代表来自其他神经元的输入,s_i 代表外界刺激.式(5)的微分方程中等号右边的第一项 $-u_i(t)$,反映了神经元在时践过程中的适应性,整个式(5)还反映了神经元的空间总和性、阈值性和非线性特性.

日本东京大学的甘利俊一和美国麻省大学的阿比布(Arbib)用上述神经元模型构成一种特殊类型的神经网络,叫作竞争和协作神经网络(图 3).在这种网络中有两类神经元,一类神经元 $u_i(t)(i=1,2,\cdots,n)$ 的输出是兴奋性的,另一类神经元 $v(t)$ 的输出是抑制性的.每一 u_i 有一个外界输入、一个自反馈(系数是 a_1)和一个来自 v 的抑制性输入(系数是 a_2),各 u_i 的输出以兴奋性方式集中到 v.按上述方式联系起来的神经网络可用下列方程组描述

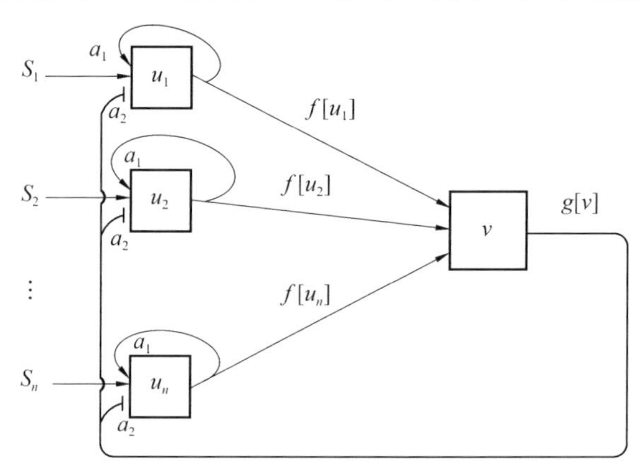

图 3 竞争和协作神经网络

图中 → 表示兴奋性联系;—| 表示抑制性联系

$$\begin{cases} \dfrac{\mathrm{d}u_i}{\mathrm{d}t} = -u_i + a_1 f[u_i] + s_i - a_2 g[v] - h_i, i = 1,2,\cdots,n \\ \dfrac{\tau \mathrm{d}v}{\mathrm{d}t} = -v + \sum\limits_{i=1}^{n} f[u_i] - h \end{cases} \tag{6}$$

其中 $f[\,]$ 和 $g[\,]$ 分别是 u 和 v 的输出函数,τ 是 v 神经元的时间常数.

在方程组(6)所描述的网络中,神经元 u_i 共有 n 个,v 只有一个.这种网络可以用图3那样的二维平面图形表示出来.在数学上很容易把这种网络推广到三维结构,就是兴奋性神经元呈面状分布,抑制性神经元排列成一条线,它们之间的联系方式保持不变.这种三维结构的竞争和协作网络可用带有积分号的非线性偏微分方程来描述.

竞争和协作神经网络具有一些有趣的性质.如果这种网络受到并列的若干刺激或者刺激的某一空间分布,经过这一网络中的相互作用,最后只有在最强刺激处出现反应(图4).因此,通过这一网络,可以把最强刺激处找出来.对于两个相同强度的刺激,就会出现下列两种不同的结构:若两个刺激相距太远,超出抑制作用的"势力范围",则网络在这两个刺激处都有输出;若两个刺激靠近到一定程度,则网络在这两个刺激的中间位置有一输出反应,据报道,青蛙捕食时,如果出现两个相同目标,它会取其中间位置而攻击之.这种反应方式可能是基于竞争和协作网络的作用原理.如果两个刺激的强度不等,网络只对强度较大的刺激有反应.这与青蛙的行为反应也是一致的.这种网络还可用来解释双眼视差信号检察和融合,从而解释立体视觉的神经机理.

3. 学习和记忆的神经网络模型

神经生理学和组织学研究表明:在学习过程中,动物神经细胞的突触结构,无论在电特性上还是在形态上,都有相应的变化.因此,产生了一种"突触修正学说".这是一种目前普遍接受的关于学习和记忆的神经机理的学说.关于学习的神经突触修正学说,可以描述如下(图5).神经元 u 有 n 个输入 $x_1, x_2, \cdots, x_n$,每个输入 x_i 通过一个突触传递系数 a_i 作用于神经元,而 a_i 按某种规律变化.此外,还有一个"教师"y,代表外界因素对突触传递系数发生作用.神经元的输出信号为 $z = f[u]$.现在通常用下面的微分方程来表达突触传递系数的一般变化规律

$$\tau \frac{d}{\mathrm{d}t} a_i(t) = -a_i(t) + cr(t)x(t), t = 1,2,\cdots,n \tag{7}$$

其中 c,τ 为常数,$r(t)$ 是强化信号(或称学习信号),它是与教师 y、输入 x_i、输出 z 以及突触传递系数 a_i 有关的一个量.$r(t)$ 的不同取值方式相应于不同的学习律.最早的也是最为有名的学习律是由心理学家赫布提出的.罗森布拉特(Rosen blatt)在设计感知机时也提出过一种机器在进行图像识别时的学习律.

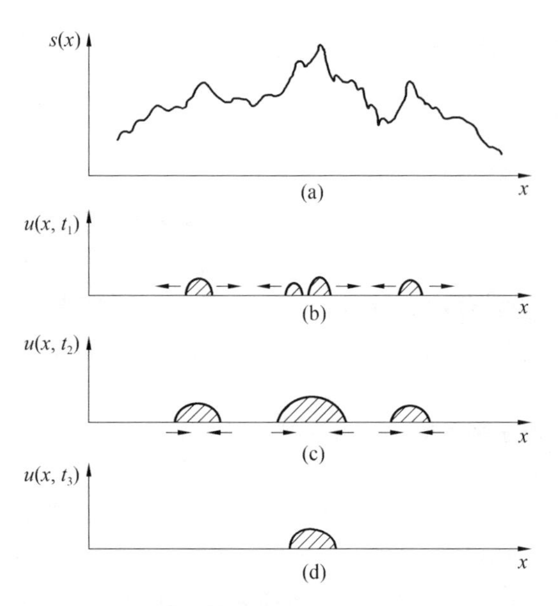

图 4　竞争和协作网络过多峰型刺激的动态反应过程
(a) 表示刺激的空间分布 $S(x)$,(b),(c),(d) 分别绘出
t_1,t_2,t_3 时刻网络的反应,小箭头表示兴奋波的扩展方向

另外还有相关学习律、正交学习律等.按照甘利俊一的看法,这些较为著名的学习律,分别相应于强化信号 $r(t)$ 的不同取值方式:

赫布学习律:$r(t)=z(t)$

感知机学习律:$r(t)=y(t)-z(t)$

相关学习律:$r(t)=y(t)$

正交学习律:$r(t)=y(t)-\sum_{i=1}^{n}a_i(t)x_i(t)$

信息在人脑中记忆是按什么方式进行的,现在还未完全搞清.许多证据表明,人脑是按信息的内容和意义加以记忆和回想的.研究和模拟人脑记忆功能的工作,近来也有不少进展.如科霍能(Kohonen)进行了长期研究,提出联想记忆的一些理论和模型.日本东京大学中野馨制作的学习机,以"联想机"(Associatron)命名.类似的工作仍在继续进行.

4.当前一些值得注意的动向

上面列举的一些神经网络模型,都是抽象的一般性的神经网络,都是根据神经元的一般性质以及它们之间联系的一般方式,列出数学公式,研究神经网络的宏观功能性质.由于当前关于一些低等动物(如海兔,一种海生软体动物)的神经系统的研究工作有较大进展,弄清了它们的神经元个数、形态和功能作

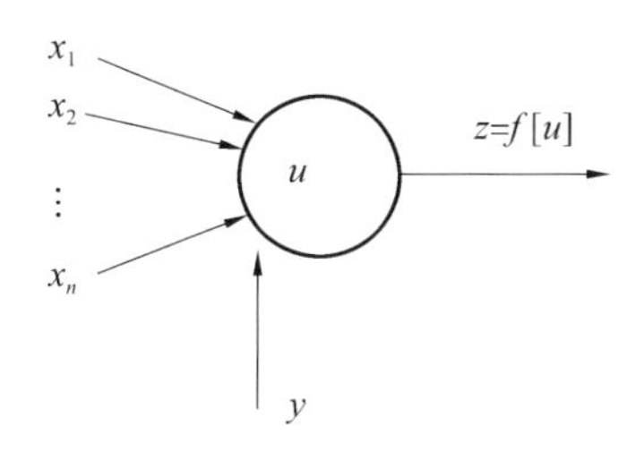

图 5　关于学习的突触修正学说的示意图

用，而且这些低等动物的行为反应比较简单，所以对这类具体的"小"神经网络（这些动物的神经系统中神经元个数较少，如海兔，只有几千个神经元，故称为"小"神经网络）的研究有较大进展. 对于比较高等一些的动物，如蟾蜍、青蛙，虽然整个神经系统比较复杂，但是某些行为反应却比较简单，而且与这些行为有关的神经通路也比较清楚，所以有关的理论和模型研究都比较深入. 例如，蟾蜍的捕食反应比较简单，指导整个捕食反应的神经通路也已搞清楚，阿比布等人提出蟾蜍视顶盖的神经模型，可以较好地模拟蟾蜍的捕食反应. 这类工作就是具体地研究某类动物的某部分神经系统的某种功能. 另外，关于调节控制躯体动作的小脑的模型，也有较大进展. 总之，在神经网络抽象模型研究发展的同时，有一部分工作是朝着具体化的方向发展，与生理学实验开始有了越来越紧密的联系.

贝特朗菲（Bertalanffy）的系统论、哈肯（Haken）的协同学和菲根鲍姆（Feigenbaum）的混沌理论，都是处理和研究复杂系统宏观性质的有力工具，因此，都有可能用来研究分析神经网络. 例如，混沌现象可能在用决定性方程描述的系统中，由于本身结构原因而出现. 在有的神经网络中，如带时滞的非线性反馈网络中，就有出现混沌现象的条件. 中国科学院上海生物化学研究所徐京华同志提出，考虑到神经胶质细胞在网络中的特殊作用，可以在一般的神经网络中产生混沌现象. 南京大学卢侃同志认为，脑的复杂行为表示与神经网络中的协同作用和混沌现象有着密切关系.

三、理论和模型研究的重要意义

神经系统和脑的理论和模型研究的哲学意义是不言而喻的. 脑研究在很长一段时期内是唯心论和不可知论的世袭领域. 奥地利著名学者马赫关于感知学的经验批判论是本世纪初哲学上的争论焦点之一. 洛克菲勒大学的哈特兰（Hartline）50 年代在鲎复眼上的研究表明，复眼中各小眼之间的相互作用，可用一组侧抑制方程来表达，而马赫带（视觉心理物理现象之一）是侧抑制神经网络的一种功能性质，从而开创了用神经生理学完满解释心理现象的先例. 他因此荣获1967年度“诺贝尔生理学或医学奖”. 这项工作的哲学意义也是很重大的：神秘莫测的感觉心理现象，可以用确实可靠的神经网络的功能活动来解释. 因此，不少心理学家和生理学家认为，复杂的心理活动可用神经细胞（或神经网络）的活动来说明. 持这种观点的人，被哲学上的对立面称为“神经还原论者”. 这方面的论争还在继续之中.

神经网络和脑的理论和模型研究的实际意义主要在于它对现代科学技术发展的作用. 事实上，许多现代科学理论的倡导者对神经网络和脑的功能都有着强烈兴趣，并从中得到不少启示. 电子计算机的第一位设计者冯·诺伊曼晚年曾发表多次讲演，谈到计算机与大脑在结构和功能上的异同，对它们从元件特性到系统结构进行了详尽比较. 他死后这些讲演由其夫人整理成册，就是《计算机和人脑》这本书. 维纳的《控制论》一书就是专门讨论动物和机器的控制和通信问题的. 他本人不仅在随机过程等数学领域中造诣极深，而且对神经系统中若干问题进行过探索，例如，兴奋波在可兴奋性组织中的传导，神经系统中的节律现象等. 晚年他摒弃其他工作专心于神经控制论研究，对感官代偿等问题抱有强烈兴趣. 信息论的奠基人香农也曾探索过人的智力放大问题. 我国著名学者钱学森在他的《工程控制论》一书中，专辟章节论述生物体的调节控制和神经网络问题. 因此，早在四五十年代，神经系统的功能已经引起这些现代科学理论的开拓者的兴趣，并对他们各自理论的创立，做出了贡献.

80年代初，日本率先提出第五代计算机的规划，打算在十年内研制出全面模拟人的感觉功能、逻辑推理能力和思维能力的计算机. 美、英、法等国也相继提出相应的计划与日本竞争. 不论十年后具体进展如何，仅就目前水平而言，对人的感觉机制，对脑的思维、学习和记忆原理，了解还是很少的. 因此这些国家正在加强这方面的研究. 甚至一些工程技术性很强的单位，也设立这种“理论性很强”的专门机构. 例如，贝尔公司就设有脑研究所；日本广播协会（NHK）视听科学基础研究所有个研究小组公开申明其研究目标是研制“人工大脑”；美国麻省理工学院的人工智能研究室以视觉为主攻方向，进行人工智能的研究；联邦德国马克斯·普朗克协会的生物控制论研究所对昆虫飞行过程中的信息处理和调节控制的精心研究，已有三十年左右的历史.

神经网络的模型研究，也确实对现代科学技术发挥过作用. 如麦卡洛克和皮茨提出的形式神经元模型导致了有限自动机理论的发展. 60年代初，美国执行“阿波罗”登月计划. 由于距离遥远，通信通道中信噪比太小，传送信息太费时，而且登月车在复杂环境中随时可遇到不测情况，因此，要求登月车有一定的自治能力. 美国宇航局把登月车自治能力的设计任务交付给基尔默（Kilmer）和麦卡洛克等人. 他们根据脊椎动物神经系统中网状结构的工作原理，提出一个KMB模型，从而解决了这一具体问题的理论设计. 又如，模式识别是一个具有广泛应用价值的研究方向，也是人工智能当前重要的研究课题之一.但是，要使计算机或机器人具备人的识别能力，却是一项十分艰巨的任务.美国麻省理工学院人工智能实验室的马尔(Marr)等人，根据动物视觉系统的结构和功能以及对人的大量的心理物理实验，结合计算机上的实践经验，提出了一个"视觉的计算理论".这个理论从信息处理的角度来考虑视觉问题，引进视觉中的层次水平观点和功能块的思想，强调计算理论的重要性，从而把复杂的视觉问题提高到数理科学的研究水平，是迄今为止最完善的视觉理论，并在体视、运动视觉方面，取得了突破性进展.

这些事实表明，神经网络的模型研究，与现代科学技术有着密切的联系，它们之间的相互促进和推动，是不可低估的.

参考资料

[1] 冯·诺伊曼(甘子玉译)，《计算机和人脑》，商务印书馆(1979).

[2] 汪云九，《生物化学与生物物理进展》，2(1983)28.

[3] 潘卓华，汪云九，《生物化学与生物物理进展》，5(1984)2.

[4] 顾凡及等编译，《侧抑制网络中的信息处理》，科学出版社(1983).

[5] 甘利俊一，[日]《神聖回路と数理》，产业图书(1978).

[6] 中野馨，[日]《アソシアトロン》，昭晃堂(1979).

[7] 福島邦彦，[日]《神聖回路と自己組織化》，共立出版株式会社(1979).

[8] Amari S.，Arbib M.A.，*Competition and Cooperation in Neural Nets*，Springer-Verlag(1982).

关于字方程[①②]

据史载，早在十一二世纪，阿拉伯诗人兼数学家奥玛·海雅姆(Omar Khayyám)就把代数学定义为解方程的学科。这一观点直至上世纪末都基本上为数学界所保持着。例如，19世纪中叶，在塞雷(J. A. Serret)著名的两卷《代数学》里，代数学又被明确地定义为代数方程的理论(当然在其中还第一次叙述了代数方程理论的顶峰——伽罗瓦理论)。

持续了相当长时间的所谓代数学即研究代数方程的学科的观点，在上世纪末本世纪初被所谓代数学即研究各种代数系统的学科(即公理化的、抽象的代数)的观点所代替。但不管怎样，在近代代数学中，总免不了与各种各样的代数方程打交道，研究它们的各种定性或定量的问题。因此，随着近代代数学的发展，尽管将代数学再归结为代数方程理论就未必恰当了，但代数学家对代数方程的兴趣仍有增无减。当然，研究范围已不再局限于数域或数环上的方程了，而扩展为一般代数系统上的方程。

本文介绍近二三十年来一类"异军突起"的新型方程，即字(代数)方程，它是自由幺半群这种代数系统上的方程。

① 李廉，王继荣，郭聿琦，《自然杂志》第10卷(1987年)第2期。

② 中国科学院科学基金资助的课题。

一、字　方　程

我们先看一个例子.假定一段电文是用0,1两个符号编码的,甲乙两个电台同时收报,由于诸如干扰之类的原因,甲电台收到的电文是

10——00——11

乙电台收到的电文是

10111——1——1

其中"——"表示无法辨认的电文段.为了复原电文,我们列一个方程

$$10x00y11=10111u1v1 \tag{1}$$

它显然有无穷多个解,例如

$$x=111,y=1,u=00,v=1$$

$$x=1110,y=10,u=000,v=01$$

$$x=11101,y=100,u=0100,v=001$$

等等.

如果我们还知道这段电文的长度(即符号的个数)例如为10,那么我们就可以在长度为10的条件下找到唯一解

$$x=111,y=1,u=00,v=1$$

从而知道原来的电文是1011100111.

在上面的例子中,方程(1)就是一个字方程.但为了准确地叙述字方程的概念,我们首先得介绍自由幺半群以及有关的一些概念.

我们知道,任何电码都是用规定的符号串接而成的,任何拼音文字中的单词也是用规定的字母拼写出来的.因此我们首先定义字母表Σ,它是一个非空的有限集合,其中的元素称为字母.其次,正如单词是由字母拼写出来的,我们定义,有限个(可以是零个)字母的有序连接(其中同一字母可以重复出现)称为字母表Σ上的字;特别地,零个字母的连接称为空字,记为λ;字x所含字母的个数称为x的长度,记为$|x|$.最后,有点儿类似单词与单词可以拼接而形成新的复合词那样,我们定义字之间的如下运算.

设Σ^*是Σ上所有字的集合,即

$$\Sigma^*=\{a_1a_2\cdots a_m \mid a_i\in\Sigma,i=1,2,\cdots,m;m\geqslant 0\}$$

对于任意$a_1a_2\cdots a_m,b_1b_2\cdots b_n\in\Sigma^*$(其中$a_i,b_j\in\Sigma,i=1,2,\cdots,m;j=1,2,\cdots,n$),我们定义$\Sigma^*$上二元运算"•"

$$a_1a_2\cdots a_m\cdot b_1b_2\cdots b_n=a_1a_2\cdots a_mb_1b_2\cdots b_n$$

显然,这个运算符合结合律,并且λ即为单位元,因此Σ^*连同运算"•"的整体$(\Sigma^*,\cdot)$就构成一个幺半群,我们称它为由Σ生成的自由幺半群.Σ也称为

$(\Sigma^*,\cdot)$ 的生成集. 以下,我们把$(\Sigma^*,\cdot)$ 简记为 Σ^*. 幺半群 Σ^* 的自由性指的是它具有的如下性质,即

命题 1 对于任意幺半群 M 以及任意函数 $\theta:\Sigma\to M$,,都有唯一的幺半群同态 $\theta^*:\Sigma^*\to M$ 存在,使得 θ^* 在 Σ 上的作用与 θ 相同.

这个命题所述的内容,是字方程理论所依据的一个基本事实.

下面介绍什么是字方程. 设 $X=\{x_1,x_2,\cdots,x_n\}$,$\Sigma=\{a_1,a_2,\cdots,a_m\}$,$\Sigma\cap X=\phi$,分别称 X 和 Σ 为变元字母表和常量字母表. 对于任何 $\alpha,\beta\in(\Sigma\cup X)^*$,等式 $\alpha=\beta$ 称为 Σ 上的一个 n 变元字方程. 任意多个(可以是无限多个)这样的字方程的联立,称为 Σ 上的 n 变元字方程组. 下面是一些例子.

设 $\Sigma=\{a,b\}$,则

$$a^2x_1^2=x_1^2x_2b^2 \tag{2}$$

$$ax_1^2x_2=x_3bx_3 \tag{3}$$

和

$$x_1^3x_2=x_3^3x_4^2 \tag{4}$$

分别是 Σ 上的二变元、三变元和四变元字方程

$$\begin{cases}ax_1x_2=x_2x_1b\\ x_1^3x_2^3=x_3^4\end{cases} \tag{5}$$

和

$$\begin{cases}abx_1^2=x_1^2ba\\ ab^2x_1^2=x_1^2b^2a\\ \quad\vdots\\ ab^nx_1^2=x_1^2b^na\\ \quad\vdots\end{cases} \tag{6}$$

分别是 Σ 上的三变元和一变元字方程组,其中字方程组(5) 是有限字方程组,字方程组(6) 是无限字方程组.

通俗地讲,Σ 上的 n 变元 $x_1,x_2,\cdots,x_n$ 的字方程 $\alpha=\beta$ 的一个解指的是 Σ^* 上的一个 n 维元素组$(\gamma_1,\gamma_2,\cdots,\gamma_n)$,$\gamma_i\in\Sigma^*$,$i=1,2,\cdots,n$,使得当用 $\gamma_1,\gamma_2,\cdots,\gamma_n$ 分别替换字方程中的 $x_1x_2,\cdots,x_n$ 时,字方程左右两边变为 Σ 上的同一个字. 但在字方程理论中,我们采用的是较专业的说法:字方程 $\alpha=\beta$ 的一个解指的是一个幺半群同态 $f:(\Sigma\cup X)^*\to\Sigma^*$,它满足 $\forall a\in\Sigma,f(a)=a$,并使得 $f(\alpha)=f(\beta)$. 这两种说法实际上是等价的. 因为据命题 1,为了描述一个同态 $f:(\Sigma\cup X)^*\to\Sigma^*$,我们只要给出生成集 $\Sigma\cup X$ 中元素在 f 下的象即可,而作为解的同态总使 Σ 中元素在 f 下不变,所以只要给出 X 中元素在 f 下的象即可. 之所以采用同态的说法而不用 n 维元素组的说法,是考虑到同态的说法可

以给我们在叙述和证明问题时带来很大的方便.

在本节开头的那个例子中,字方程(1)

$$10x00y11=10111u1v1$$

是字母表$\{0,1\}$上的四变元字方程.我们给出的各个解用同态的语言来说就是

$$f_1:x\mapsto 111,y\mapsto 1,u\mapsto 00,v\mapsto 1$$

$$f_2:x\mapsto 1110,y\mapsto 10,u\mapsto 000,v\mapsto 01$$

$$f_3:x\mapsto 11101,y\mapsto 100,u\mapsto 0100,v\mapsto 001$$

$$\vdots$$

对于Σ上n变元$x_1,x_2,\cdots,x_n$的字方程组

$$\alpha_i=\beta_i,i=1,2,\cdots \tag{7}$$

若同态$f:(\Sigma\cup\{x_1,x_2,\cdots,x_n\})^*\to\Sigma^*$是(7)中每一个字方程的解,则称$f$是字方程组(7)的解.若两个字方程组的解相同,则称这两个字方程组同解.

字方程理论在数理逻辑、编码理论、计算机科学以及语言代数学中有很多背景和应用,下面我们着重介绍其中的两个方面(第二、三节).

二、字方程组与PROLOG语言

PROLOG语言是近几年迅速发展起来的一种计算机程序语言,它的出现引起了普遍关注.有些计算机科学家认为它实现了程序语言的一次革命,并把这种语言作为未来第五代计算机的核心语言.的确,PROLOG语言有着与其他语言完全不同的风格.假定我们要让机器干一件事,若用一般的语言,则我们必须仔细地告诉机器应如何干这件事;而用PROLOG语言,我们只要告诉机器有关这件事的一些知识和事实就可以了.换句话说,用一般的语言是告诉机器"怎么干";用PROLOG语言,只要告诉机器"干什么",而把"怎么干"留给机器自己去处理.因此,配有PROLOG语言的计算机就更像一台能够进行推理的智能化机器.

有趣的是,PROLOG语言与字方程组的有关问题有密切的联系.在该语言的编译中,计算机把用户的提问连同预先输入的有关知识和事实转换成字方程组,然后在一个规定的范围内求解以给出正确的答案.因此,解字方程组是PROLOG语言理论中最基本的问题之一.下面通过一个例子来说明这一点.

假如我们想让机器能够在一群人中识别出具有祖孙关系的人.我们可以用下面一组语言告诉机器关于"祖父"的知识和关于"父子关系"的事实:

(1)Grand(X,Y) → Fath(X,Z),Fath(Z,Y);

(2)Fath(1,2);

(3)Fath(1,3);

(4)Fath(2,4)；

(5)Fath(3,5).

上面的语句分别读作(或解释作)：

(1) 若 X 是 Z 的父亲，Z 是 Y 的父亲，则 X 是 Y 的祖父；

(2)1 是 2 的父亲；

(3)1 是 3 的父亲；

(4)2 是 4 的父亲；

(5)3 是 5 的父亲.

当我们把这一组语言输入机器，机器就具备了关于“祖父”的知识和关于“父子关系”的事实，从而可以在 1,2,3,4,5 这五个人中识别出谁是谁的祖父. 现在我们输入

$$? \text{—Grand}(1,Y)$$

即询问 1 是谁的祖父，机器就把关于这一询问的内容变换成字方程组

$$\begin{cases}\text{Grand}(1,Y)=\text{Grand}(X,Y),\\ \text{Frath}(X,Z)=\text{Fath}(1,2),\\ \text{Frath}(Z,Y)=\text{Fath}(2,4)\end{cases}$$

的求解问题. 易知它的解为 $X=1,Y=4,Z=2$，于是1是4的祖父. 也可以把关于这一问句的内容变换成字方程组

$$\begin{cases}\text{Grand}(1,Y)=\text{Grand}(X,Y)\\ \text{Fath}(X,Z)=\text{Fath}(1,3)\\ \text{Fath}(Z,Y)=\text{Fath}(3,5)\end{cases}$$

的求解问题. 于是又解得，1 是 5 的祖父.

这两个字方程组是机器在编译过程中所得到的仅有的两个有解字方程组，因此对于这一询问，“1 是 4 和 5 的祖父”是仅有的回答. 这个例子告诉我们，从某种角度说，PROLOG 语言的编译过程就是列字方程组和解字方程组的过程. 人们已经借助字方程组的理论找到了在一个规定的范围(树代数)内比较迅速而有效地求解字方程组的算法，但如何去布列字方程组却仍是一个很麻烦的问题.

另一方面，PROLOG 语言也给字方程组理论提出许多理论上的问题. 第一个问题当然是关于一般字方程组的解的存在性问题. 虽然该问题已知是可判定的，但可判定归可判定，为之建立一套较为系统的理论却又是另一回事. 要给出这个问题的一个比较完整的数学上的描述，似乎是很困难的. 第二个问题是关于字方程组的解的结构和表示问题，这一问题对于 PROLOG 语言的重要性是不言而喻的. 当然，它在字方程理论中也是中心问题之一. 在很多场合，我们能够写出字方程组的多个具体解，但我们不知道如何表示出它的所有解，甚至

不知道在什么条件下，一个字方程组的解可以有有限表示. 只是对一些特殊的字方程组，我们能刻画和表示它们的解(将在第四节中介绍). 第三个问题是求解问题. 虽然就 PROLOG 语言来讲，已有一些好的求解算法，但是这个问题并没有一般的得到解决. 在对各种字方程组予以分类，并就每一类讨论是否存在好的求解算法，甚至找出(如果存在) 这些算法等方面，都有大量的研究工作在等待着我们去做.

解的存在性，解的结构和表示，以及如何求解，无论从理论上还是从应用上讲，都是字方程组理论中的三大问题. 这三个问题上的任何一点突破，都将给 PROLOG 编译技术带来促进.

三、字方程与埃伦福伊希特猜测

在字方程理论的发展过程中，语言代数学中的埃伦福伊希特猜测的提出和解决，起着重要的作用.

设 Σ 是一个字母表，Σ^* 是由 Σ 生成的自由幺半群，Σ^* 包含着所有用 Σ 中字母任意拼出来的字. 但正同在普通的拼音文字中不是所有用字母任意拼写出来的字母串可以被认为是有意义的单词一样，我们只关心 Σ^* 中的一部分字，因此我们考虑 Σ^* 的子集，称 Σ^* 的任一子集 L 为 Σ 上的语言.

再设 Δ 也是一个字母表，f,g 是从 Σ^* 到 Δ^* 的两个同态. 如果

$$\forall x \in L, f(x) = g(x)$$

则称 f,g 在 L 上等价，记为 $g \equiv h$. 70 年代初，埃伦福伊希特(A. Ehrenfeucht)提出了一个猜测，后来被称为

埃伦福伊希特猜测 对于 Σ 上的任一语言 L，都存在一个有限子集 $F \subseteq L$，使得对于任意字母表 Δ 以及任意两个同态 $f,g:\Sigma^* \to \Delta^*$，成立 $f \stackrel{F}{\equiv} g \Leftrightarrow f \stackrel{F}{\equiv} g$.

1983 年，库利克第二(K. Culik Ⅱ) 和卡胡麦基(J. Karhumäki) 把埃伦福伊希特猜测与字方程问题联系起来，他们证明了

命题 2[1] 下列两款等价：

ⅰ) 埃伦福伊希特猜测是正确的.

ⅱ) 任一字方程组都与它的一个有限子方程组同解.

这样一来，埃伦福伊希特猜测是否正确，就归结为任一字方程组是否都与它的一个有限子方程组同解，而后者无疑是字方程理论中最重要的问题之一.

为了下文的叙述，我们先介绍一些概念.

在语言代数学中，往往把符合一定条件(例如文法) 的语言归成语言类，例

如正则语言类[2]、上下文无关语言类[2]等. 当然,也可以考虑由所有语言构成的语言类. 语言类一般记为 $\mathscr{L}$.

对于 Σ 上 n 变元 $x_1,x_2,\cdots,x_n$ 的一个字方程组 S,如果存在字母表 Δ、Δ 上的且属于某语言类 $\mathscr{L}$ 的语言 L,以及同态 $g,h:\Delta^* \to (\Sigma \cup \{x_1,x_2,\cdots,x_n\})^*$,使得 $S=\{g(x)=h(x) \mid x \in L\}$,则称 S 是 $\mathscr{L}$ 型.

对于字方程组类 $\mathscr{R}$,如果其中的每个字方程组都是 $\mathscr{L}$ 型的,则称 $\mathscr{R}$ 被语言类 $\mathscr{L}$ 同态刻画. 例如可以证明,有理字方程组类[3]和代数字方程组类[3]分别被正则语言类和上下文无关语言类同态刻画.

1983 年,库利克第二和卡胡麦基还证明了如下命题:

命题 3[1]　所有字方程组所构成的字方程组类被所有语言所构成的语言类同态刻画.

由此容易得到下面的命题:

命题 4　设 $\mathscr{L}$ 是一个语言类,下列两款等价:

ⅰ) 埃伦福伊希特猜测在 $\mathscr{L}$ 中正确.

ⅱ) 每一个 $\mathscr{L}$ 型字方程组都有与它同解的有限子方程组.

十几年来,人们对埃伦福伊希特猜测做了大量的研究工作. 很多结果表明,这个猜测与语言代数学中的一些尚未解决的问题有着密切的内在联系. 在有附加条件的情况下,人们陆续得到了对这个猜测的一些肯定的回答,例如:

(1) $|\Sigma| \leqslant 2$ 时,埃伦福伊希特猜测正确;

(2) $\mathscr{L}$ 为正则、上下文无关、Abel、富足、非负 DOL 等语言类时,埃伦福伊希特猜测正确.

这样一来,根据命题 4,被上述(2)中的语言类同态刻画的字方程组类中的字方程组都有与之同解的有限子方程组. 这些都是字方程组理论中的一些重要结论,它们的证明需要大量的技巧.

另一方面,研究字方程组的同解性也可以为解决埃伦福伊希特猜测开辟途径. 后来的事实证明,这的确是一条通向胜利的道路. 1985 年,加拿大滑铁卢大学数学系的艾伯特(M. H. Albert)和劳伦斯(J. Lawrence)正是从证明命题 4 的关于字方程组的第二款入手,证明了埃伦福伊希特猜测[4]. 证明的基本思路是,首先分别把由 Σ,X 所生成的自由幺半群嵌入由 Σ,X 所生成的自由群,从而将自由幺半群上字方程组同解性的讨论完全转化为自由群上字方程组同解性的讨论. 再利用下列两个事实,很容易证明命题 2 中第二款对任一字方程组都成立.

事实 1　由字母表 Σ 所生成的自由幺半群可以嵌入由 Σ 所生成的自由亚 Abel 群.

事实 2　任一有限生成的亚 Abel 群都满足正规子群的升链条件.

四、字方程的若干基本问题

赫梅列夫斯基(Yu. I. Hmelevskii)在1971年证明了[5],对于任何有限字方程组 S,存在字方程 $\alpha=\beta$,使得 S 与 $\alpha=\beta$ 同解. 这样,再根据第三节中任何字方程组都与它的一个有限子方程组同解的结果,字方程组的问题在理论上可归结为字方程的问题. 但就问题的难易来说,这种归结并不能给我们带来什么方便. 赫梅列夫斯基的结果在字方程理论中的地位有点类似于群论中凯莱(Cayley)表示定理的地位.

1. 字方程的循环解

对于 Σ 上的 n 变元 $x_1,x_2,\cdots,x_n$ 的一个字方程 $\alpha=\beta$ 的解 f,如果存在 $u\in\Sigma^*$ 以及非负整数 $k_1,k_2,\cdots,k_n$,使得 $f(x_i)=x^{k_i}$,$i=1,2,\cdots,n$,则称 f 为循环解. 循环解可以看作简单的解,而仅具有循环解的字方程也可以看作具有最简单的解结构的字方程(这种字方程本身却可能相当复杂). 我们来看一个典型的例子.

考虑 Σ 上的二变元字方程 $xy=yx$. 显然,对于任意 $u\in\Sigma^*$ 和任意非负整数 p,q,$f(x)=u^p$,$f(y)=u^q$ 都是这一字方程的解,并且该字方程的解也只有这些. 为了看出这一点,我们只要证明,如果

$$f(x)f(y)=f(y)f(x) \tag{1}$$

则必有 $u\in\Sigma^*$ 以及非负整数 i,j,使得 $f(x)=u^i$,$f(y)=u^j$. 为此,我们对 $|f(x)|+|f(y)|$ 进行数学归纳. 当 $|f(x)|+|f(y)|=0$ 时,必有 $f(x)=f(y)=\lambda$,这时取 $u=\lambda$,$i=j=1$ 即可. 假定结论当 $|f(x)|+|f(y)|<k$ 时成立. 当 $|f(x)|+|f(y)|=k$ 时,若 $f(x)=\lambda$ 或 $f(y)=\lambda$,则结论也是显然的. 例如当 $f(x)=\lambda$ 时,取 $u=f(y)$,$i=0$,$j=1$ 即可. 下设 $f(x)\neq\lambda$,$f(y)\neq\lambda$. 分两种情况考察:

(1) $|f(x)|=|f(y)|$. 此时必有 $f(x)=f(y)$,取 $u=f(x)$,$i=j=1$ 即可.

(2) $|f(x)|<|f(y)|$($|f(y)|<|f(x)|$ 时类似). 记 $f(y)=f(x)w$,从而式(1)变为

$$f(x)f(x)w=f(x)wf(x)$$

消去 $f(x)$ 得

$$f(x)w=wf(x)$$

其中 $|f(x)|+|w|<|f(x)|+|f(y)|=k$,由归纳假设,存在 $u\in\Sigma^*$ 及非负整数 i',j',使得

$$f(x)=u^{i'},w=u^{j'}$$

于是

$$f(y)=f(x)w=u^{i'+j'}$$

对于这种仅具循环解的字方程，目前研究得比较多. 例如，现在已经知道，所有无常量(即不含 Σ 中字母)的二变元的非平凡字方程仅具有循环解. 另外，无常量字方程

$$x^m y^n = z^p, p \geqslant 2$$

和

$$x_1^n x_2^n \cdots x_k^n = y^n, n \geqslant k$$

也都仅具有循环解.

关于字方程组的循环解，我们介绍一个比较整齐的结果.

设

$$S: \alpha_i = \beta_i, i=1,2,\cdots,n$$

是一个 n 变元 $x_1, x_2, \cdots, x_n$ 的无常量字方程组. 令

$$a_{ij} = |\alpha_i|_{x_j} - |\beta_i|_{x_j}, i=1,2,\cdots,m; j=1,2,\cdots,n$$

其中 $|\alpha_i|_{x_j}$ 和 $|\beta_i|_{x_j}$ 分别表示 α_i 和 β_i 中含 x_j 的个数. 由此我们得到一个整数矩阵

$$A=(a_{ij})_{m\times n}$$

命题 5 对于任意 $u \in \Sigma^*$，同态 $f: x_i \to u^{k_i}$ $(i=1,2,\cdots,n)$ 是字方程组 S 的循环解的充分必要条件，$(k_1, k_2, \cdots, k_n)^{\mathrm{T}}$ 是齐次线性方程组 $AX=0$ 的非负整数解.

2. 字方程的参数化

并非每个字方程都有循环解或仅具循环解. 关于非循环解的讨论就困难得多了. 下面介绍可参数化的概念，还是先看一个例子.

Σ 上的四变元字方程 $xy^2x=zt^2z$ 的所有解有下列形式

$$f(x)=(uv)^i u, f(y)=v(uv)^j$$

$$f(z)=(uv)^k u, f(t)=v(uv)^l$$

其中 $i+j=k+l$，u, v 是 Σ 上的任意字. 从而，字方程 $xy^2x=zt^2z$ 的解是 u, v 的某种组合. 为了方便地表示出它的全部解，我们引入两个抽象符号 γ, δ，称之为参数，进而把字方程 $xy^2x=zt^2z$ 的解形式地表示为

$$\begin{cases} f(x)=(\gamma\delta)^{p_1+p_2}\gamma \\ f(y)=\delta(\gamma\delta)^{p_3+p_4} \\ f(z)=(\gamma\delta)^{p_1+p_3}\gamma \\ f(t)=\delta(\gamma\delta)^{p_2+p_4} \end{cases} \quad (**)$$

其中 p_1, p_2, p_3, p_4 也是抽象的符号. 容易看出，关于参数 γ, δ 在 Σ^* 中的任一指定 $\gamma \mapsto u_1, \delta \mapsto v_1$，以及符号 p_1, p_2, p_3 和 p_4 在非负整数集 N 中的任一指定

$p_1 \mapsto m_1, p_2 \mapsto m_2, p_3 \mapsto m_3, p_4 \mapsto m_4$，都使得由 $f(x)=(u_1v_1)^{m_1+m_2}u_1$，$f(y)=v_1(u_1v_1)^{m_3+m_4}$，$f(z)=(u_1v_1)^{m_1+m_3}u_1$，$f(t)=v_1(u_1v_1)^{m_2+m_4}$ 所定义的同态 $f:(\Sigma \cup X)^* \to \Sigma^*$ 成为字方程 $xy^2x=zt^2z$ 的解；反之，该字方程的任一解都可以由这样的指定得到.（* *）称为该字方程解的参数表示形式. 解具有参数表示形式的字方程称为可参数化字方程.

形式地，令 $N(P)$ 是系数在 N 上的 k 元多项式半环，其中 $P=\{p_1,p_2,\cdots,p_k\}$，字母表 Θ 上的参数字被如下定义：

(1)Θ 中每个字母都是参数字；

(2) 若 η,ξ 是参数字，则 $\eta\xi$ 是参数字；

(3) 若 ξ 是参数字，则对于任何 $g(p_1,p_2,\cdots,p_k)\in N(P)$，$\xi^{g(p_1,p_2,\cdots,p_k)}$ 是参数字；

(4) 只有这些参数字.

给定一个参数字 ξ、一个从 Θ 到 Σ^* 的指定 σ 以及一个从 P 到 N 的指定 ρ，用这些指定去替换 ξ 中出现的 Θ 中的字母和抽象符号 $p_1,p_2,\cdots,p_k$，便可以唯一地得到 Σ^* 中的一个字 w，称 w 为 ξ 在 σ 和 ρ 下的值.

对于 Σ 上的 n 变元字方程 $\alpha=\beta$，如果存在 n 维参数字组的有限集合 $M=\{(\xi_{i1},\xi_{i2},\cdots,\xi_{in}) \mid i=1,2,\cdots,r\}$，使得有 $(\xi_{i1},\xi_{i2},\cdots,\xi_{in})\in M, l\leqslant i\leqslant r$，及从 Θ 到 Σ^* 的指定 σ 和从 P 到 N 的指定 ρ，当 w_j 是 $\xi_{ij}(j=1,2,\cdots,n)$ 在 σ 和 ρ 下的值时，$f(x_j)=w_j(j=1,2,\cdots,n)$ 是 $\alpha=\beta$ 的解，则称字方程 $\alpha=\beta$ 为可参数化的.

可参数化字方程的解具有有限可描述性质. 此时解的结构也是清楚的. 有意思的是，所有不含常量的三变元字方程都是可参数化的. 至于四变元字方程，有些是可参数化的，例如前面提到的 $xy^2x=zt^2z$；但也有不可参数化的，例如 $xyz=ztx$.（表面上看，后者似乎比前者更简单！）

3. **字方程的基本解**

有线性代数知识的读者，一定会对关于线性方程组的那套完整漂亮的理论有着深刻的印象. 在线性方程组解的表示理论中，基础解系足以精确地表示出线性方程组的全部解. 对于字方程，相应的结论当然不会像线性方程组那样好，但对于相当大的一类字方程，即无常量字方程，存在着类似于基础解系那样的解集（当然是从某种意义上来说）—— 所谓基本解集.

设 Θ 是一个字母表. 对于任意 $a,a'\in\Theta, a\neq a'$，定义 Θ^* 的自同态 $\varphi_{aa'}$ 为

$$\varphi_{aa'}(b)=\begin{cases} b, & b\in\Theta-\{a'\} \\ aa', & b=a' \end{cases}$$

并称之为 Θ^* 的正规初等变换. 定义 Θ^* 的自同态 $\varepsilon_{aa'}$ 为

$$\varepsilon_{aa'}(b)=\begin{cases}b, b\in\Theta-\{a'\},\\ a, b=a',\end{cases}$$

并称之为Θ^*的奇异初等变换.两者都称为Θ^*的初等变换.Θ^*的有限个初等变换$\varphi_m,\varphi_{m-1},\cdots,\varphi_1$的乘积$\varphi_m\varphi_{m-1}\cdots\varphi_1=\varphi$称为$\Theta^*$的变换.设$\alpha=\beta$是一个$\Sigma$上的变元字母表为$X$的无常量字方程,并且不存在$\gamma\in X^*$使得$\alpha=\beta\gamma$或者$\beta=\alpha\gamma$(否则关于字方程的讨论是很容易的).对于任意$a,a'\in X,a\neq a'$,如果存在$\delta,\alpha',\beta'\in X^*$,使得$\alpha=\delta a\alpha'$,$\beta=\delta a'\beta'$,则初等变换$\varphi_{aa'}$,$\varepsilon_{aa'}$称为属于$\alpha=\beta$的初等变换.设$\varphi=\varphi_m\varphi_{m-1}\cdots\varphi_1$为$X$上的一个变换,其中$\varphi_1,\varphi_2,\cdots,\varphi_m$为$X^*$上的初等变换,如果对于每一个$i,l\leqslant i\leqslant n$,$\varphi_i$是属于$\varphi_{i-1}\cdots\varphi_1(\alpha)=\varphi_{i-1}\cdots\varphi_1(\beta)$的初等变换,则称$\varphi$为属于$\alpha=\beta$的变换.如果属于$\alpha=\beta$的变换$\varphi$满足$\varphi(\alpha)=\varphi(\beta)$,则称$\varphi$为$\alpha=\beta$的基本解.注意,这时$\varphi$本身并不是方程的解,因为$\varphi$只是$X^*$到$X^*$的同态.

对于字方程的解$f:X^*\to\Sigma^*$,如果有$\forall x_i\in X,f(x_i)\neq\lambda$,则称它为非抹除的.

命题6 令$\alpha=\beta$是Σ上的变元字母表为X的无常量字方程,且不存在$\gamma\in X^*,\gamma\neq\lambda$,使得$\alpha=\beta\gamma$或$\beta=\alpha\gamma$,则

ⅰ)若φ是$\alpha=\beta$的一个基本解,则对于任意同态$\theta:X^*\to\Sigma^*$,$\theta\varphi$是$\alpha=\beta$的解;

ⅱ)对于$\alpha=\beta$的任一非抹除解f,都有唯一的分解$f=\theta\varphi$,其中φ是$\alpha=\beta$的一个基本解,θ是X^*到Σ^*的同态.

命题6告诉我们,只要掌握了基本解,也就基本上掌握了所有解.这一命题揭示了基本解在解表示论中的地位.下面来看一个例子.

考虑字方程$xyz=xzx$,显然$\varphi_1=\varepsilon_{zx}\varphi_{yx}\varphi_{zx}$,$\varphi_2=\varepsilon_{zx}\varepsilon_{zy}$都是它的基本解.实际上,该字方程有无穷多个基本解.对于任意同态$\theta:(\Sigma\cup\{x,y,z\})^*\to\Sigma^*$,$\theta\varphi_1$,$\theta\varphi_2$都是该字方程的解.当然,它还有其他的解.

以上我们介绍了字方程理论的一些背景和若干最基本的内容.在计算机科学、人工智能、数理逻辑以及语言代数学等学科的推动下,字方程理论得到了迅速发展.目前它所包含的内容和应用的范围已经远不是一篇文章所能概括得了的.许多新的结果和有成效的应用还在不断地出现,我们期待着它的未来.

参考资料

[1] Culik K. Ⅱ, Karhumäki J., *Discrete Math.*, 43(1983)139.

[2] Saloma A., *Jewels of Formal Language Theory*, Computer Science Press(1981).

[3] Berstel J., *Transductions and Context-Free Languages*, Teubner(1979).

[4] Albert M. H. ,Lawrence J. ,*Theoretical Computer Science*,41(1985)121.

[5] Hmelevskii Yu. I. ,*Equations in Free Semigroup*,*Proc. Steklov Inst. Math*. No. 107,Am. Math. Soc. (1976).

[6] Lothaire M. ,*Combinatorics on Words*,Addison Wesley(1983).

[7] Lallement G. ,*Semigroups and Combinatorial Applications*,Wiley(1979).

第 二 编

数学的一些边缘领域

生物数学[①]

一、生物数学的兴起

生物数学是一门新兴的边缘科学，最近一二十年来，已经得到突飞猛进的发展. 1974 年联合国教科文组织在编制学科分类目录时，第一次把生物数学作为一门独立的学科列入生命科学类中.

生物学是研究生命现象的一门科学. 生命现象是一物质运动的高级形式. 影响生命现象的因素非常多，它们之间相互联系、相互制约的关系也非常复杂. 这种复杂性使得生物学的研究工作比起其他学科来要困难得多. 尤其是在定量的研究方面更加困难. 从前，生物学的研究工作大多停留在描述生命现象和定性研究的阶段，生物学对数学的需求自然显得不太迫切. 因此，许多人对于"生物学的研究中究竟能用到多少数学知识？"这个问题是持怀疑态度的. 其实不然，大量的事实表明生物学的深入研究必然会遇到与数学有关的问题. 实际上，数学知识早已被引进了生物科学的领域，而且促进了生物科学的发展. 今天，可以说几乎所有的生物学分支中都渗入了数学的概念和方法，而数学本身也由于在生物学上应用的需要而不断丰富起来. 因此生物数学的内容是多方面的. 下面就来举例谈谈几个方面的内容.

---

① 刘来福，《自然杂志》第 5 卷(1982 年) 第 1 期.

1. **内容之一:生物统计学**

生物统计学的形成和发展是一个很好的例子. 生物学中出现的随机现象为统计学的研究提出了大量的课题,它促进了统计学理论的形成和发展. 早在19世纪,达尔文关于进化论的研究和孟德尔关于豌豆杂种的研究,实质上都是统计学的问题. 皮尔逊(K. Pearson) 在探讨统计学理论的同时,也从事了大量生物统计的研究工作,并在1901年创办了《生物统计》(*Biometrika*) 杂志. 用统计学的方法研究生物界的随机现象,就为生物学提供了有效地分析处理观测资料的方法. 在统计学上做出了许多重要贡献的费歇尔(R. A. Fisher),在把统计学应用于生物和农业等方面曾经起了很大的作用. 因此可以说生物统计学和统计学的理论几乎是同时发生和发展起来的.

2. **内容之二:数学遗传学**

19世纪,孟德尔通过对豌豆杂种的七对相对性状遗传规律的研究,提出了遗传学中的分离定律和自由组合定律. 这两个定律以及后来摩尔根提出的连锁互换定律,构成了经典遗传学的理论基础. 孟德尔提出的两个定律实际上是概率论中的古典概型在遗传学中的具体体现. 因此可以说整个孟德尔的经典遗传学是以概率论为理论基础的.

达尔文在研究进化论的过程中曾经提到,生物的微细变异往往是进化的原始材料,可供自然选择之用. 但当时人们却担心,由于新发生的变异在群体中只占极少数,它是否会在群体随机交配的过程中逐渐减弱直至消失呢? 这个担心直到1908年才找到答案. 这就是当时分别由哈代(G. H. Hardy) 和温伯格(W. Wein berg) 所证明的群体的遗传平衡法则. 这个法则是说在一个大的随机交配的群体中,在没有迁移、选择及突变的情况下,基因频率和基因型频率历代都是恒定的. 这个法则告诉我们,尽管新出现的一些基因型在群体中的频率很低,从理论上讲它绝不会由于随机交配而有什么变化. 这个法则的证明基本上就是数学上的推理. 进一步的研究表明,如果我们用矩阵来描述一个群体在随机交配过程中基因型频率的变化过程,那么这个平衡法则实质上就是数学上矩阵的特征根和特征向量的问题. 以这个法则为基础,用数学的方法来讨论在各种不同情况下群体内基因型的变化,就构成了群体遗传学的内容. 群体遗传学的研究不仅能加深我们对进化过程的认识,而且也成了育种实践的重要的理论基础.

动植物的重要经济性状,如作物的籽粒产量、乳牛的产奶量和家禽的产卵量等,往往是育种工作者所最关心的性状. 这些性状与孟德尔的经典遗传学中所研究的性状不同. 最主要的区别在于这些性状不像孟德尔所研究的性状那样可以分为显性、隐性等明显不同的表现形式.这些性状都是连续变化的,而且没有明显的界限.一般把这种性状称为数量性状.显然,用孟德尔的经典遗传学来研究数量性状的遗传规律是很困难的.后来有人提出了一套微效多基因假说.在这个假说下,每一个性状的观测值都可以理解为一个连续型的随机变量,并且可以按照不同的遗传效应表示成一个线性模型.这样一来,统计学的思想和方法就被引入了数量性状遗传规律的研究中,发展成为现在的统计遗传学.、由于人类某些遗传病也是受微效多基因控制,因此统计遗传学的研究与应用不仅吸引着大量的育种工作者,而且也为医学工作者所关心.

群体遗传学和统计遗传学都是数学与遗传学相结合的结果.有人将它们统称为数量遗传学.毫无疑问,数量遗传学的产生和发展使遗传学的研究大大地深入了一步.

3. **内容之三:数学生态学**

关于生物种群生存竞争问题的研究,也有人很早就采用了数学的方法.本世纪 20 年代,意大利生物学家棣安考纳(U. D'Ancona) 在研究相互制约的各种鱼类种群变化的时候,发现在意大利沿海所捕获的鱼类中,以鱼为食物的食肉鱼类(如鲨鱼、鳐鱼等,我们简称为大鱼) 占鱼类总捕获量的百分比,在第一次世界大战期间急剧地增加.当时他曾经认为这是由于在战争期间捕鱼量大大降低的结果.由于捕鱼活动的减少会使大鱼得到更多的食物,从而使它们迅速地繁殖起来.但是另一方面,由于捕捞量的减少,也会使得被食的鱼类(简称为小鱼) 的总数有所增加.然而事实是捕捞量的降低对于大鱼较之对于小鱼更为有利.这是为什么呢? 尽管棣安考纳从生物学上进行了周密的考虑,也没有得到完满的答复.后来,意大利著名数学家伏尔特拉(V. Volterra) 研究了这个问题,并且建立了一个捕食者种群与被食者种群相互作用的数学模型,利用这个模型就能够解释棣安考纳所提出的问题.

他是从讨论海中大鱼鱼群和小鱼鱼群周期性地出现的问题开始的.假定大鱼是捕食者,小鱼是被食者,大鱼靠吃小鱼而生存.那么就不难看出:如果海中大鱼多了,大量的小鱼就会被大鱼吃掉,而导致小鱼鱼群的诚少.随着小鱼的减少,就会使大鱼没有充足的食物来源,发育受到影响以至于饿死,从而小鱼又繁殖起来.这样一个周期变化的现象怎样来描述呢? 伏尔特拉利用微分方程把这个问题的分析由定性提高到定量的水平.具体地说,用 $x(t)$ 表示被食者在 t 时刻的数量.假定小鱼的食物相当丰富,而且小鱼的密度也不过分地大,就是说可以认为它们在食物方面彼此间竞争甚微.在这个假定下,如果不存在大鱼,而小鱼的增长率(平均每条小鱼的繁殖率) 为 a,这时小鱼鱼群增长的速度将与小鱼鱼群的数量成正比,比值刚好就是它的增长率.用微分方程的形式写出来:就是

$$\frac{\mathrm{d}x}{\mathrm{d}t}=ax(t) \tag{1}$$

如果同时还有大鱼存在，则用 $y(t)$ 表示它在 t 时刻的数量. 假定每条大鱼和每条小鱼相遇的机会相等. 那么在单位时间内，捕食者与被食者遭遇的次数将与 xy 成正比. 因此，小鱼的变化规律应该满足微分方程 $\mathrm{d}x/\mathrm{d}t=ax-bxy$. 这里 b 是遭遇次数的一个比例常数. 同理，如果用 d 表示大鱼由饥饿造成的死亡率，那么大鱼鱼群的变化应该满足微分方程 $\mathrm{d}y/\mathrm{d}t=cxy-dy$. 这样一来，就得到了"捕食－猎物"系统的伏尔特拉微分方程组

$$\begin{cases}\dfrac{\mathrm{d}x}{\mathrm{d}t}=ax-bxy, \quad a,b>0\\ \dfrac{\mathrm{d}y}{\mathrm{d}t}=cxy-dy, \quad c,d>0\end{cases} \tag{2}$$

当 $x,y>O$ 时，上述方程组的解 $x(t)$，$y(t)$ 都是时间 t 的周期函数. 也就是说，如果以 OX 作横轴，以 $0Y$ 作纵轴，在 XOY 平面上表示 x，y 这两个种群之间的变化关系(图 1)，可以看出：当种群处于 $x^*=d/c$，$y^*=a/b$ 时，两个种群总是保持常值不变，我们称这种状态为平衡种群. 如果初始种群不处于平衡状态，不管怎样变，大鱼和小鱼都不会灭绝，也不会无休止地增加. 大鱼的数量 $y(t)$ 和小鱼的数量 $x(t)$ 将出现周期性地消长的现象. 通过数学的证明还可以得到每一对解的总平均值都等于它们的平衡种群：$\bar{x}=d/c$，$\bar{y}=a/b$. 这就是著名的伏尔特拉"捕食模型".

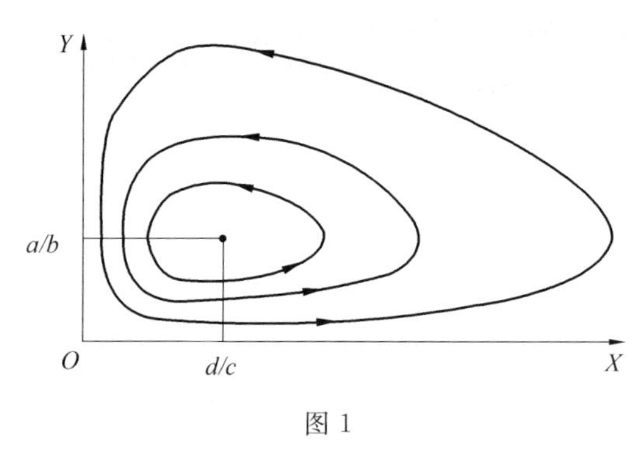

图 1

再考虑捕捞的影响. 我们假定对大鱼和小鱼的捕捞率是相同的，也就是说，由于捕捞的影响，小鱼和大鱼的总数分别以 $kx(t)$ 和 $ky(t)$ 的速率减少. 这时微分方程(2) 就可以改写为

$$\begin{cases}\dfrac{\mathrm{d}x}{\mathrm{d}t}=(a-k)x-bxy\\ \dfrac{\mathrm{d}y}{\mathrm{d}t}=cxy-(d+k)y\end{cases} \tag{3}$$

这个方程形式上同(2)完全一样,只是其中的 a 换成了 $a-k$,d 换成了 $d+k$. 因此(3)的每个周期解的平均值就应该等于

$$\bar{x}=\frac{d+k}{c},\bar{y}=\frac{a-k}{b}$$

由此就可以看到,一定的捕捞量($k<a$)实际上会使小鱼的数量有所增加而大鱼的数量有所减少. 相反的,如果减少捕捞量,自然就会导致有利于大鱼的结果. 这就解释了棣安考纳所提出的问题. 伏尔特拉模型在今天仍然具有现实的意义. 70 年代,世界各国在农、林业生产中利用杀虫剂试图防治害虫的许多结果,又一次地证实了伏尔特拉的预言. 因为自然界每一种害虫都受着它的天敌的抑制. 自然的生态平衡保证了害虫总是处在一定的数量水平. 由于杀虫剂的使用,不但杀死了害虫,而且也杀死了害虫的天敌. 按照伏尔特拉的推断,这时反而得到有利于害虫(被食者)的结果. 事实正是如此,杀虫剂使用的实际结果往往是导致害虫的复苏而控制了天敌的增长.

伏尔特拉当时还用类似的方法给出了竞争相同资源的两个种群间相互关系的数学模型. 对于这个模型的研究;使得高斯(G. F. Gause)在 1934 年提出生态学中非常重要的一个原理,即"竞争排斥原理". 这个原理主要是说在完全相同的方式下生活的物种不可能有稳定的共存. 这个原理的提出使得种群生态学的研究工作大大地深入了一步.

伏尔特拉所提出来的两个种群的模型实际上就是具有两个分室的一个生态系统. 当然,上述模型对于所研究的复杂多变的生物现象来说,是大大地被简化了的,以至于很难用来描述生物种群的实际变化. 尽管如此,它对生态学以及生态系统研究工作的贡献还是很大的. 由于这些数学模型的讨论,产生出许多在生态学中非常有用的概念,从而使得生态学的研究不断地得到深入. 另一方面,它也为研究更复杂的生态系统奠定了基础. 因此从这些模型的提出到现在虽然已经有了六十年左右的历史,但仍然保持着强大的生命力,仍然吸引着不少的学者从各个方面进行深入的研究和讨论.

数学与生态学结合,产生了数学生态学. 它的内容不仅是前面所介绍的生态模型,还有统计生态学、生态系统分析、生态模拟等.

4. 内容之四:数值分类学

分类学是生物学中一门古老的科学,从林奈的《自然系统》发表至今,已有近二百年的历史. 它是生物学、农学和医学研究的主要基础. 到今天,虽然被描述和分类的生物物种越来越多,但这对浩如烟海的生物世界来说只是很少的一部分. 随着科学的发展和社会的进步,还有更多的生物物种等待着我们进行更深入的分类研究. 今天生物、农业和医学以及各种生产实践都对分类学提出了

新的要求.生物学及其边缘科学的发展,先进技术的使用,生物现象描述的数量化,所有这些都不断给生物学提供大量新的分类依据.传统的分类学的方法已经不能完全适应现代的需要.因此要求分类学家以新的观点来认识种类繁多的生物界,更准确地说明物种在进化系统中所处的位置.数学中多元统计分析理论的发展和聚类分析方法的出现,为在生物分类学中引用数学知识奠定了基础.电子计算机技术的兴起和普及,为使分类学与数学进一步结合创造了有利的条件.这样,从50年代末开始,就有一批生物学家应用数学方法和电子计算机来解决生物分类学中的问题.1963年,索克尔(R. R. Sokal)和斯尼思(P. H. Sneath)全面总结了生物分类学中的数学方法,出版了《数值分类学原理》一书,使得数值分类成为生物分类学中一个重要的方法.但是这个分支的创立并不是一帆风顺的.初期它曾经遭到不少人的反对.生物分类学中能否应用数学方法的论争直到今天也没有完全停息.尽管如此,利用数值分类的方法解决生物分类问题所得到的大量卓有成效的结果,表明古老的生物分类学是可以使用现代的数学方法和工具的.数值分类学是生物分类学与数学交叉的产物,它符合当前自然科学发展的趋势.在激烈的论战中,它更加确定了自己的地位.

二、生物学与数学相互影响

以上这些都说明,并不是生物科学的研究用不到数学知识,而是数学在生物科学中的应用有着广阔的天地.尽管生物科学所研究的对象复杂多变,数学在生物学上的应用还有这样或那样的困难需要克服,但是生物科学从定性到定量化的研究是生物学发展的必然途径.生物学与数学的有效结合,已经为过去的历史所证明,并将在今后的发展中取得更大的成就.

由数学与生物学相互渗透、相互结合所产生的边缘科学,随着其具体研究的对象和任务的不同,可以分为数学生物学(mathematical biology)和生物数学(biomathematics)两部分,一般我们统称为生物数学.数学生物学主要是指生物学不同领域中应用数学工具后所产生的一些新的生物学分支,包括前面谈到的数量遗传学、数学生态学、数值分类学,以及数量生理学等.而生物数学主要是指用于生物科学研究中的数学理论和方法,包括前面谈到的生物统计学,以及生物微分方程、生态系统分析、生物控制、运筹对策等.由于生物现象特有的复杂性,可以设想,用于生物科学研究的数学理论与用于物理、天文和工程技术等方面的数学理论相比将会有它自己的特色.

生物数学的发展促进了生物科学的进步.它提供给生物科学的大量数学工具为生物学的研究工作从定性转入定量创造了条件.过去,数学作为一门基础科学,在与其他自然科学特别是物理学、力学以至于近代物理的量子力学、相对论等理论结合的过程中，曾经把人们对客观世界的认识不断地推向崭新的阶段. 今天，在探索生命现象奥秘的进程中，可以预期，生物学与数学的紧密结合也将会把人类对生命现象的认识不断地提高到更加崭新的阶段.

17 世纪牛顿、莱布尼兹在物理学的研究过程中创立了微积分. 研究对象从静止向运动的转变导致了数学理论的一个飞跃. 当前数学的研究对象正从非生命系统转向生命系统，复杂多变的生命现象向数学提出的大量的新课题将会把数学的发展引向一个新的境界，也可能导致数学的一次更为深刻的变革. 一些中外的知名数学家都曾经指出，当前生物学与数学的关系就像当初物理学与数学的关系一样重要. 他们预言数学的一些新的生长点将会在生物数学中酝酿形成. 目前国外不少学者都致力于在生物数学中寻找突破性的研究课题. 新出现的一些数学理论，如扎德(L. A. Zadeh) 的模糊集理论，托姆(R. Thom) 的突变论，哈肯(H. Haken) 的协和学，以及普里戈金(I. Prigogine) 的耗散结构理论等，也都把能用于生物科学的研究作为自己的目的之一. 可以想象，数学发展的前景将要比牛顿、莱布尼兹时代更加辉煌灿烂.

三、生物数学的应用

随着社会的发展，从人口、资源到环境、生态无一不与生物数学有着密切的关系. 农业生产中一些生产指标的制定就需要有生物数学的观点来指导，不然就会直接影响生产的效率，甚至造成损失. 例如养猪的目的在于吃、用和积肥，本来应该用科学的综合指标来衡量养猪事业的效果. 但长期以来却只以头数、甚至以存栏头数作为指标，如“一亩地一头猪”“一人一头猪” 等. 结果猪的头数虽然增多了，但因饲料不够成了僵猪，耗食量多却不长肉，造成很大浪费. 又如一些大工程的兴建，事先都应该用系统分析的观点来讨论兴建后所引起的生态平衡的变化，估计工程兴建的效果. 否则，盲目动工，一旦原有的生态平衡被破坏而形成一种不利的平衡状态，就会贻害无穷. 当前不胜枚举的生态平衡被破坏、环境遭到污染的事实都应该引以为戒. 在农业上，通过对光合作用数学模型的深入研究，可以进一步考虑用电子计算机对作物群体的光能利用进行模拟，从而对农业生产中的一些措施如种植密度、种植方式、水肥的合理利用等提出更有根据的参考意见. 在医疗诊断现代化的过程中，生物数学也可以发挥它应有的作用. 多元分析的方法就可以用来诊断和判别某些疾病. 通过对生理系统的研究，也可以就若干中医脉像进行图形分析，并用此来诊断心血管疾病. 还可以用电子计算机来总结一些老中医的医疗经验并且模拟他们的诊断过程. 此外，农作物新品种培育过程中杂交组合的选配和后代的选择，一些珍贵的家禽、家畜品种资源的保存，以至于医学上遗传病的研究等，都要用到数量遗传的知识.渔业中最大可持续捕捞量的估算,农业害虫的预测预报,以及综合防治管理,都要用到数学生态学和生态系统分析的理论.仿生学和人工智能的研究等都需要建立大量的数学模型.可见,生物数学与我们的日常生活和国家的现代化息息相关,是不可缺少的一门学科.

四、发展现状

随着生物学定量化研究的呼声日益高涨,数学家与生物学家广泛结合,在各个领域展开了研究工作.美国应用数学协会从1966年起每年召开一次"生物学中的某些数学问题"的讨论会,到现在至少已有十三次了.英国的"生态学中的数学模型"学术会议到1971年已经开过十二次会.国际数值分类学会从1967年起每年举行一次讨论会.国际生物统计学会议每两年一次,到1976年已开了九次会议.据不完全统计,70年代平均每年约有五次与生物数学有关的学术会议.频繁的学术活动产生了大量的研究成果,从而书刊出版量也急剧增加.70年代各国出版的有关杂志约有四十多种.除了有名的两个生物统计杂志,即英国的Biometrika和美国的Biometrika外,1939年美国创办的《数学生物物理学通报》在70年代改名《数学生物学通报》(*Bulletin of Mathematical Biology*).此外还有美国的《理论生物学杂志》(*Journal of Theoretical Biology*)和《数学生物科学》(*Mathematical Biosciences*),西德的《数学生物学杂志》(*Journal of Mathematical Biology*),法国的《生物数学杂志》(*Revue de Bio-Mathématique*)等.西德还有两套丛书:《生物数学》(*Biomathematics*)至今已经出了十卷,《生物数学讲座》(*Lecture Notes in Biomathematics*)已经出版近四十卷了.

与国际上的现状相比,我国在生物数学方面的研究工作是落后的.但近年来也得到了愈来愈多的人的重视和关心,而且有不少人已经从事于这方面的工作并取得了一些初步的成果.最近全国科协同意我国成立生物数学研究会,这将大大促进生物数学在我国的发展.不过所有这些还仅仅是开始.还需要不断创造条件,使这门新兴学科在祖国的科学园地里更加茁壮成长.也热切希望关心这一学科的数学工作者、生物科学工作者携起手来,共同努力.

叶序之谜[①]

大自然造化神奇，留下无数难解之谜，叶序便是其一. 何以解谜？生物学？数学？生物数学？

一、叶序及其模拟模型

所谓叶序，一般就是指植物的叶片在茎上的排列方式. 但本文所说的叶序其意义较为广泛一些，是指叶片，小枝、小花、果鳞等(在其发育早期称为原基) 在茎、枝、果实等(称为轴) 上的排列方式对于大多数植物形态发生研究者来说，叶序多少带有一点神秘的色彩. 这种神秘的色彩就在于它所表现出的精确的数学规律，这在生命科学中是很少见的. 让我们用一个模拟模型来说明.

假设轴极度短缩而膨大，变成平面上的一个圆，并设这个圆的半径为 L(图 1). 原基(用小圆模拟之) 围绕着圆周逐个产生且生长. 这相当于从轴的顶端沿着轴向下看去而看到的投影图形. 按原基产生的先后用非负整数序列给它们编号：最早产生的原基为第 0 号原基，其次产生的原基为第 1 号原基，再次产生的原基为第 2 号原基，依次类推. 第 $n+1$ 号原基中心和第 n 号原基中心对轴心的张角称为发生张角(divergence angle，试如此译之)，记为 θ，设是一个常数. 每产生一个新原基，已产

① 顾连宏，《自然杂志》第 14 卷(1991 年) 第 3 期.

生的原基就向外移动 d 个单位，同时各个原基自身的半径也扩大 R 个单位. 这个过程在图 1 中(从左到右) 清楚地表示了出来.

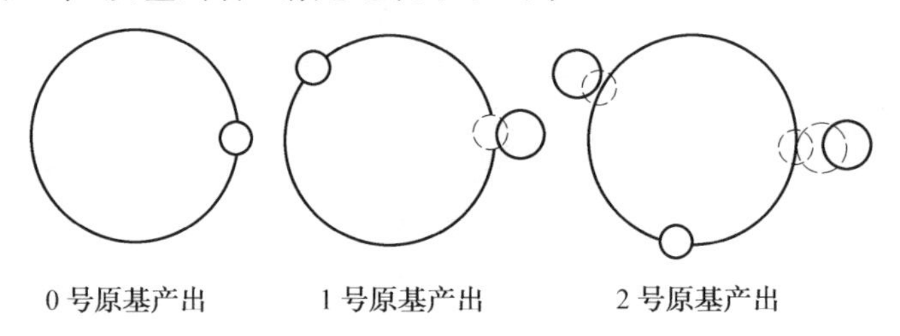

图 1　叶序模型

显然，这个模型符合植物生长的规律.

取 $\theta=137.51°$(为什么这样取，将在下文阐述，但这本质上仍是个谜)，$L=10$，$d=1.1$，$R=0.08$(不标出单位，仅表示这 3 个值之间的相对比例，事实上，这 3 个值可以任意取，与我们讨论的叶序之数学规律无关). 我们用计算机模拟了这个叶序模型，如图 2，其中共有 174 个原基.

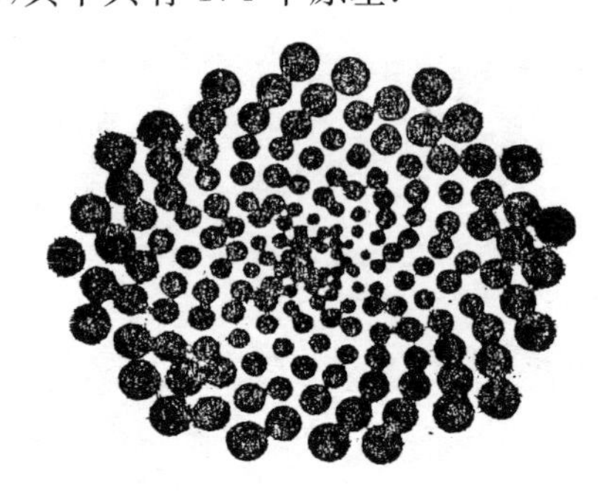

图 2　斐波那契型叶序($t=2$)

$\theta=137.51°$，叶序比 21/13

图 2 所表示的叶序使我们联想到菊花、蒲公英、向日葵等. 从中我们还可以看出有许多由原基连成的沿顺时针方向或逆时针方向旋转的螺线. 数一下，逆时针方向的有 13 条，顺时针方向的有 21 条. 13 和 2 1，正是著名的斐波那契数列(Fibonacci sequence) 中的相邻两项. 这难道是纯粹的巧合吗？

二、叶序与斐波那契数列

事实上，自然界中植物叶序的数学规律，表现有以下 3 个特征[1].

(1) 存在两族由原基连成的相互对绕(沿逆时针方向和顺时针方向) 的螺线，每族螺线的数目，在绝大多数情况下(95%)，是斐波那契数列的相邻两项，而且随着原基数目的增长，这两个数目顺着斐波那契数列向前推移，此即所谓

“叶序升级”现象. 斐波那契数列$\{F(n)\}$的定义是:$F(1)=F(2)=1$;$F(k+1)=F(k)+F(k-1), k\geqslant 2$. 即$\{1,1,2,3,5,8,\cdots\}$.

(2) 对于(1) 中的斐波那契型叶序,在茎顶端分生组织四周由两个相继产生的原基形成的发生张角趋于 137.51°.

(3) 对于一些不被包含于(1) 中的叶序,它的两族螺线的数目,是广义斐波那契数列的相邻两项. 所谓广义斐波那契数列,是指递推关系与斐波那契数列相同(仍为$F(k+1)=F(k)+F(k-1), k\geqslant 2$) 而初始项$F(1)$不等于1或$F(2)$不等于 1,2 的数列.

1937 年 Fujita 把上述各叶序类型归纳为如下的广义斐波那契数列

$$F(1)=1, F(2)=t$$

$$F(k+1)=F(k)+F(k-1), k\geqslant 2$$

即$\{1,t,t+1,2t+1,3t+2,\cdots\}, t\geqslant 1$. 相应的发生张角为$(t+\phi)^{-1}\times 360°$,其中$\phi$为著名的黄金分割数$(\sqrt{5}-1)/2\approx 0.618$. 当$t=1,2$时,即为斐波那契型叶序.

在前一节的叶序模型中,如果第n号原基基本上产生于第 0 号原基当初产生的位置,而从第 0 号原基到第n号原基正好围绕轴旋转了m圈,则称m/n为这个叶序的叶序周期. 早在1836年,席姆珀(Schimper) 就发现一些高等植物的叶序周期总为

$$1/2, 1/3, 2/5, 3/8, 5/13, \cdots$$

之一,这个分数序列的分子、分母分别就是斐波那契数列诸项. 易知这个序列趋于$1-\phi=(2+\phi)^{-1}$,再注意到$t=2$时的发生张角$\theta=(2+\phi)^{-1}\times 360°=137.51°$,这就与上述特征(2) 取得了一致.

如果把叶序中两族螺线的数目分别记为m和n,并设$m>n$,则称m/n为这个叶序的叶序比.

1837 年,布拉韦兄弟(L. Bravais&A. Bravais) 在法国一家期刊发表了一篇论文,推导出一个用叶序比m/n及其连分数的收敛子表示的发生张角的近似公式. 1981 年让(R. V. Jean) 通过数论方法改进了布拉韦的近似公式,得到了一个由叶序比及相应的数列表示的发生张角的严格公式,从而确立了产生各类型叶序的必要条件.

图 3 ～ 5 是我们用计算机模拟出来的$t=3\sim 5$的叶序图形(各有 174 个原基),并分别标明了发生张角θ和叶序比m/n.

三、叶序形成过程的计算机分析

在叶序形成过程的研究方面,数论是主要的数学工具,因此其研究进展很

图 3　广义斐波那契型叶序($t=3$)
$\theta=99.50°$,叶序比 29/18

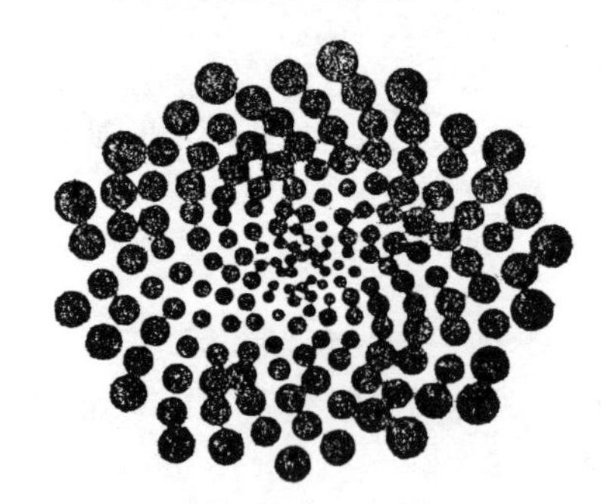

图 4　广义斐波那契型叶序($t=4$)
$\theta=77.96°$,叶序比 23/14

图 5　广义斐波那契型叶序($t=5$)
$\theta=64.08°$,叶序比 28/17

少能为植物学家所理解.鉴于叶序在植物形态发生研究中占有重要的地位,我们用计算机模拟方法对叶序形成过程做一直观的分析.为方便起见,我们只分析最常见的斐波那契叶序,其他情形可据此类推.

先来分析一下人眼怎样分辨出两族对绕螺线来的.事实上,叶序中隐藏着许多螺线,比方说,按原基编号顺序即可形成一条螺线.但最先映入人的眼帘的是明显的螺线,令我们感兴趣的就是这样的明显螺线.对于某一原基,与它距离较近并在视觉上能同它连成一条明显光滑螺线的几个原基应该在它的同一侧，而直接与它相连的那个原基应该是它这一侧与它最近的原基. 但有时这样的原基同它形不成一条引起明显视觉效果的螺线，这时就由这一侧与它次近的原基同它相连. 例如，在图 6 中，在原基 A 的左侧（从中心向外看）与 A 最近的原基为 B，在 B 的左侧与 B 最近的原基为 C，……. 如此，A—B—C—D—E 形成一条顺时针方向的明显螺线，而在 A 的右侧与它最近的是 F，在 F 的右侧最近的是 G，故 A—F—G 形成一条逆时针方向的明显螺线.

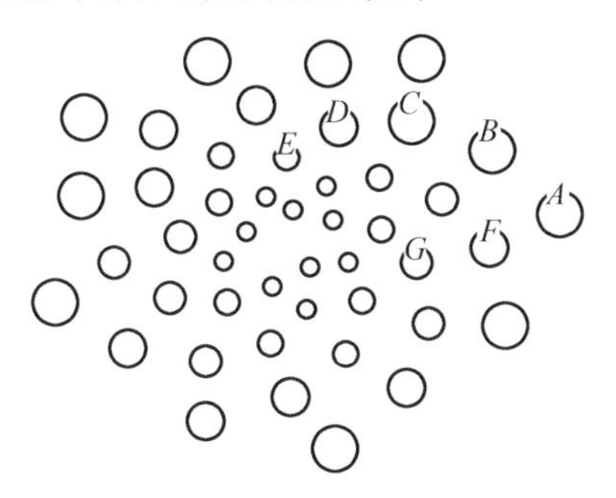

图 6　明显螺线的形成

然而，在图 7 中，在 A 的右侧最近的原基是 I，而 A 却与 B，C，D，E 形成了一条逆时针方向的明显螺线. 这是因为，尽管 I 是 A 右侧最近的原基，但它们形不成一条引起视觉效果的螺线，故 A 与其右侧次近的原基 B 出现在同一条螺线上. 此时，A 左侧另一条顺时针方向的明显螺线 A—F—G—H 依然由相距最近的原基形成.

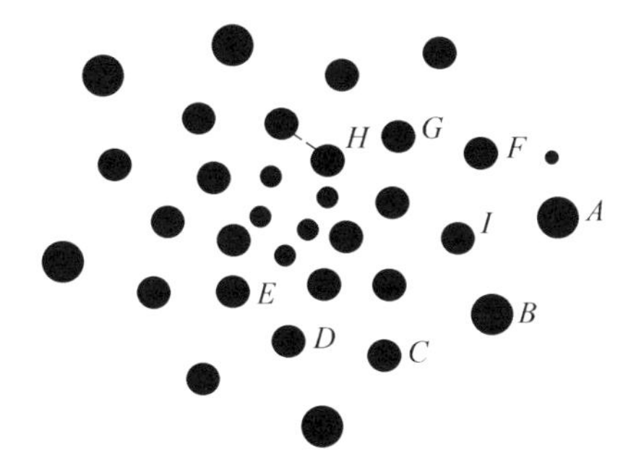

图 7　最近与次近原基形成的明显螺线

因此，只要我们确定了任一原基左右两侧与之最近和次近原基的编号（编号大于该原基编号），就能写出逆时针方向和顺时针方向两族明显螺线，从而得出叶序比 m/n.

表 1 列出了当 $d=4$，$L=10$ 时，计算机判别出的第 0 号原基两侧与之最近的两个原基的编号. n 为最新产生的原基的编号. 请注意在表 1 中又出现了斐波那契数列，这里隐含着下一节将要详细介绍的叶序升级现象.

表 1　在第 0 号原基两侧与之最近的两个原基的编号($d=4, L=10$)

n	3 ～ 4	5 ～ 7	8 ～ 22	23 ～ 60	61 ～ 159	160 ～?
左	3	3	8	8	21	21
右	2	5	5	13	13	24

当第 n 号原基产生时,在第 k 号原基两侧与之最近且编号大于 k 的两个原基的编号,可以用如下方法从表 1 中求出:它们分别等于第 $n-k$ 号原基产生时,第 0 号原基两侧与之最近的相应两个原基的编号加上 k.

次近原基的编号则为表 1 中相应最近原基编号的左一列. 例如,当第 24 号原基产生时,在第 0 号原基右侧与之次近的原基的编号为 5. 其他原基的次近原基编号的确定方法与最近原基的编号的确定方法类似.

例　当第 31 号原基产生时,顺时针方向和逆时针方向的明显螺线各有多少条?

查表 1,知当第 31 号原基产生时,第 0 号原基左侧最近的是第 8 号原基;而根据前面所述的方法,当第 $31-8=23$ 号原基产生时,第 0 号原基左侧最近的是第 8 号原基. 故当第 31 号原基产生时,第 8 号原基左侧最近的是第 $8+8=16$ 号原基,……. 如此,便可确定一条顺时针方向的明显螺线:O—8—16—24.

依此方法又可确定下列 7 条顺时针方向的明显螺线:1—9—17—25,2—10—18—26,3—11—19—27,4—12—20—28,5—13—21—29,6—14—22—30,7—15—23—31.

这样,共有 8 条顺时针方向的明显螺线,遍历了所有原基.

逆时针方向明显螺线的确定比较复杂一些,涉及视觉效应问题,我们先从第 9 号原基开始. 通过查表 1,可确定如下 5 条逆时针方向的明显螺线:9—14—19—24—29,10—15—20—25—30,11—16—21—26—31,12—17—22—27,13—18—23—28.

这 5 条逆时针方向的明显螺线遍历了第 9 ～ 31 号原基,但未包括第 0 ～ 8 号原基,因此还要寻找. 此时第 0 号原基右侧最近的是第 13 号原基,故根据表 1,在未被那 5 条明显螺线包含的第 1 ～ 8 号原基中找不出一个原基以第 9 ～ 12 号中的任一原基为其右侧最近的原基. 也就是说,它们不能按与最近原基相连的方式形成明显的光滑螺线. 此时,根据本节前面所说的原则,视觉效应就会以次近原基代替最近原基. 第 0 号原基右侧次近原基编号为 5,第 5 号原基右侧次近原基编号为 10;第 1 号原基右侧次近原基编号为 6,第 6 号原基右侧次近原基编号为 11;……. 这样,可确定如下 5 条逆时针方向的明显螺线:0—5—10—15—20—25—30,1—6—11—16—21—26—31,2—7—12—17—22—27,3—8—13—18—23—28,4—9—14—19—24—29.

这 5 条逆时针方向的明显螺线遍历了所有的原基，并包含了前面求出的 5 条逆时针方向的明显螺线.

因此，当 31 号原基产生时，叶序比为 8/5(图 8).

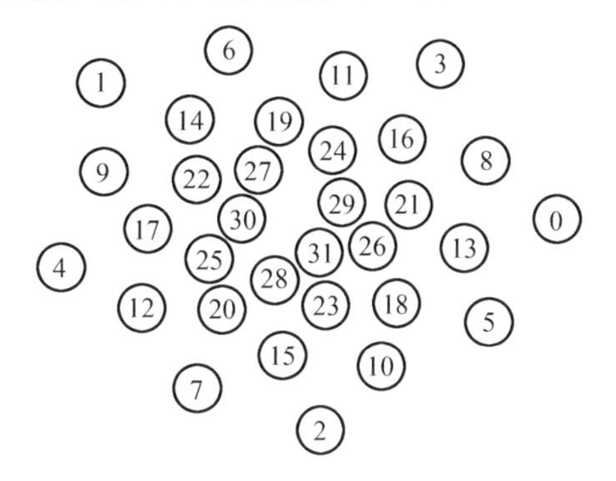

图 8　当第 31 号原基产生时的叶序

叶序比 8/5

从图 8 可以看出这样一个有趣的规律：任一明显螺线上相邻两个原基的编号之差，恰好就是这族螺线的数目. 这就是著名的布拉韦定理[1].

四、叶 序 升 级

一个极有趣的叶序现象就是所谓叶序升级(phyllotaxis rising). 它是指生长着的植物从一种叶序比过渡到更高级的叶序比，更精确地说是从 m/n 转变到 $(m+n)/m$. 这种情形可以在向日葵的花盘上观察到.

图 2 中的叶序有 13 条逆时针方向和 21 条顺时针方向明显螺线，但细心观察其中心，可以发现 8 条顺时针明显螺线，而逆时针的数目未变. 图 9 为图 2 的中心放大图，13/8 的叶序比一目了然.

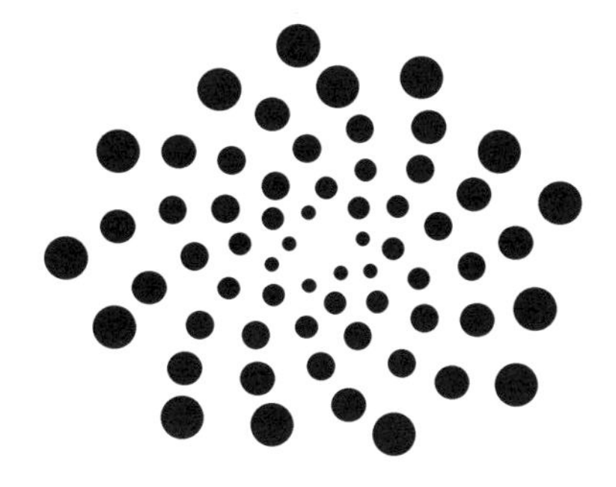

图 9　图 2 的中心放大图

叶序比 13/8

事实上，表 1 已经表达了叶序升级现象. 随着原基的增多，第 0 号原基左右两侧最近原基的编号会发生有规律的变化：(3,2) → (3,5) → (8,5) → (8,13) →(21,13) → … 顺着斐波那契数列向前推移. 同样，其他原基两侧最近原基的编号也将发生类似的变化. 由著名的布拉韦定理，可知叶序比也将从3/2开始，依次向5/3,8/5,13/8,21/13… 变化. 由此，我们可得如下结论：

叶序升级是随着原基数目的增大而出现的一种现象，在某一个叶序模型中，总是隐含着低一级的叶序比，也孕育着高一级的叶序比.

叶序升级的速度并不是固定的. 径向生长速度 d 的大小影响着使叶序升级的原基数目. 径向生长速度越快，向高级叶序比转变所需的原基数目越多；反之则越少(见表2).

表2　在不同的 d 值情况下，原基数目 n 与第0号原基两侧最近原基的编号之间的关系

d \ n \ 左/右	3/2	3/5	8/5	8/13	21/13	34/24
4	3 ～ 4	5 ～ 7	8 ～ 22	23 ～ 60	61 ～ 159	160 ～?
2	3 ～ 4	5 ～ 7	8 ～ 20	21 ～ 58	59 ～?	?
1.5	3 ～ 4	5 ～ 7	8 ～ 18	19 ～ 56	57 ～ 155	156 ～?
1	3 ～ 4	5 ～ 7	8 ～ 15	16 ～ 53	54 ～ 152	153 ～?

五、结　束　语

一百多年来，叶序与斐波那契数列之间的神秘联系一直困扰着人们. 许多研究者做了不懈的努力，但丝毫没有从本质上解决叶序之谜，只不过是把一个外表的谜转变成一个内在的谜. 137.51° 为何在自然界中占绝对优势地位？植物是如何控制发生张角的选择的？这些问题依然没有解决. 事实上，叶序现象是一个深邃的生物学本质问题. 正如罗伯特·罗森(Robert Rosen)1984年指出的那样："认识叶序很有可能找到解开生命世界中形态模式的起源这一千古之谜的钥匙."[1] 国外50年代以后，越来越多的学者投身到叶序研究领域，在关于叶序模式的起源方面，提出了不少很有发展前途的理论和假说[1~8]. 而国内这方面的工作还未开始，希望本文能起到促进作用.

感谢国际著名叶序研究学者，加拿大理论生物学会副主席罗杰·V. 让(Roge V. Jean) 教授惠赐有关资料.

参考资料

[1] Jean R. V., *Mathematical Approach to Parttern&Form in Plant*

Growth, John Wiley(1984).
[2]Jean R. V., *J. Theor. Biol.*, 129(1987)69.
[3]Jean R. V., *Annuals of Botany*, 61(1988)293.
[4]Jean R. V., *Symmetry*, 1, 1(1990)81.
[5]Jean R. V., *Canada Journal of Botany*, 67, 10(1989)3103.
[6]Adler I., *Theor. Biol.*, 65(1977)29.
[7]Hernanaez L. F., Palmer J. H., *Am. J. Bot.*, 75(1988)1253.
[8]Stevens P. S., *Patterns in Nature*, Little Brown(1974).

螺线与生物体上的拟螺线[①]

人类对螺线的探索已很久远，大约在2 000多年以前，古希腊数学和力学家阿基米德在他的著作《论螺线》中就对平面等距螺线的几何性质做了详尽讨论. 人们称之为“阿基米德螺线”，后来数学家们又发现了对数螺线、双曲螺线、圆柱螺线、圆锥螺线等.

然而，在浩瀚的自然界中，在千姿百态的生命体上也会发现不少酷似数学中螺线的曲线，如原生动物门中的沙盘虫，软体动物门中梯螺科中的尖高旋螺，凤螺科中的沟纹笛螺，明螺科中的明螺，又如塔螺科的爪哇拟塔螺、奇异宽肩螺，笋螺科的拟笋螺等大多数螺类，它们的外壳曲线都呈现出各种螺线状；在植物中，则有紫藤、茑箩、牵牛花等缠绕的茎形成的曲线，烟草螺旋状排列的叶片，丝瓜、葫芦的触须，向日葵籽在盘中排列形成的曲线；甚至人类遗传基因(DNA)中的双螺旋结构等. 这些生物形态曲线虽然酷似螺线，但与数学中的螺线存在一定差异，严格地讲，它们都不是真正的螺线，但又与数学上的螺线有千丝万缕的联系. 本文称之为“拟螺线”.

斑玉螺

菊石

爪哇拟塔螺

① 姚建武，《科学》第56卷(2004年)第4期.

一、拟螺线种种

早在 100 多年前，生物体上的拟螺线就引起生物学家的关注. 达尔文在其著作《攀缘植物的运动和习性》中，曾对牵牛、杠柳、扁豆等 42 种攀缘植物螺旋状形态做了研究. 达尔文将其称为手性，并通过观察发现，手性又可分为左手性和右手性（即左旋和右旋）. 以后，英国生物学家库克（T. A. Cook）在《生命的曲线》一书中也对攀缘植物的手性进行了探讨. 但他们仅限于从生物学角度对其生物习性做探究，然而每一种生物的形态都与其生存环境有着深刻联系，同时每一物种的形态也具有各自独特的数量关系. 可以从数学的角度对其量变规律进行探讨分类，并从物理的角度对其在生存环境中的意义做初步分析.

数学中的螺线是严格按照一定条件而得到的理想化曲线，而拟螺线由于生命体受其生存环境和客观条件限制，只能近似地向相应螺线方向进化. 如果将螺线看作相应的各类拟螺线进化过程中的终极趋势（或极限函数），并注意到拟螺线的复杂性、多样性，这样就可通过螺线给出拟螺线的定义.

首先来看等距螺线与拟等距螺线. 若平面上一动点匀速沿一射线运动，而这一射线又以定角速度绕极点 O 转动时，该点所描成的轨迹称为等距螺线（或等进螺线），即阿基米德螺线. 其特点是曲线与过极点的射线两相邻交点间的距离都相等.

表 1　拟螺线的分类

平面拟螺线			三维空间拟螺线		
各种拟螺线	拟等距螺线	拟对数螺线	拟圆柱螺线	拟圆锥螺线	拟球面螺线
例子	沙盘虫化石，盘绕在一起的蛇形成的曲线	菊石、明螺的横切面形成的曲线	茑萝缠绕的茎，丝瓜、葫芦等螺旋状的触须、紫藤的茎、人类遗传基因（DNA）的双螺旋结构	尖高旋螺、沟纹笛螺、奇异宽肩螺、小弧菖蒲螺、爪哇拟塔螺、拟笋螺等的外壳	带鹑螺、斑玉螺的外壳

定义平面拟等进（等距）螺线为：以等距螺线为极限函数的函数列. 该定义下的拟等进螺线将其起点与坐标原点（极点）重合，过极点的任一条射线与曲线相邻两交点间的距离近似相等.

这符合生物体中此类形态曲线的规律. 例如一种沙盘虫化石的横切面放在

极坐标系中使中心放在坐标极点，则测得过极点的射线与曲线各交点中相邻两点的距离分别是2.6 mm，2.7 mm，2.9 mm，2.8 mm…… 它们近似相等，沙盘虫形体横剖面形成的曲线属于拟等进螺线.

几何学中的对数螺线是一个指数函数，在极坐标上作图，其特点是曲线与所有过极点的射线交角 α 都相等，当极角趋近于负无穷大时曲线沿顺时针方向绕极点转动而趋于极点.

仿拟等进螺线定义的方法，便可得出拟对数螺线，即以对数螺线为极限函数的一函数列. 在自然界中如菊石的横切面、明螺科中的明螺的横切面中的曲线即为拟对数螺线.

凡空间中一动点绕一直线作等速转动，并沿该直线作等速移动，则称这个动点的轨迹为圆柱螺旋线(或圆柱螺线). 同样可以定义拟圆柱螺线：设空间有一条圆柱螺线，一函数列若以此螺线为极限函数，则称这一列函数为拟圆柱螺线. 同理，可以通过圆锥螺线、球面螺线，得出拟圆锥螺线及拟球面螺线的定义，自然界中美丽的蕾螺、锯齿笋螺的外壳都含有拟圆锥螺线. 而琵琶螺、玫瑰明螺等外壳上均含有拟球面螺线.

二、拟螺线的分类及函数表示

自然界中拟螺线形状千姿百态，为了便于掌握其规律，可采用与拟螺线相应的极限螺线的函数关系作为分类的基准.

通常，在所研究问题要求精确度不高的情况下，拟螺线的函数关系用其相应的极限函数(即相应的螺线) 替代较为简便：拟等距螺线方程可用其对应的等距螺线方程 $\rho=a\theta$(其中 a 为常量，θ 为极角，ρ 为极径) 近似替代；对数拟螺线用其对应的对数螺线方程 $\rho=a\cdot e^{k\theta}$(其中 a，k 为常数，θ 为极角) 近似替代；类似地，拟圆柱螺线、拟圆锥螺线可分别用其相应的圆柱螺线方程、圆锥螺线方程近似代替.

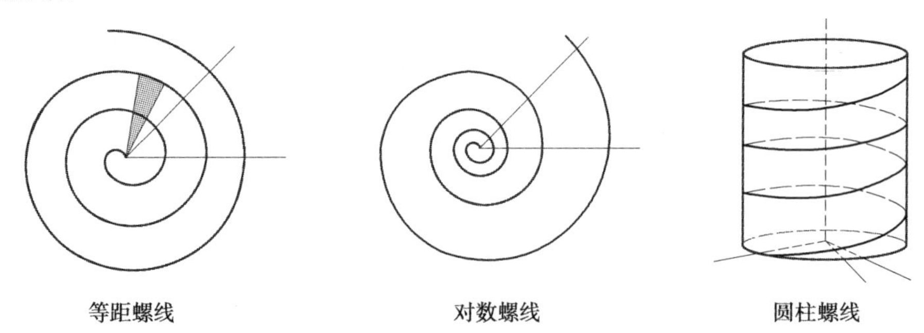

等距螺线　　对数螺线　　圆柱螺线

但有时在研究某些特定的拟螺线、并要求精确度较高时，可以将其对应的螺线函数关系展开成幂级数形式，再根据所需的精度要求，确定级数中取项的多少，这样得到的曲线方程精确度更高一些. 当然，还可以利用数学建模的各种方法，通过测出一些基本参数，然后根据各类拟螺线满足的条件重新建立拟螺线方程.

三、拟螺线在生存环境中的意义

拟螺线之所以在生命体中广泛存在，是由于螺线的若干优良性质所决定，而这些优良性质直接或间接地使生命体在生存斗争中获得最佳效果.

由于在柱面内过柱面上两点的各种曲线中螺线长度最短（证明过程略），对于茑萝、紫藤、牵牛花等攀缘植物而言，如何用最少的材料、最低的能耗，使其茎或藤延伸到光照充足的地方是至关重要的. 而在各种曲线中，螺线就起到省材、节约能量消耗的作用.

在相同的空间中使其叶子获取较多的阳光，这对植物光合作用尤为重要，而烟草等植物轮状叶序形成的螺旋面能在狭小的空间中（其他植物的夹缝中）获得最大的光照面积，以利于光合作用.

形成螺线状的某些物体还有一种物理性质，即像弹簧一样具有弹性（或伸缩性）. 在植物中丝瓜、葫芦等茎上的拟圆柱螺线状的触须利用这个性质. 能使其牢固地附着其他植物或物体上. 即使有外力或风的作用，由于螺线状触须的伸缩性，使得纤细的触须不易被拉断，并且当外力（或风）消失后，保证其茎叶又能恢复到原来的位置.

螺旋线对于生活在水中的大多数螺类软体动物也是十分有意义的. 观察螺类在水中的运动方式，通常是背负着外壳前进，壳体直径粗大的部分在前，螺尖在后. 当水流方向与运动方向相反时，水流沿着壳体螺线由直径大的部分旋转到直径小的部分直到螺尖. 水速将大大减小，这样位于壳体后端水的静压力将大于壳体前端的静压力. 在前后压力差的作用下，壳体将会自动向前运动. 这样一来，来自水流的阻力经锥状螺线的转化变为前进的动力. 除此而外，分布在螺类外壳上的螺线像一条肋筋，大大增加了壳体的强度，也分散了作用在壳体上的水压.

四、生物拟螺线的形成及对人类的启示

根据古生物学的知识和有关文献记载，迄今在生物体上形成的拟螺线形态，并非原来就有，而是它们在各自生存的环境中，由于光照、大气的压力、水的压力等各种外部条件的作用，而促使生物自身的反馈系统将这种信息接收并传递到生物控制系统，通过控制系统使其形态发生一些微小的变化. 随着时间的

推移,若干次微小的变化将逐渐形成一类适应生存环境的曲线——螺线.

比如古生物学的研究表明:头足类动物外壳的形状(如鹦鹉螺)在几万年前是直的或微弯,经过进化形成平旋.接着发展到不同平面的开旋,最后才形成不同平面的包旋(即现在这种形态).由此可见,生物体上的拟螺线是生物界在漫长的生存斗争中优胜劣汰、通过自然选择出的一种优化曲线.

这种优化曲线的确来之不易.它不仅使生物适应了其生存环境,延续下来,也应当引起人类的关注和重视.作为一种优秀的模型,它将使人们在未来的建筑、机械、船舰、潜艇、飞船、飞机等的设计中受到启迪和借鉴.当然,生物体上的优化曲线远不止这些.还有更多千姿百态的优化曲线正等待人们去探索和发现.

参考资料

[1] 杨纪珂,齐翔林,陈霖编译.生物数学概论.北京:科学出版社,1982.
[2] 夏道行,吴卓人等.实变函数论与泛函分析.北京:高等教育出版社,1985.
[3] 左仰贤.动物生物学教程.北京:高等教育出版社,2001.
[4] 库克著.生命的曲线.周秋麟等译.长春:吉林人民出版社,2000.
[5] 齐钟彦等.中国动物图谱(软体动物).北京:科学出版社,1983.
[6] 陈阅增主编.普通生物学.北京:高等教育出版社,1997.
[7] 胡玉佳主编.现代生物学.北京:高等教育出版社-施普林格出版社,1999.
[8] 冯斌,谢光芝.基因工程技术.北京:化学工业出版社,2000.

生命的另一个奥秘

——浅谈生物数学与斑图生成①

生命是什么？生命从哪里来的？

这些问题从人类出现开始就是困惑的谜.历史上无数智者都想解开这个千古难题，从而不知衍生了多少诗歌、神话和宗教.几乎每一个宗教都认为自然万物是由神创造的，而且每种生命被创造出来后形态特征和生理特点就一成不变.随着时代的发展，神创论的说法不断被新的理论所挑战，最有力的挑战者就是英国的博物学家达尔文.他跟随“贝格尔号”军舰的环球考察遍游了南美洲、非洲和大洋洲，采集标本，挖掘化石，发现了许多没有记载的新物种.在考察过程中，达尔文也一直在思索着生命的奥秘，世间万物究竟是怎么产生的？它们为什么会形态各异？它们彼此之间到底有什么联系？根据科学考察的发现，达尔文在1859年出版了《物种起源》，提出了物种在不断地变化之中，由低级到高级、由简单到复杂的演变过程，这标志着进化论在生物学中的正式确立.

一、生物学发展的两个里程碑

然而进化论也是历史上最有争议的理论.暂且不提所有教会的反对，即使在科学界反对的声音也不弱.从科学的角度来讲，进化论是有许多采集到的化石可以论证，但是和物理科学

① 史峻平,《科学》第57卷(2005年)第6期.

的基本原理相比,它也只是一种虚设的理论,并没有任何实验室可以反复实验来验证.当然一百多年来有些进化论的捍卫者视进化论为不容讨论的绝对真理,这其实和神创论一样缺乏科学的态度,而把这一问题上升到意识形态高度,就更远离科学研究的初衷了.

不管怎样.达尔文的理论是近代生物学历史上最关键的第一步.在达尔文的年代,他所不能回答的问题是,生物究竟是怎样演化形成的.他也不敢想象这一过程是否能有一天像工厂里的生产线一样设计出来,毕竟那个时代物理、化学等学科和现代工程学都还在萌芽阶段.生命的奥秘是什么,这个问题在达尔文时代还没有答案.

从进化论的诞生之日向后推移近一百年.在20世纪中期,另一个生物学上的里程碑被树立了,那就是生物体中DNA双螺旋结构的发现.20世纪的前50年可以说是物理学的黄金时期,物理学的发展推动了整个科学技术的前进,也潜移默化地促成了生物学的这一重大发现.1953年4月25日,年轻的美国哈佛大学科学家沃森(J. Watson)和英国剑桥大学科学家克里克(F. Crick)在英国《自然》杂志发表题为《核酸的分子结构》的短文,正式提出DNA双螺旋结构模型.这一发现很快就获得了1962年诺贝尔生理学或医学奖,也被认为是20世纪最重要的科学发现之一.在2003年,世界范围都有不同形式的活动纪念DNA发现50周年.双螺旋发现50周年纪念日前夕,多国合作的人类基因组序列图宣告提前绘成,人体DNA中30亿个碱基的排列顺序.已经成为各国科学家免费取用的数据.DNA双螺旋结构的发现无疑是人类历史上重要的一刻.

DNA究竟是不是生命的奥秘呢?可以说是,但又不完全是.这里引用英国著名科普作家斯图尔特(I. Stewart)的书《生命的另一个奥秘》(*Life's Other Secret*)的解释:DNA是生命的第一个奥秘;在地球上每种生命体内,都有这种复杂的DNA分子密码,称为基因;这套密码宛如一部"生命之书",指导着生命体内的形态、生长、发育及行为.但是基因也并非生命的全部奥秘,它并不像工程用的蓝图,而更像菜谱上的烹饪方法;它会告诉我们要用哪些材料,用多少量,次序如何,但并不完全决定结果——菜谱和真正的美食还是不一样的.在生命诞生过程中,控制生命体成长,告诉生物如何应对遗传指令的,是物理及化学反应中的数学定律.数学如何控制生物体的生长,这就是生命的另一个奥秘!

其实人类早就明白生物的成长会依赖于自然环境中的物理和化学因素,中国古语中的"淮南桔,而淮北枳"已经就有这样的思想,然而使用数学来定量定性地分析这样的现象,还是要等到20世纪后半叶了.

二、描述生物生长的反应扩散方程

那么生命成长发育的数学定律究竟是什么呢？准确说来目前还没有哪种模型或方程，可以像牛顿力学那样可以被称为完全精确的数学定律，但是有一些数学模型或方程今天已经被许多生物学家和其他科学家认可．本文中主要介绍的，就是描述生物成长发育的反应扩散方程组(reaction-diffusion systems)．

首先认为生物成长是一种复杂的化学反应过程，其中可能有近百个甚至更多的化学物质参加反应．但是在生物体某一局部(像器官、组织甚至细胞)的反应，可能主要就是少数几种化学成分起决定性作用．以两种化学物质参加反应为例．从微观角度来看，两种化学物质的分子都像小球一样在介质中穿梭游弋，分子间如果碰撞就可能发生化学反应．物理学中分子的随机游弋被称为布朗运动，在数学中可以用扩散方程(热传导方程)来描述分子的分布密度函数；而分子间的化学反应则可以用一些反应函数来刻画．如果用 $u(x,t)$ 和 $v(x,t)$ 来代表两种化学物质的分布密度函数，x 代表空间中的一个点，t 代表时间，那么相应的反应扩散方程组是

$$u_t = D_u \triangle u + f(u,v)$$
$$v_t = D_v \triangle v + g(u,v)$$

在方程中，D_u 和 D_v 分别是两种化学物质的扩散系数，$f(u,v)$ 和 $g(u,v)$ 是两个二元反应函数，$\triangle$ 是多元微积分中的拉普拉斯算子，即对于每个空间分量的二阶导数之和．由拉普拉斯算子作为数学表示的扩散过程在各门科学中都被认可为物质自由运动的方式，既可以是微观世界的分子运动，也可以是大的生物种群的迁徙漫游．

反应扩散方程从十八九世纪就被欧拉、拉普拉斯、傅里叶等数学物理学先驱所研究，他们得到的数学结果和实际也很相符：热量(或者任何一种满足这一原理的物质)最后在一个与外界隔绝的空间中均匀分布．所以，扩散一般被认为是一种光滑化、平均化的物理过程．这一现象甚至对于一种物质的反应扩散方程都对．

在沃森和克里克发现 DNA 结构的前一年，1952 年，英国科学家图灵发表了一篇题为《生物形态的化学基础》(*The Chemical Basis of Morphogenesis*)的论文．他提出了上述的反应扩散方程组作为生物形态的基本化学反应模型，并且指出这一方程组可以有非常数平衡解．也就是说两种化学物质最后的分布状态可以是非均匀的，这和热传导方程及一种物质的反应扩散方程的解都大相径庭．这篇论文今天仍被视为生物数学的奠基之作．

图灵对于反应扩散方程组的想法基本是这样：如果方程有一个常数平衡解

(u,v)，也就是代数方程组 $f(u,v)=0, g(u,v)=0$ 的解，而且这个解对于常微分方程组 $u'=f(u,v), v'=g(u,v)$ 是稳定的；但是再加上扩散后这个解就变成不稳定的，那么就称这个解具有扩散所诱导的不稳定性. 因为扩散往往给物理系统带来光滑性、稳定性，所以这一想法乍一看可说是有违常理. 但是图灵指出. 如果两个扩散系数相差很大时，这种现象是可能发生的，并且当常数解变不稳定后，也就间接说明依赖空间变量的非常数解的存在性. 图灵认为，这种非常数解恰好说明生物在生长历程中为什么形态各异，而不是单一结构，甚至也隐含了细胞结构分裂、分化的物理化学过程. 图灵的理论在当时恐怕比DNA结构的发现更为大大超前，以至于发表后的前20年默默无闻，然而在1970年后成了非线性科学发展的重要动力之一.

在新旧世纪交替的2000年，美国《时代》周刊评选的20世纪对人类发展最有影响的100名人物中，图灵和沃森，克里克都在仅有20名的"科学家，思想家"栏中榜上有名.

三、默瑞斑图与化学振荡反应

图灵理论有一个很有意思的应用：猎豹身上的斑点是怎样形成的，或者更广泛说来，动物皮毛上的斑点和条纹是怎样形成的. 这一理论的始创者，是英国牛津大学和美国华盛顿州大学现已退休的生物数学家默瑞(J. D. Murray)，他的著作《数学生物学》在2002/2003年出了第三版，洋洋洒洒的两册近1 400页，是生物数学家抑或数学生物学家案头必备的著作.

动物园里最吸引人的就是皮毛色彩斑斓的斑马、老虎和金钱豹了. 为什么有些动物身上有斑点，有些有条纹，而有些就是单色呢？默瑞认为，所有哺乳动物身上的斑图形态(pattern)是同一反应扩散机理造成的：在动物胚胎期，一种他称为形态剂(morphogen)的化学物质随着反应扩散的动力系统在胚胎表面形成一定的空间形态分布，在随后的细胞分化中形态剂促成了黑色素的生成，而形态剂的不均匀分布也就造成了黑色素的空间形态. 黑色素正是产生肤色或皮毛颜色的基本化学物质，现在备受女性青睐的各类美白护肤品的原理，就是抑制人皮肤上黑色素的生成，而动物们没有福气使用这些产品，所以身上只好斑斑点点啦.

在这里. 反应扩散方程组是定义在一个稍扁的圆柱体表面(动物表皮)加上一个长长的圆柱体表面(尾巴)上. 这样写成的非线性反应扩散方程组一般是找不出解的表达式的，但是按图灵的想法可以判断常数解的稳定性，并得到在常数解附近线性化方程解的公式. 这个公式是一个傅里叶级数. 但是通常只有前面若干项起决定作用，方程的非常数解也大约可从这几项的相应空间特征

(a)

(b)

图 1　**动物的毛皮颜色变化具有数学特征**　法国的瓦莱山羊(b)的毛皮颜色变化代表了在$[0,\pi]$区间内变号一次的$\cos x$,颜色由黑变白;而英国的加罗韦奶牛(a)和中国的大熊猫恰好是$\cos 2x$,在相同区间内变号两次,颜色变化为黑－白－黑.

函数决定.拉普拉斯算子在圆柱体表面上的特征函数正是两个方向的余弦函数之乘积,即$\cos(nx/a)\cos(2my/b)$,这里a,b分别是动物身体长度和"腰围",m,n是自然数或者零,x,y是两个方向变量.这样的特征函数的图像正好是条纹(如果$m=0$或$n=0$)或者斑点.究竟哪个特征函数图像出现在动物身上取决于很多自然因素,最重要的是a和b的比例.a/b不太大或小时,两个方向都容易在特征函数中出现,所以斑图倾向于斑点型;a/b很大时.特征函数就容易是一个方向的余弦函数,斑图就是条纹.用这么一点简单分析,就可以得到生物学两条"定理"了:

"定理"一:蛇的表皮一般总是条纹状,很少斑点状.

不相信这个规律的朋友不妨找一些蛇的图片来验证一下,有名的毒蛇如金环蛇、银环蛇都是条纹状表皮的典型.蛇正是动物身体长度和宽度比例很大的最好例子.根据同样道理,蛇的条纹也大多是横条,很少竖条.

"定理"二:世界上只有条纹尾巴,斑点身体的动物,而没有条纹身体,斑点尾巴的动物.

大家可看到身体和尾巴都是条纹的东北虎,身体和尾巴都是斑点的雪豹,条纹尾巴、斑点身体的猎豹,唯独没有条纹身体、斑点尾巴的动物!因为对同一种动物,在身体和尾巴上的反应扩散方程组是一样的,而尾巴长宽比例远大于身体长宽比例,所以如果尾巴是斑点,身体就不太可能是条纹了.大自然真是根据特征函数来创造世间万物吗?从上面有趣的理论还不能下这样的断言,但是真的能在动物中找到数学的特征函数.不相信?有一种法国瓦莱山羊代表了变号一次的$\cos x$、而英国的加罗韦奶牛和中国的国宝大熊猫恰好是正负$\cos 2x$,变号两次!

看到这里,你不能不叹服数学理论的威力,但恐怕也有些怀疑这理论是不是太玄一点了,它是不是真有科学性呢? 同样类似的理论也被应用到贝壳图案的生成、热带鱼身体条纹的生成,这些科学研究在过去 20 年里可说是方兴未艾. 但这些有趣的研究和许多今天理论生物学的探索一样,都只是一种理论或假说,生物的复杂性使得这些理论还远未达到可以用实验手段验证的地步,这也许正是当代生物学引人入胜的地方. 例如默瑞动物表皮斑图理论中称作形态剂的化学物质,实验生物学家至今无法找到,以至于默瑞本人也在他的著作新版中谨慎地指出:尽管真正的动物皮毛和反应扩散数学计算图形的对比非常诱人,并不表明这一理论就是正确的,只是目前还没有更好的解释而已. 因此,人类距离揭开整个生命的奥妙还很遥远.

相比之下,过去 50 年中,图灵理论在与生物形态学并行发展的化学反应理论中的应用要更加科学一些,毕竟单纯的化学要比无比复杂的生命体更容易在实验室中控制. 1951 年,苏联化学家伯洛索夫(B. P. Belousov) 发现某些化学药品的混合物会有某种振荡反应,也就是化学物质经历一种规则的周期变化. 传统的理论是化学反应总是热力学平衡态,周期振荡无疑是离经叛道,所以当伯洛索夫想在化学杂志上发表他的研究结果时,审稿人的意见是"这样的反应不可能". 伯洛索夫花了六年时间完善实验,把文章投到了另一杂志,而编辑坚持他先把文章缩短为通讯才予以考虑. 已经年迈的伯洛索夫灰心了,最后只在一个不起眼的会议论文集里把他的结果登了一个摘要. 幸好他的化学药品混合物的配方流传下来了,1961 年,莫斯科大学的化学研究生扎鲍京斯基(A. M. Zhabotinsky) 略为改进了伯洛索夫的配方,也得到了类似的结果,随后几年他和其他科学家进一步改进简化实验. 使得实验结果不仅有时间上的周期变化. 还有空间上的自组织形态.

伯洛索夫-扎鲍京斯基反应(BZ 反应) 在 1960 年后期被介绍到了西方,很快就引起了强烈反响. 许多新的化学振荡系统被发现,到 1980 年代化学振荡机制已经得到了较为系统的研究. 在这一过程中,图灵的文章也逐渐被化学家重新发现,而反应扩散方程组正是可以刻画振荡化学反应的数学工具. 在 BZ 反应中观察到的螺旋波(spiral wave) 和同心波(target wave),恰好也能在反应扩散方程组的某些解中发现. 但是化学家也发现,他们所设计的各种化学振荡系统都倾向出现波型斑图,而并不是图灵最初预计的斑点和条纹. 直到 80 年代末到 90 年代初,法国波尔多大学和美国得克萨斯大学的两组科学家,终于设计出了一种空间开放型化学反应器,使得系统内只有反应和扩散过程在进行,他们的结果提供了第一个图灵斑图的实验例子:CIMA(Chlorite-Iodide-Malonic Acid) 反应. 实验室里的化学反应产生的斑图和大自然产生的天然图案竟然无比相似! 至此,图灵对于生物发育理论的奇想,至少用真正的化学反应实现出来了.

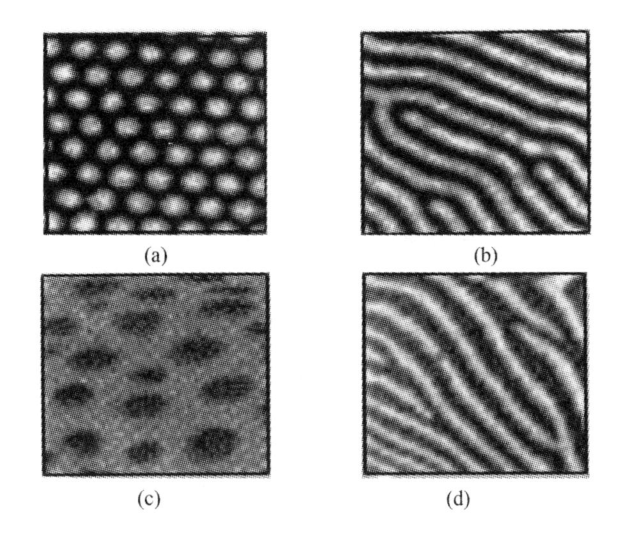

图 2 **图灵理论在化学反应中的体现** 利用一种空间开放型化学反应器进行图灵斑图的实验,CIMA 反应中产生的斑点(a) 和条纹(b) 分别与猎豹身体上的斑点(c) 和斑马身上的条纹(d) 极其相似

四、布拉赫、开普勒和牛顿序列

在半个多世纪前的不列颠岛,沃森和克里克发现了生命的一大奥秘:DNA 的结构. 与此同时,在岛的另一边,图灵揭示了生命的另一奥秘:生物发育的数学规律. 人们现在是否掌握了生命的奥秘呢? 从斑图形成学说来讲,人们发现反应扩散方程组在计算机模拟下,可产生许多奇妙甚至匪夷所思的时空斑图;在实验科学中,能够设计出化学反应具有某些反应扩散方程组所预测的时空斑图. 然而,它们是不是真的能科学地验证生物世界中千姿百态的神奇现象,中间可能还要经过漫漫长路. 当今计算机编程祖师克努特(D. Knuth) 在一次接受记者采访时说,计算机科学经过 50 年激动人心的发展,也许大部分伟大的发现都已完成. 而生物学,他认为还需要未来科学家 500 年的辛勤工作!

现代物理学从牛顿出生到今天还不足 400 年. 生物学的发展真那么难吗? 而数学在生物学的发展中究竟能起什么样的作用呢? 现任英国皇家学会会长梅(R. May)2004 年在美国《科学》杂志一期生物数学专刊上,发表了文章《数学在生物中的使用和滥用》. 梅爵士本人正是在 1970 年研究生物种群模型时. 发现了差分方程的混沌现象而成名的. 他说:"数学在自然科学中的使用,以超简略的方式描述,那就是经典的布拉赫、开普勒和牛顿序列:观察到的事实,与观察相吻合的潜在规律,解释规律的基本原理."

所谓布拉赫、开普勒和牛顿序列是经典天体力学历史上的一段故事.丹麦贵族布拉赫(更多时称为第谷)是他的时代中最伟大的天文学家,他花了几十年时间进行天文观测,积累了大量观察数据和资料.德国科学家开普勒是布拉赫晚年助手,布拉赫临终前将自己多年积累的资料全部交给了开普勒.开普勒经潜心研究,在1609年出版了他的天体运行三大定律.然而开普勒的定律虽然基本正确,但毕竟是猜测出来的经验规律.最终,牛顿应用微积分证明了开普勒三大定律,从而奠定了天体力学的理论基础,也完满地完成了从布拉赫开始的这一段科学探索.梅引用这段典故来说明科学研究的一般进程.

图3　伯洛索夫－扎鲍京斯基反应中的螺旋波和同心波

那么生物学的发展现在到了哪一阶段呢?数学在其中起了什么作用呢?梅举了目前备受关注的人类及其他生物基因组的工作为例.他认为,在这项识别DNA的双螺旋结构和作用的探索中,经典数学物理起了中枢作用.在下一个关键步骤中,生物化学的进展使得30亿个碱基长的人类基因组被切割成可处理的片段.把基因组分段重组得到最后的完整人类基因组,需要大量的计算能力和复杂的软件,这本身也需要新的数学.然而,这种基因组工程仅仅是生物上的布拉赫阶段而已!目前对各种基因组进行识别整理的工作,正是开普勒阶段,其中也有大量优美的数学参与.最终的牛顿阶段才刚刚开始(如果确实开始了的话),来考虑这些模式和规律背后更加深刻的演化问题.在这牛顿式的索求历程中,数学模型会以与前面阶段不同的方式出现,各种关于生物机理的猜测将用数学术语来明确,而结果会用来与观察到的模式和规律比较测试.

本文所介绍的反应扩散方程组数学模型,正是在从20世纪后期到今天生物学日新月异大发展的背景下,理论生物学家、数学家、物理学家和化学家一起,对于生命的奥秘这一人类最大问题所做的一种猜想或者模拟.揭开生命真正完全的奥秘,也许悲观如克努特(他无疑是我们这个时代的智者之一)所说还要500年,或者能在21世纪这被称为生物学世纪的百年中涌现下一个牛顿呢?然而有一个规律是非常清楚的:在新的世纪,面对新的科学挑战,完成这一使命的科学家将不能仅仅是数学家、物理学家、化学家或者生物学家,而必须是各个科学分支的通才、全才——让我们回到牛顿时代,简单地称为科学家.在20世纪前,科学家并没有明确的分工,只是随着科学分支的逐渐庞大和细化,才出现了不同称谓,甚至在20世纪下半叶,各学科间都各自发展,不相往来.然而,合久必分,分久必合,新的科学正是各传统科学的交叉点.最后以牛顿近300年前的哲言做结语,今天听来仍有其现实意义:我不知道世人对我看法如何,我只觉得我好像是个在海边嬉戏的小男孩,有时钻入水里,找到一块光滑的鹅卵石或者漂亮的贝壳,而真理的广阔海洋就在我的面前,仍然未被发现.

(本文基于作者2004、2005年在美国和中国多所大学、高中所做通俗科普报告;作者的研究工作得到美国国家自然基金DMS-0314736、EF-0436318,威廉玛丽学院及黑龙江教育厅海外学人科研治(合作)项目支持.)

参考资料

[1] Darwin C. *Origin of Species*. Gramercy,1995(originally published 1859).

[2] Doernberg D. *Computer Literacy Interview With Donald Knuth*. December 7th,1993. http://www.literateprogramming.com/clb93.pdf.

[3] Epstein I R,Pojman J A. *An Introduction to Nonlinear Chemical Dynamics: Oscillations,Waves,Patterns and Chaos*. Oxford University Press,1998.

[4] May R M. Uses and Abuses of Mathemtics in Biology. *Science*,2004,303:790.

[5] Murray J D. *Mathematical Biology*. Third Edition. Ⅰ. An Introduction. Interdisciplinary Applied Mathematics,17. New York:Springer-Verlag,2002;Ⅱ. Spatial Models and Biomedical Applications. Interdisciplinary Applied Mathematics,18. New York:Springer-Verlag,2003.

[6] 欧阳颀. 反应扩散系统中的斑图动力学. 上海:上海科技教育出版社,2000.

[7] Stewart I. *Life's Other Secret: The New Mathematics of the Living World*. Wiley,1999.

[8] Watson J D,Crick F H C. A Structure for Ddeoxyribo Nucleic Acid. *Nature*,1953,4356:737. http://www.nature.com/nature/dna50/watsoncrick.pdf.

[9] Turing A M. The Chemical Basis of Morphogenesis. *Philosophical Transaction Royal Society of London*,1952,B237:37.

进化博弈理论[1]

在许多动物种群中，为何雌性和雄性个体数量大体相等？当雄鹿之间进行咆哮竞赛时，为何双方都避免正面冲突导致重伤？工蜂为何自愿放弃繁殖能力，而抚养蜂后的后代？树木为何不会无限生长？…… 美国著名进化生物学家杜布然斯基(T. Dobzhansky) 曾经说过："如果不按照进化思想思考问题，生物学的一切将无法理解."

一、达尔文的遗憾

从远古至今，生命从何而来，将如何发展，进化机制是什么？一直困扰着人类. 直到 1859 年，达尔文(C. Darwin) 划时代的巨著《物种起源》的出版，才一点点揭开生命进化的神秘面纱. 达尔文受到马尔萨斯(T. Malthus)《人口论》的启发，意识到资源对生物的限制，生物个体在竞争资源时，经过自然选择，优胜劣汰，选择是进化的动力. 但是，达尔文仍困惑于为何种群能维持如此之高的多样性，以供自然选择压力作用. 事实上，奥地利传道士兼植物学家孟德尔(G. Mendel) 已经完成了遗传实验，并将结果发表在《布尔诺博物学会年刊》(*Annals of the Brno Academy of Sciences*) 上. 只是他的工作当时并没有受到其他人的重视.

[1] 李镇清，王世畅，《科学》第 61 卷(2009 年) 第 5 期.

达尔文曾经说过:“我很遗憾没能将这些结论上升到数学的高度,从而为解决这些问题提供新的启示.”在看完了1859年出版的《物种起源》之后,工程师詹金斯(F. Jenkins)对达尔文的理论提出了挑战:如果子代以混合的方式继承了亲代的性状,那么个体间差异(变异)将随着世代的推移而逐渐消失.尽管这一问题不易察觉,但它仍是达尔文理论中最为基本的缺陷.几十年后,英国数学家哈代和德国医生温伯格分别通过简单的数学公式证明了孟德尔(微粒)遗传正是随机交配下维持遗传多样性的机制.哈代－温伯格定律是有性繁殖种群进化的基本原理之一.

二、生物进化与博弈论

1930年,英国统计学家和遗传学家、进化生物学家费希尔(R. A. Fisher)、遗传学家霍尔丹(J. B. S. Haldane)以及美国遗传学家赖特(S. G. Wright)等将统计学引入到进化生物学的研究中,创立了群体遗传学.他们的研究表明,群体中一般都隐藏着大量的遗传变异,而进化的方向和速率都是由自然选择决定的.1937年,杜布然斯基根据自己的野外观察和细胞遗传学的研究,将自然选择学说与现代遗传学结合起来,出版了《遗传学和物种起源》,将遗传学和进化联系在一起,奠定了现代综合进化论的基石.按照现在综合进化论的观点,种群是生物进化的基本单位;突变和基因重组提供进化的原材料;自然选择导致种群基因频率的定向改变,生物进化的过程实际上是生物与生物、生物与无机环境共同进化的过程,进化导致物种多样性.

群体遗传学模型可以描述基因频率的变化过程.然而它是否能够充分描述自然选择的过程呢?遗传学模型能描述那些性状或行为被自然选择保留下来,但是并不能解释它们为什么能够被保留下来.研究性状或行为为什么被保留下来时,尤其是在频率制约选择的情况下,就需要建立性状或行为进化的数学模型.

二战后期,在研究政治和经济问题的背景下,计算机之父冯·诺依曼和经济学家摩根斯坦(O. Morgenstern)合做出版了《博弈论与经济行为》,这标志博弈论的正式诞生.博弈论主要研究决策问题,即在博弈规则下,如何权衡自身的利益得失,采取最合理的策略.如果把自然选择作为一场博弈来看,那么,进化过程就是一场博弈.只是此时,关心的焦点不再是具体哪个个体会获胜,而是究竟什么样的策略会被保留下来.在博弈论诞生之前的1930年,费希尔在研究性别比时进化博弈思想就已萌芽.1967年,哈密尔顿首次将博弈论方法引入到生物学领域.

长期以来,一个一直困扰生物学家的问题是,利他行为是如何被保留下来的？由于利他行为意味着牺牲个体利益使对手获得好处，因此，利他并不是经济学上的理性选择．比如为了争夺资源（食物、配偶），一个物种的成员彼此之间要进行争斗．在这种争斗中，那些能凶狠地攻击、杀死对手的个体似乎更有生存优势．因为它们能够消灭潜在的竞争对手．但是大量的野外观察表明，动物之间在为某些有价值的目标（如配偶、食物、场所等）而争斗时，并非总是拼得你死我活，而往往是适可而止，靠虚张声势就决出了胜负．为什么它们会表现得如此“文雅”，并不置对手于死地呢？群体选择（group selection）学说认为这是因为用仪式争斗法解决冲突可以避免伤害，对物种的繁衍有好处．问题在于自然选择总是作用于个体，如果个体只是为了群体而牺牲自己利益，就会被群体中的自私自利者坐享其成，纯粹利他的个体将被自然选择所淘汰．对此，美国生物学家威廉姆斯（G. C. Williams）指出，基因才是自然选择的真正目标，自然选择是经由基因之间的竞争而实现的．这个“基因选择”学说后来被英国动物学家道金斯（R. Dawkins）形象地称为“自私的基因”而广为人知．

基于基因选择学说，1973年，英国理论生物学巨匠梅纳德－史密斯（J. Maynard Smith）和美国学者普赖斯利用具有五种策略的矩阵博弈模型及计算机模拟解释了动物仪式化争斗行为的形成机制，提出进化博弈理论中最重要的概念——进化稳定对策（evolutionary stable strategy，ESS）．当一个种群中的个体都采用进化稳定对策时，采取其他策略的个体不会具有更高的适合度，从而无法入侵．随后，在1982年，梅纳德－史密斯在其著作《进化与博弈论》（*Evolution and the theory of games*）里应用进化博弈方法针对动物斗争中的行为进化问题建立模型，分析其进化过程，给出进化稳定对策判别的充分必要条件（纳什均衡及稳定性条件），特别讨论了生活史策略、合作行为等进化机制，进一步完善了进化稳定对策概念和进化博弈理论框架．

进化博弈理论融合了进化论和博弈思想，自然选择作用下的性状或行为的进化过程被看作博弈过程，博弈中的参与者是生物个体．策略是它的某种性状或行为，如树的高度、种子的大小、攻击行为、合作行为等．策略集合是所有在进化上可能的策略，譬如说策略集合中只有两种策略，A或B，那么有些个体使用A，有些个体使用B．“支付”（payoff）描述了使用某一种策略的个体与群体中其他个体相遇后所得到的收益或付出的代价，可以用个体的适合度的改变来描述，其中适合度指繁殖成功率．例如，在一场资源争夺战中，使用A策略的个体，在战争中获胜，从而获得更多的资源，后代数量增加3个，它的支付就为3；使用B策略的个体在战争中损失资源，后代个体数减少2个，它的支付就是－2．而且采取某一策略的群体的适合度的改变会受整个群体中策略比例的制约，即在整个群体中，A策略者所占的比例必然会影响B策略者的平均适合度的改变．反之，B策略者所占的比例也必然会影响A策略者的平均适合度的改变．因此，进化博弈理论是研究频率制约选择下生物行为进化机制的一个理论体系.这是继达尔文提出自然选择学说后,经济学和生物学的第二次碰撞.

三、进化博弈论的观点释例

下面笔者就用进化博弈的观点来简单解释文章开头提出的问题.

植物的高度无疑会增加它获得光照的机会.但是,所谓"树大招风",植株长高同时需要付出更大的代价:如易受病虫害侵袭,水力结构限制根和叶的营养交换.因此,植株的高度增加不仅仅取决于其生理结构,还取决于其他个体所采取的生长策略.这其中隐含一种利益权衡机制,或者说这也是一种博弈.2003年,法尔斯特(D. S. Falster)和韦斯特比(M. Westoby)对从博弈角度研究树木高度的14类模型进行了分析.

在进行有性繁殖的二倍体种群中,费希尔指出,如果以子二代的数目变化作为适合度.进化上稳定的性别比将是1∶1,这里性别比是指后代(子一代)的平均性别比例.如果种群的性比发生了偏离,比如子一代中雄性多于雌性,对于子二代来讲,每个个体都有一对父母,在随机交配的前提下,子一代中雌性个体能够得到比雄性更多的繁殖机会.能够产生较多雌性后代的个体会受到自然选择的青睐,从而种群的平均性别比将重新回到1∶1.

四、稳定的性别比为什么在1∶1

假设种群中的平均性别比为m(为了方便,这里性别比是指它后代的雄性比率),设子一代F_1的种群数量是N_1[雄性数量为mN_1,雌性数量为$(1-m)N_1$],子二代F_2的种群数量是N_2.对于F_2中每个成员来说,它都有一父一母,F_1中一个特定成员是其父的概率为$\frac{1}{mN_1}$,从而F_1中一个雄性的总的期望后代数为$\frac{N_2}{mN_1}$(假设随机交配).同理,F_1中一个雌性的期望后代数为$\frac{N_2}{(1-m)N_1}$.则一个具有性别比p的个体子二代的期望数量正比$\frac{pN_2}{mN_1}+\frac{(1-p)N_2}{(1-m)N_1}$,即其适合度正比于$w(p,m)=\frac{p}{m}+\frac{1-p}{1-m}$,对于给定的$m\in(0,1)$,$w(p,m)$是关于$p$的函数,在$m<\frac{1}{2}$时单调增加,$m>\frac{1}{2}$时单调减少,$m=\frac{1}{2}$时为常数.

雄鹿间的资源争夺战,梅纳德-史密斯使用鹰-鸽博弈进行了描述.假定个体在竞争时，只采用两种极端的战术："鹰派"不顾一切地搏斗下去，直到一方受重伤或死亡而失去搏斗能力为止："鸽派"或者只是虚张声势地吓唬一番，一旦搏斗真正开始，就逃之夭夭. 很显然，一个完全由鸽派组成的群体不可能是稳定的. 因为如果突变出了一只鹰派，在与鸽派搏斗时战无不胜，并能够得到更多的资源，它的鹰派后代也会越来越多. 但是，一个全部由鹰派组成的群体也不可能是稳定的. 因为如果突变出了一只鸽派，虽然它在搏斗中每战都逃之夭夭，但是也不会有伤亡，而鹰派彼此之间的争斗会有伤亡，这样，在一个由鹰派组成的群体中，作为鸽派有生存优势，它的基因就会在后代中传播开来，鸽派在后代中会越来越多. 只有鹰派和鸽派各占一定的比例，这个群体才达到了进化稳定策略状态. 如果在战争中受伤的代价远远大于获胜的收益，那么在达到平衡时，鹰派所占比率会很小. 由于雄鹿角的直接对抗对彼此都会造成致命伤害，这也就解释了为何大多数雄鹿会采取仪式化战斗.

对于工蜂自愿放弃繁殖能力，而抚养蜂后的后代这种更加极端的利他行为，哈密尔顿提出了"亲缘选择"的概念. 蜜蜂这种社会性的昆虫有一套独特的遗传系统：受精卵发育成工蜂和蜂后，未受精的卵细胞则发育成雄蜂. 工蜂的基因一半来自蜂后，一半来自雄蜂，而雄蜂只有来自蜂后的那一半. 因此，对于工蜂来说，她们来自蚁后的那一半基因有二分之一概率相同，来自雄蜂的那一半则是完全相同的，个体间的遗传关系不像人那样只有二分之一，而是四分之三. 这意味着如果他们生儿育女，与后代的遗传关系不过为二分之一，还不如她的姐妹亲. 因此，对于工蜂来说，与其自己繁殖，不如一心一意照顾蚁后产生的后代（也就是她们的姐妹），那样更有利于保存自己基因.

五、合作进化

"亲缘选择"解释了蜜蜂的利他行为，但是在自然界中，并非所有的利他行为都发生于亲属之间. 在某些鸟类种群中，存在一些帮助者，它们协助其他个体喂养幼鸟，如大山雀帮助杜鹃抚养后代. 在梅纳德－史密斯提出进化博弈的理论框架之后，为了进一步探索非亲近个体间的利他行为的进化机制，密歇根大学政治学家阿克塞尔罗德（R. Axelrod）基于重复囚徒困境模型的计算机模拟竞赛的结果，出版了《合作的进化》（1984 年），书中描述了在重复博弈下合作的互惠利他主义及其进化机制，发展了合作进化理论.

互惠利他主义是指两个无亲缘关系的个体之间通过相互合作交换适合度的行为. 一个个体之所以冒着降低自己适合度的风险帮助另一个与已无血缘关系的个体，是因为它可以在日后与受惠者再次相遇时有可能得到回报，以便获益更大. 回报才是互惠利他主义者的真正目的，这次利他是想在下次更有益于自己.2006 年哈佛大学诺瓦克(M. A. Nowak)等再次以囚徒困境模型为基础,从进化博弈的角度分析了合作的五种进化机制:(1) 亲缘选择;(2) 直接互惠;(3) 间接互惠;(4) 网络互惠;(5) 群体选择.

六、进化博弈理论的数学模型

在进化博弈理论发展过程中,每一次进步都离不开利用数学模型对涉及进化的争论和思想的精确表达和推导.1964 年哈密尔顿第一次将博弈论方法引入到生物学领域,发现"自私的基因"的选择有利于促进亲缘个体间产生利他行为.1973 年梅纳德－史密斯提出进化博弈理论及其后来进一步完善进化博弈理论框架.70 年代中期,理论生态学家梅革命性地将数学方法引入到生态学和流行病学之中.诺贝尔化学奖得主德国化学家艾根(M. Eigen)和奥地利生物物理学家舒斯特(P. Schuster)创建了准种理论,把遗传进化、物理化学和信息论联系到一起.1978 年,数学生态学家泰勒(P. Taylor)和琼克(L. B. Jonker)将种群生态学与博弈论结合,建立微分动力系统(即复制方程),描述各表现型在种群中的频率的变化过程,频率变化率正比于其适合度与种群平均适合度之差.其中各表现型的适合度通过支付矩阵得到.复制方程的驻点(极值点)恰好对应表现型平衡状态时各表现型的频率,通过讨论驻点的稳定性,可以得到表现型平衡状态的稳定性.两表现型多态平衡点的稳定性与混合对策的稳定性完全等价,多表现型连续动力系统中,如果混合策略进化稳定,则对应的种群状态是进化稳定的.从而建立了进化稳定对策和复制方程稳定驻点之间的关系,有利于研究种群进化的动态过程.

1981 年,霍夫鲍尔(J. Hofbauer)指出复制方程和种群动力学经典模型洛特卡－沃尔泰拉(Lotka-Volterra)方程的等价性.霍夫鲍尔和西格蒙德(K. Sigmund)分别于 1988 年和 1998 年系统总结了进化博弈理论和种群动力学的发展,除复制动态外,还介绍了复制动态、适应动态、两性冲突模型等的发展,以及突变、重组等遗传背景下的进化博弈动态等.泰勒、霍夫鲍尔和西格蒙德就复制方程展开的相关研究,奠定了进化博弈动力学的基础.

七、进化动力学

以突变和自然选择为基础的达尔文动力学形成了生物种群适应和协同进化的数学模型的核心.进化的结果常常不是适合度最大的平衡点,而且可能包括波动和混沌.当研究频率制约的选择时,进化博弈理论的观点比最优化算法更适合.复制动力学和适应动力学分别描述表现型空间中短期和长期的进化,而且已经广泛地应用于动物行为、生态成种、宏观进化和人类语言等的进化. 数学是描述进化的最合适语言,因为基本的进化原理是一个数学性质的原理. 虽然进化论最早是用文字表达的,但随着时间的推移,进化论会越来越变成数学. 所有涉及进化的争论和思想都将以数学方程明确地表达. 如果有数学表达式存在,文字表达方法就不能令人满意,数学能清楚描述自然现象并能给出明确定义的论述. 正如诺瓦克在他2006年出版的专著《进化动力学》中指出的"我不知道生物学的最终认识将会是怎样,但有一件事情是清楚的:它将以进化过程的精确的数学描述为基础."

进化是对生命系统的设计和功能进行解释的最强有力的途径,其思想已经渗透到了生物学的所有领域. 原则上,进化生物学能够说明生命世界五彩缤纷的多样性和令人惊异的复杂性. 尽管进化博弈思想从萌芽至今才短短几十年,但是它已经被广泛应用到生物学的各个领域,它可以很好地描述基因、病毒、人类之间的相互作用,此外,它也已经渗透到人类学、经济学、哲学、政治、进化心理学等各个领域.

参考资料

[1] Axelrod R. The Evolution of Cooperation. New York: Basic Books, 1984.

[2] Dawkins R. The Selfish Gene. Oxford: Oxford University Press, 1976.

[3] Fisher R A. The Genetical Theory of Natural Selection Clarendon. Oxford: Clarendon Press, 1930.

[4] Hamilton W D. The evolution of altruistic behavior. American Naturalist, 1963, 97: 354.

[5] Hofbauer J, Sigmund K. Evolutionary Games and Population Dynamics. Cambridge, UK: Cambridge University Press, 1998.

[6] Maynard Smith J. Evolution and the Theory of Games. Cambridge, UK: Cambridge University Press, 1982.

[7] Nowak M A, Sigmund K. Evolutionary Dynamics of Biological Games. Science, 2004, 303: 793.

[8] Nowak M A. Five rules for the evolution of cooperation. Science, 2006, 314: 1560.

[9] Nowak M A. Evolutionary Dynamics: Exploring the Equations of Life. Cambridge: Harvard University Press, 2006.

数理语言学浅说①

现代语言学的特点之一，是朝着多学科综合研究方向发展. 近几十年来，语言学与其他科学相结合，成了一系列的边缘学科. 如语言学与社会学结合形成了社会语言学，语言学与心理学结合形成了心理语言学，语言学与数学结合形成了数理语言学，等等.

数理语言学是运用语言学理论与数学方法和数学模型来研究语言现象的一门学科.

马克思曾经说过："一种科学只有在成功地运用数学时，才算达到了真正完善的地步."[1] 数学不断地向其他科学渗入，人文科学中被它渗入的第一门学科便是语言学. 现代语言学的两位先驱者 —— 波兰－俄国语言学家博杜恩·德·库尔德内(J. Baudouin de Courtenay)和瑞士语言学家德·索绪尔(F. de Sausure)，早在本世纪初就已经认识到语言学必须同数学保持紧密的联系. 而在理论和实践上为数理语言学做好准备的，则是结构主义语言学派. 语符学派的代表人物、丹麦语言学家叶姆斯列夫(L. Hjelmslev)把语言看成一个纯粹抽象关系的系统，主张把语言的抽象理论同数学结合起来[2]. 描写语言学派的代表人物、美国语言学家布龙菲尔德(L. Bloomfield)则使语言描写方法在客观性和形式化方面达到了前所未有的高度，从而使语言研究中引进数学方法成为可能. 描写语言学派的后

① 戚雨村，徐振远，《自然杂志》第6卷(1983年)第4期.

期代表人物哈里斯(Z. S. Harris) 还撰写了《语言的数学结构》和《数理语言学》等论文(《数理语言学》一文载本刊1982年第5期). 哈里斯的学生、转换生成语法的创始人乔姆斯基(N. Chomsky) 在《句法理论的各个方面》一书中明确地说:"总之,完全可以预料,对语法形式属性所做的数学研究,会是一个潜力极大的语言学领域. 这一研究已帮助人们洞察了一些在经验上很重要的问题,而且将在未来帮助人们更深刻地洞察更多的问题."[3] 随着电子计算机的出现,语言学与现代数学、控制论、信息论和计算机科学密切联系,终于逐渐形成了数理语言学这门新兴的边缘学科.

到目前为止,数理语言学的研究大致可以划分为两个部分:统计语言学(statistical linguistics) 和代数语言学(algebraic linguistics). 统计语言学主要研究词汇和文体的统计特征,以及语言内在结构的统计规律;代数语言学主要研究语言的数学模型.

(一)

瑞士语言学家索绪尔指出:语言的语音表现形式,"只在时间上展开,而且具有借自时间的特征"[4]. 从概率统计的角度来看,语言是随时间而变化的函数,某个语言形式在话语中的出现及其分布位置都是随机现象. 在对语言素材进行宏观研究之后,可以发现大量语言随机现象中所蕴含的统计规律. 事实上,30年代中结构语言学对音位和语素的研究,在一定程度上就是以相对的统计特征为依据的. 描写语言学派在音位学中建立了音位的互补分布原理,而在语法分析中,研究语言形式的分布便成了它的全部内容. 当然,在当时的语言研究中,运用统计的概念和方法都是自发的. 到了50年代,语言学家开始自觉地把统计方法用来揭示语言的内部结构,从而使统计语言学成为"上升到计量科学水平上或计量哲学水平上的结构语言学",成为"语言学不可分割的部分"[5].

统计语言学包括三个方面,那就是词汇统计学、文体统计学以及对语言结构本身的统计研究,后者又称为狭义的统计语言学.

词汇统计学主要研究词在文本中出现的相对频率,此外还对有韵诗歌中的音位安排,以及对字母和某些语言形式的相对频率进行研究. 汉字是表意文字,因此汉语的词汇统计学包括对字的出现频率的研究. 1928年美国的康登(E. Condon) 指出,在一个足够大的文本中,包含着充分多的词数 n,对每一个词的出现频率 f 和这个词在统计序列中的编号 r 来说,$\log f$ 和 $\log r$ 的分布关系接近于一条直线,由此可以得到经验公式 $f \cdot r = C$,这里 C 是常数. 后来美国的齐夫(G. K. Zipf) 改进了这个公式. 他指出,当 $n \to \infty$ 时,频率 f 就成了概率 P,对统计序号为 r 的词来说,$P_r \cdot r = C$,这里的 C 是参数,接近0.1. 这就是语言学上有名的齐夫定律(Zipf's law). 后人的研究证明，齐夫定律还是不够精确的. 美国数理语言学家赫尔丹(G • Herdan)对普希金的小说《上尉的女儿》做了详尽的统计研究，他的结论是：词在文本中的分布是威林(Waring)分布. 赫尔丹还把理论计算值同实际统计值做了比较，发现两者是比较接近的. 英国的著名统计学家尤尔(G • Yule)则认为：词的分布更接近于泊松(Poisson)分布[6].

齐夫定律虽然不甚精确，但它比较直观地从数量结构上说明了文本中词汇的分布现象，为语言教学、机器翻译系统设计等方面的研究，提供了理论工具. 例如，有人运用齐夫定律来考察英语，计算统计序号从1到1 000的词的概率总和，得出的结论是：掌握了1 000个常用词，就能完成一般交际任务的80%. 因此很多外语教学工作者编制了常用词汇表和次常用词汇表，来帮助学生尽快地掌握外语词汇. 我国对于汉字的统计研究证明：最常用汉字只有560个，在用现代汉语的书籍报刊中，这560个字的概率总和竟达80%. 如果一个人掌握了1 000个常用汉字，他就可以认识文献中所出现汉字的90%；而掌握了3 700个汉字，就能阅读一般报刊的99.9%[7]. 这一研究成果对于中小学语文教学用字的确定，对于汉语－外语机器翻译和情报自动检索系统的研制，都是有重要意义的.

文体统计学是指对某部作品和某位作家所使用的语言形式进行统计研究，通过某些语言形式在数量上的比例来说明和确定作品或作家的文体特征. 当然，这一研究主要是考察语言词语在形式上的结构特征，不考虑它们的意义内容. 文体统计学的主要研究内容有：作家用词数量、专门用词的频率、词汇特征值 k、句子长度等.

作家用词数量的统计，是为了反映作家词汇量的丰富程度，下面是一个统计实例：

《圣经》(拉丁语)	5 649个词
《圣经》(希伯来语)	5 642个词
贺拉斯	6 084个词
但丁(《神曲》)	5 860个词
密尔顿	约8 000个词
莎士比亚	约15 000～20 000个词

但是这样的统计遭到不少人的抨击，他们认为用词的多寡无法说明作家的风格和艺术成就. 现在研究得比较多的是专门用词的相对频率. 法国语言学家对诗人马拉美(S. Mallarmé)和瓦莱里(P • Valéry)所做的文体统计研究，得出了饶有趣味的结论. 马拉美是19世纪法国象征派诗人的鼻祖，他的诗集中使

用频率最高的是“蓝天”“太阳”“蔷薇”等六个词.在现代诗人瓦莱里的作品中，使用频率最高的也是这六个词.而且在两人的作品中独占鳌头的都是“蓝天”这个词.这样就证实了瓦莱里曾受到马拉美的强烈影响.此外，还可以把一些辅助词和代词的使用作为统计的取样材料.美国底特律大学的研究人员对《上尉的女儿》进行了研究，他们发现普希金使用前置词 K 的频率远高于另一个前置词 y，而代词 ТЫ 的相对频率是代词 ux 的三倍.他们认为作家的专门用词频率，清楚地反映一位作家的文体特征.属于这一类的研究还有：统计形容词和动词的相对频率比例、比喻性词语的使用频率等.

词汇特征值 k，是尤尔根据均方差和期望值的概念提出来的.尤尔曾任英国皇家统计协会会长，他在《文学词汇的统计研究》[8] 一书中指出：统计序号为 x 的词有使用频率 f_x，令 $S_1=\Sigma f_x x$，$S_2=\Sigma f_x x^2$，就有 $k=\frac{S_2-S_1^2}{S_1^2}$.尤尔认为 k 值比较好地标志着一位作家所用词汇的集中程度，可以把 k 值作为判断作家文体特征的依据.尤尔还认为句子长度也是同样重要的依据.这指的是对足够多的句子做出统计，得到每个句子的用词数，然后再求出句子的平均用词数，以此来表明句子的长度.

综合运用上述的文体统计方法，可以帮助我们判断作品的真伪，确定作品出于哪一个作家的手笔，也有助于确定某些作家的生活年代以及作品成文的时代.

就像统计物理学一样，狭义的统计语言学也是把宏观特性看成微观量统计的平均结果，以此来解释语言系统的内在结构和各种语言形式的分布状态：赫尔丹曾经指出，在统计语言学看来，语言是选择加几率.在语言交际过程中所产生的具体语言形式，仅仅是这些语言形式的固有概率的反映.统计语言学可以从统计特征出发，对普通语言学中的理论做出解释.例如，索绪尔把言语活动区分成“语言”(langue) 和“言语”(parole)，前者指某个语言社团成员约定俗成的符号系统，后者指个人的说话行为，这是语言学中的一对重要理论范畴.统计语言学把“语言”解释成各种语言成分(如：音素、词、语法形式等)的使用概率的总和，因此它是统计总和.而“言语”则可以看作从统计总和中抽取出来的统计样本，是一种集体选择的结果；每个人独特的说话风格(或作品文体)则是个人选择的结果.统计语言学试图以这样的方法来建立起有关语言系统内在结构的理论.

统计语言学所关注的另一个重要问题是对语言中熵的研究.语言交际过程具有时间上的不可逆性，语言又是千百万人共同使用的交际工具，在同一个语言社团内，每一个人都按照自己的方式使用语言.这一切都使语言系统内标示无序状态的函数熵增加.但是语言系统不是封闭系统，而是开放系统，它同所处的社会环境有着密切的联系.因此语言系统在产生熵的同时,会从周围的社会中引入负熵.我们知道开放系统的熵可以这样表示:$dS = d_iS + d_eS$,$d_iS \geqslant 0$,d_eS 可以小于 0,负熵流的出现会抵制无序状态的发展.例如汉语在历史演变过程中,由于语音系统内入声、浊音声母等的消失,同音字大量增加,容易引起语义的混淆.为了表达明确的意义,人们在说话和写文章的时候不断地使词双音化,这就形成新的有序状态.正如控制论的创始人维纳(N. Wiener)所说:"讲话实际上是讲的人和听的人联合起来,反对混乱力量的一场博弈."因此任何一种"活"的自然语言,总具有一个远离平衡状态的高度有组织的有序稳定结构.法国数学家芒代尔布罗(B. Mandelbrot)曾对语言中词的最优分布长度做过理论计算,同时测量了许多自然语言和世界语中词的分布长度.结果他发现理论计算的结果同自然语言中词的长度分布的实测结果非常接近,而同世界语这样的人造语言却大相径庭.这说明经过自然选择,语言系统中所存在着的语言形式,一定会同最优分布状态非常接近.这也说明语言系统具有减少熵、保持有序结构的"自组织"能力.

现代统计语言学的目的在于根据量的描写给出质的评价,亦即依靠定量分析得到定性判断.对大量语言素材进行统计研究,计算工作是十分艰巨的,在这方面,计算机已经成为人们十分得力的助手,它可以提供某个音、某个词、某个短语甚至某个句子的出现频率,可以提供有关某个音同另一个音能否组合、如何组合、组合概率如何的数据.计算技术的进步,再加上普通语言学和非平衡统计力学的发展,为统计语言学开辟了广阔的前景.

(二)

代数语言学是本世纪 50 年代发展起来的.促使代数语言学发展的动力来自两个不同的研究领域,因此出现了两类不同的语言模型.一类是分析性模型(analytical model)[10],诞生于 50 年代的机器翻译研制;另一类是生成性模型(generative model),它主要来源于乔姆斯基对自然语言所做的研究.

分析性模型理论是从一个已知的语言集合出发,分析它的语句结构、构成元素及其相互关系.它运用自由半群等数学概念,来描写词类的形态变化和搭配能力,建立起支配关系,并运用某些点集拓扑的概念来描写语法性结构.这一理论在进行句法分析时,主要根据句子中词与词之间的依存关系,来建立核心词与其他词之间的从属关系和以核心词为中心的连通图,并运用图论的方法对句子结构做出分析.由于分析性模型的研究目前还处于局部模型化的阶段,进入实用阶段的分析性模型还比较少,因此广大数理语言学研究者更关注生成性模型.

生成性模型理论是从已知的一组语法规则出发，研究这个形式语法所生成的每一个语言集合的性质. 这一理论主要是以乔姆斯基的早期研究为依据的. 乔姆斯基在 1957 年版《句法结构》[11] 一书中，创建了转换生成语法(transformational generative grammar). 他在书中指出，研究自然语言时，应该寻求严密的形式化表达方法. 一部语法应该是一套数目有限而且可以观察到的规则的集合，这一有限规则系统能生成数目无限多的句子. 他认为只有这样的语法才能反映人类语言能力的创造性.

乔姆斯基针对过去语言研究中的归纳方法，运用数学中的递归函数理论和自动机理论，建立起一个演绎性的形式语言系统. 根据他的理论，某种语言 L 的字母表 V 可以定义为构成语言 L 的有限个符号的集合，如英语的字母表可以记为 $V=\{A,B,C,\cdots,Z\}$. V 中的符号从左往右按线性排列，构成长度有限的语符列或句子. 由于语法的生成性，一个语言所包含的句子总是无限多的，这些句子的集合可以记为 V^*. 而我们所研究的语言 L 总是 V^* 的一个子集，即有 $L \subset V^*$. V^* 中还包含了空集 $\varnothing$. 空集 $\varnothing$ 包括语言单位之间的间隔，如句子与句子、一段话语与另一段话语之间的停顿. 在口语中，它们表现为一段时间长度，在书面语言中，则表现为标点符号、段落之间的空行等. 此外，空集 $\varnothing$ 还包括句子中的一些成分，它们在实际使用中一般可以省略，例如："小王的个子比小张(的个子)高." 在规范汉语中，括号中的部分一般是不出现的，即以 $\varnothing$ 的形式存在于句子的结构中. 在描写句子的信息结构时，空集 $\varnothing$ 起着重要作用.

下面我们就来定义令人感兴趣的生成系统，即语言 L 的语法系统 G. $G=(V_N,V_T,P,S)$，其中 V_N 为非终端符号集，V_T 为终端符号集，P 为改写规则集，S 为起始符号. 这里 P 的一般形式为 $\alpha \rightarrow \beta$，α，β 都是 V^* 中的语符列，$\alpha \notin \varnothing$. 试以汉语为例运用 G 的形式来表达语法中的一个片段：

$G=(V_{\mathrm{N}},V_{\mathrm{T}},P,S)$，其中：

$V_{\mathrm{N}}=\{\mathrm{NP},\mathrm{VP},\mathrm{D},\mathrm{V},\mathrm{N}\}$

$V_{\mathrm{T}}=$ {这个，那个，一封，一幅，孩子，信，画，写了，画了，……}

$S=\mathrm{S}$

P: $\mathrm{S} \rightarrow \mathrm{NP}+\mathrm{VP}$

$\mathrm{NP} \rightarrow \mathrm{D}+\mathrm{N}$

$\mathrm{VP} \rightarrow \mathrm{V}+\mathrm{NP}$

D → {这个，那个，一封，一幅，……}

N → {孩子，信，画，……}

V → {写了，画了，……}

这里 S 表示句子，NP 表示名词短语，VP 表示动词短语，V 和 N 分别表示动词和名词，D 表示限定词. 通过推导，我们可以得到许多句子，如"这个孩子写了一封信”“那个孩子画了一幅画”,等.前一句的推导过程如下:S → NP + VP → D + N + VP → D + N + V + NP → D + N + V + D + N → 这个 + N + V + D + N → 这个 + 孩子 + V + D + N → 这个 + 孩子 + 写了 + D + N → 这个 + 孩子 + 写了 + 一封 + N → 这个 + 孩子 + 写了 + 一封 + 信.用树形图表示便是:

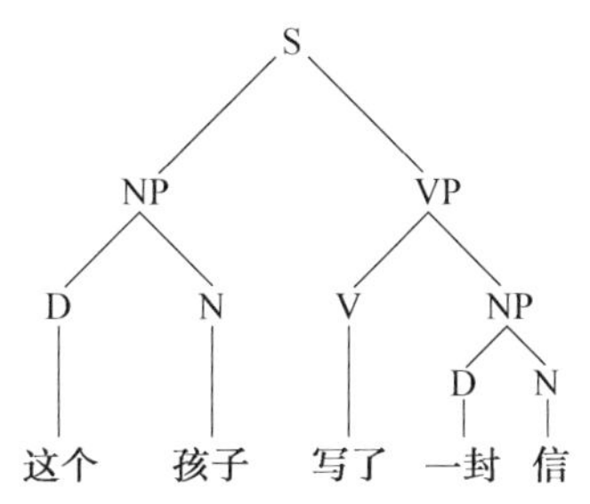

上面所定义的语法 G 被称为 O 型语法,它所生成的语言是 0 型语言,或称为递归可枚举语言(recursively enumerable language).如果在改写规则 P:$\alpha \rightarrow \beta$ 上添加某些限制,又可以分出三类语法模型,分别被称为受上下文限制语法(context-sensitive grammar)或 1 型语法,不受上下文限制语法(contextfree grammar)或 2 型语法,有限状态语法(finitestate grammar)或 3 型语法.从 0 型语法到 3 型语法,加在改写规则上的限制是逐步增加的,因此它们之间便有这样的关系:0 型 $\supseteq$ 1 型 $\supseteq$ 2 型 $\supseteq$ 3 型;显然,它们所生成的话语之间也存在着这样的关系.

有限状态语法的改写规则具有一般形式:$A \rightarrow Ba$,当 B 为空集 $\varnothing$ 时,有 $A \rightarrow a$,其中 a 是终端符号,A 和 B 是单个的非终端符号.如果我们把语法看成一种生成装置,那么就可以发现,每当这个装置从一个状态过渡到另一个状态时,就允许产生出一个符号来,一直到终端符号为止.这样经过一系列的状态过渡就可以得到一个词的序列,也就是句子.乔姆斯基借用信息论中的状态图来表示这种生成过程,如:

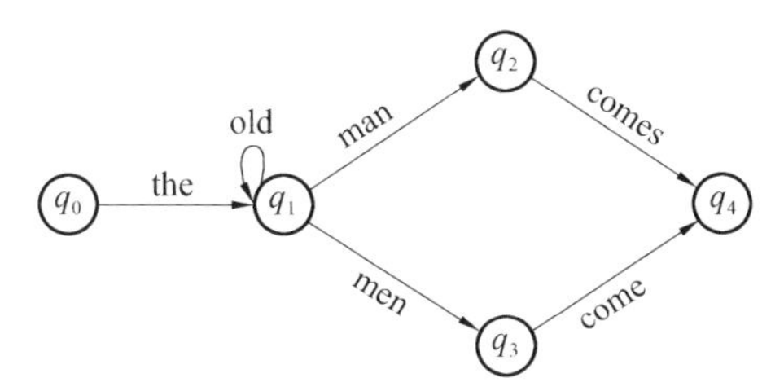

我们看到从起始态 q_0 到结束态 q_4,总是可以沿着箭头所指方向生成一个句子,如:the man comes,the men come.若在某个状态(如 q_1)处增加了封闭圈,就可以生成无限数的句子:the old man comes,the old men come,the old old man comes,….由此可见,在有限状态语法中,从一个状态过渡到另一个状态之后,可以沿着这状态所引导的任何一条途径前进,而不管以前是否走过这条

途径. 乔姆斯基指出，这一过程实际上是有限状态马尔科夫过程(finite-state Markov process). 也就是说，有限状态语法装置从时刻 n_0 的起始态 q_i 过渡到 n_0+1 时的状态 q_j 的概率仅仅与 n_0 时的状态 q_i 有关，而与装置在 n_0 以前的状态无关.

有限状态语法是一种最简单的语言模型，它的生成能力很弱，难以胜任描写自然语言复杂结构的任务. 乔姆斯基从理论上证明了，像英语这样的自然语言都不是有限状态语言. 他指出，对于自然语言的描写来说，短语结构语法(phrase structure grammar)是更为有效的模型. 短语结构语法又称为$[\Sigma,F]$语法，是在结构语言学的直接成分分析法的基础上建立起来的. 乔姆斯基的贡献是把这一理论形式化了，并把它区分成受上下文限制语法和不受上下文限制语法.

不受上下文限制语法的改写规则是$A\to\beta$，这里的 A 和β 都是语符列. 如果用 $|x|$ 来表示语符列所含成分的数量，那么加在改写规则上的限制条件可以表达为：$|A|=1$，$|A|\leqslant|\beta|$，也就是说 A 是只含一个成分的非终端符号，β 包含一个或多个成分. 由于 $|A|=1$，它的前后不存在其他语符成分，它不可能受到上下文关系的制约，因此在使用改写规则 $A\to\beta$ 时，就不必考虑 A 所处的上下文环境.

受上下文限制语法的改写规则是 $\alpha\to\beta$，这里的 α 和β 都是语符列，限制条件是 $|\alpha|\leqslant|\beta|$. 这个限制条件说明，α 可以包含一个以上的成分，这样在运用规则 $\alpha\to\beta$ 时，就必须考虑到语符所受到的上下文环境的制约. 例如，可以由 $\alpha\to\beta$，$|\alpha|\leqslant|\beta|$，推出仅 $\alpha_1A\alpha_2\to\alpha_1\beta\alpha_2$，也就是说只有当 A 出现在 $\alpha_1\_\alpha_2$ 这样的上下文环境中，才可以把 A 改写成β. 因此 $\alpha_1A\alpha_2\to\alpha_1\beta\alpha_2$ 也可以表达为 $A\to B/\alpha_1-\alpha_2$. 应用这个规则，可以表达某些句子中的前后一致关系. 例如英语中主语和动词 hit 之间的一致关系，可以表达为 $NP_{sing}+V\to NP_{sing}+hits$，就是说在单数名词短语的上下文环境 $NP_{sing}\_$ 中，V 可以直接改写为 hits. 很明显，这样的规则在不受上下文限制语法中是不可能存在的. 为了完成同样的任务，即描述主语和动词 hit 之间的一致关系，它必须在自己的改写规则集中列入两条规则：$V\to hit$，$V\to hits$. 由此，我们可以更清楚地看到不受上下文限制语法是受上下文限制语法的一个子集合，即 1 型 $\supseteq$ 2 型.

短语结构语法是一种概括能力很强的语言模型理论，就是说，它是一个具有较强生成能力的装置，能够生成自然语言中很复杂的句子. 乔姆斯基指出，无法证明英语已经超越了短语结构语法. 对于自然语言中某些具有歧义的句子，短语结构语法也能做出有效的分析. 乔姆斯基还从理论上证明了：不受上下文限制语法的改写规则 P，都具有一般形式 $A\to BC$，或 $A\to a$. 这里的 A,B,C 都是非终端符号，a 是终端符号. 换言之，任何不受上下文限制语言的推导式都可以写成二元形式.这就是著名的乔姆斯基范式.这个范式也从数学上说明了语言学中的一个重要事实:在对语言进行分析时,总是采用二分法,把语言的每一个结构层次切分成两个成分.乔姆斯基等人还研究了不受上下文限制语言的歧义问题,他们证明了:如果一个不受上下文限制语法是有歧义的,那么它所产生的语言是先天歧义的,而一个不受上下文限制语法是否会产生一个先天歧义的语言,是无法判定的.这条定理在代数语言学中占有重要地位.

短语结构语法的缺点在于,根据这一模型来生成某些英语句子,必须经过一个极其复杂而又烦琐的过程,使生成装置本身显得非常"臃肿".同时在分析某些结构相同意义不同或结构不同意义相同的句子时,短语结构语法往往会显得"软弱无力".为了获得"强生成能力"和语言模型本身的"简明性",乔姆斯基提出了另一类生成性模型:转换生成语法.早期的转换生成语法是一个"三部曲",乔姆斯基把这一语法描述如下:

Σ:句子

$$F:\left.\begin{array}{c} X_1 \rightarrow Y_1 \\ \vdots \\ X_n \rightarrow Y_n \end{array}\right\}\text{短语结构部分}$$

$$\left.\begin{array}{c} T_1 \\ \vdots \\ T_j \end{array}\right\}\text{转换部分}$$

$$\left.\begin{array}{c} Z_1 \rightarrow W_1 \\ \vdots \\ Z_m \rightarrow W_m \end{array}\right\}\text{语素音位部分}$$

根据这一语言模型,每生成一句句子都从起始符号 S 开始,通过使用短语结构规则 F 形成推导式,得到一系列的语素,即形成终端语符列,接着使用转换规则对终端语符列进行调整,可能增加或删除几个语素,最后通过语素音位规则转化为语音表达形式.其中的语素音位规则能把一系列的词和语素转换成一系列音位,例如:take+past→/tuk/.转换规则中的每一条都由两个部分构成,即输入语符列和输出语符列,中间用箭头连接起来,前者又可称为"句法描写",后者为"句法变化".转换运演方式主要有以下五种:(1) 换位(permutation):$AB \rightarrow BA$;(2) 复写(copying):$A \rightarrow AA$;(3) 添加(adjunction):$A \rightarrow AB$;(4) 省略(deletion):$AB \rightarrow A$;(5) 替换(substitution):$A \rightarrow B$.以上五种运演方式与短语结构规则相比较,受到的限制要少得多,这样就使转换结构部分的生成能力大为加强,整个生成过程也变得很简捷.试以 $AB \rightarrow BA$ 为例,若用短语结构规则进行运演,至少需要三步:$AB \rightarrow \alpha B$,$\alpha B \rightarrow \alpha A$,$\alpha A \rightarrow BA$,而用转换规则只要一步就行了.

但是,每当一个系统的复杂性增加时,精确化的能力将减少.转换生成语法涉及语言的语义结构时,产生了一些问题.针对这些问题和论敌的攻击,乔姆斯基在1965年版《句法理论的各个方面》一书中,对自己的理论做了重大的修改,形成了所谓"标准理论";后来又不断修订,产生了"扩展的标准理论"和"修正的扩展的标准理论".由于自然语言是一个极其复杂的系统,因此要建立一个完善的语言生成性模型是困难的.现在,在机器翻译、人工智能等广阔领域里所采用的语言模型理论并不限于本文所介绍的内容.如美国人工智能科学家维诺格拉德(T. Winograd)所设计的著名人机对话模型SHRDLU,采用的是英国功能学派的系统语法(systemic grammar).此外还有生成语义学(generative semantics),蒙塔古语法(Montague grammar)等.

(三)

今天我们已经进入了一个以电子和信息为标志的时代.由于信息的大量涌现,通讯的重要性和复杂性在现代社会中日益突出.维纳说过:"任何一种通讯理论都不能不研究语言,这是很自然的.语言在一定意义上是通讯本身的别名,同时这个词又描绘了通讯所用的代码."[12] 同控制论和信息论一样,数理语言学已经置身于现代前沿科学之林,它的研究成果已经广泛地应用于计算机科学、人工智能、通讯理论、大脑神经科学等领域.有人也把数理语言学的这些应用称为"应用数理语言学"(applied mathematical linguistics).

人们在使用计算机时,总是要通过程序语言同计算机进行人机对话,程序语言也有词汇和语法,对于它的每一个成分应该如何构成,相应的具有什么语义,都做了明确的规定.为了精细地描写这种语言,以及检查所写就的程序是否有错,计算机科学家们发现由乔姆斯基发展起来的有限状态语法、受上下文限制语法和不受上下文限制语法是很有用的形式化工具.五十年代末期,欧美一批第一流的计算机科学家在设计ALGOL60的过程中,采用了不受上下文限制语法来定义这一程序语言.人们发现用来描述程序语言的巴克斯(Backus)范式,实际上是同本文所介绍的乔姆斯基范式等价的.ALGOL60文件公布之后,计算机科学家们发现这一语言中会出现有歧义的句子,某些语法说明又不太清楚.这就引起了热烈的讨论.大家也对这样一个事实感到困惑不解:集中了那么多的专家,为什么造出来的句子仍然具有歧义性.而乔姆斯基等人所得出的关于语言歧义的定理,说明无法找到一种形式化的方法来判断不受上下文限制语言是否具有先天歧义性.这场讨论在计算机科学史上具有重要意义,它使计算机科学家们意识到必须把语言作为研究对象,而不仅仅作为解决问题的工具.这样,由研究自然语言而产生的语言模型理论与由研究计算机而产生的自动机理论密切结合,达到了不可分离的程度.作为生成装置和相应的接收装置,0 型语法与图灵机(Turing machine)、受上下文限制语法与线性界限自动机(linear bounded automaton)、不受上下文限制语法与非限定下推自动机(nondetermillistic pushdown automaton)、有限状态语法与有限自动机(finite automaton),构成了计算机科学的理论基础.“时至今日,在不了解语言和自动机理论的技术和结果的情况下,就不能对计算机科学进行严肃的研究.”[13]

在人工智能的研究中,“自然语言理解”(understanding of natural language)是一个关键课题,它的目标是使计算机能懂得人类的语言,以便在人机对话中使用自然语言.从 70 年代开始,国外陆续出现了一些较为成功的理解英语的模型,其中伍兹(W. Woods)于 1970 年设计的“扩充转移网络语法”(ATN),是在乔姆斯基的转换生成语法的基础上建立起来的. ATN 是一个分析程序,通过识别和分解输入的句子,求得句法上的深层结构,然后再根据这种深层结构和词义,求得语义上的解释. 1972 年伍兹用 ATN 为阿波罗登月舱的泥石采样工作设计了一个“月球科学自然语言信息系统”,简称 LUNAR 系统.这个系统里贮存了 3 500 个英语单词,能够就月球泥石采样的化学成分,回答地质学家们提出的问题. LUNAR 系统的示意图如下:

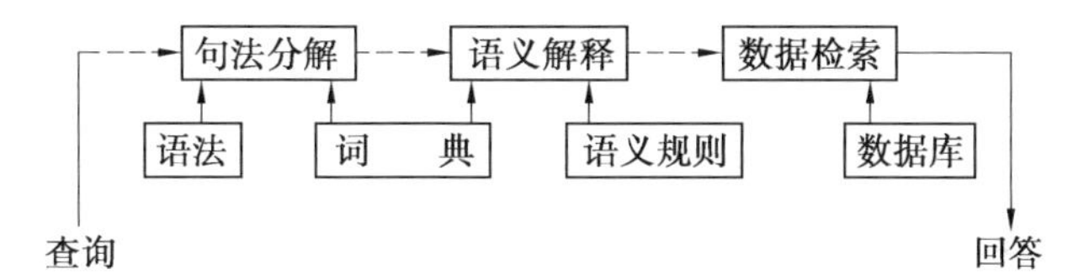

目前世界上积极从事自然语言理解研究的国家有美国、苏联、英国、法国、日本、瑞士等.在这一研究中得到的初步成果,已被应用于军事、宇宙航行、海洋勘探和邮电(如包裹自动分拣、电话自动分接)等领域.研究人员热切希望通过这一领域内的进展,使计算机能掌握理解自然语言的基础能力,并使计算机能和操作人员紧密配合,具备处理瞬息万变的复杂事务的能力.这一诱人的前景,在军事方面更具有特殊意义.这也正是乔姆斯基的早期研究曾得到美国陆军通讯兵团、美国空军科学研究和发展司令部、美国海军研究署大力资助的原因.

统计语言学中关于语言熵、冗余度、最优词汇长度分布的研究,对于信道编码和解码以及改善通讯信道的状况,具有重要的实用意义.统计语言学同密码破译、情报真伪识别等也有着直接联系.此外,语言模型理论给人脑模拟研究带来了深远的影响.近年来用语言模型理论模拟生物的发育进程,已成为发展生物学中一个极其活跃而又非常有意义的领域.

钱学森同志指出,语言学和人工智能等学科都属于思维科学,思维科学的出现预示着现代科学技术的更大变革[14].在我国的四个现代化建设中,语言学(包括数理语言学)的作用将越来越显著.我们相信,我国的数理语言学研究一定会引起各方面的重视,取得巨大的进展.

参考资料

[1]《回忆马克思恩格斯》,人民出版社(1973)7

[2] Hjelmslev L. ,*Prolegomena to a Theory of Language*,Indiana University Press(1953).

[3] Chomsky N. ,*Aspects of the Theory of Syntax*,M. I. T. Press(1965)62.

[4] 索绪尔著,高名凯译,《普通语言学教程》,商务印书馆 (1979)106.

[5] Herdan G. ,*Language as Choice and Chance*,Croningen(1956)7.

[6] 安本美典,(日)《数理科学》,168,6(1977)45.

[7]《语文现代化》,2(1980)76.

[8] Yule G. U. ,*A Statistical Study of Vocabulary*,Cambridge(1944).

[9] 钟韧译,《维纳著作选》,上海译文出版社(1978)79.

[10] 江嘉禾,《计算机科学》,2(1979)23.

[11] 乔姆斯基著. ,邢公畹等译,《句法结构》,中国社会科学出版社(1979).

[12] 钏韧译,《维纳著作选》,上海译文出版社(1978)60.

[13]霍普克罗夫特 J. ,厄尔曼 J. 著,莫绍揆等译,《形式语言及其与自动机的关系》,科学出版社(1979) iii .

[14] 钱学森,《自然杂志》,4(1981)3.

谈谈数理经济学[①]

一、引　　言

17世纪中叶，英国古典政治经济学的创始人配第(W. Petty，1623—1687)在他的著作《政治算术》中，用"数字、质量和尺度"来解释经济现象.这大概是在经济学中最早运用数学方法的著作.不过配第用的数学方法十分初等，并未引起人们的注意.到了19世纪中叶，法国经济学家古诺(A. A. Gournot，1801—1877)又在1838年发表了《财富理论的数学原理》一书，开始广泛运用数学概念来表达经济量之间的关系(例如，他用$d=f(p)$来表示需求d和价格p之间的函数关系).从此，"数理经济学(mathematical economics)"这一名称就开始出现在经济学文献中，顾名思义，它意味着用数学方法来研究经济学.

但是，人们通常认为19世纪的法国经济学家瓦尔拉(L. Walras，1834—1910)才是数理经济学的创始人.1874～1877年，瓦尔拉在他的著作《纯粹政治经济学原理》一书中，不但大量运用数学方法，而且用数学形式表达了他的一般经济均衡理论.这一理论研究一个经济体在什么条件下，特别是在什么价格体系下，会使生产和消费、供给和需求等经济量之间处于均衡状态.由于这一理论在观念上、在数学形式上都十分精辟，它

① 史树中，《自然杂志》第6卷(1983年)第5期.

很快就成为数理经济学的中心议题，甚至人们逐渐认为数理经济学就是一般经济均衡理论，而不再是“用数学方法研究经济问题”．例如，英国经济学家马歇尔(A. Marshall，1842—1924)在他的所谓“局部经济均衡理论”中也用了不少数学，但由这一理论在数学上不深入，通常人们并不认为它是数理经济学的内容．又如，本世纪20年代起逐渐形成了一门新学科，称为计量经济学(econometrics)．这门学科用统计方法和数学方法来研究经济问题．尽管它也用了大量数学，但通常认为计量经济学与数理经济学是两门不同的学科．不过近来国际上又出现“数量经济学(quantitative economics)”这样的名称，它通常指这两门学科的总称．

二、数理经济学的形成和发展

瓦尔拉当时是瑞士洛桑大学的经济学教授，因此以他为首的经济学派就称为洛桑学派．瓦尔拉之后，洛桑学派的领导人是意大利经济学家帕累托(V. Pareto，1848—1923)．他又提出一些新概念(目前称为帕累托最优、帕累托效率等)，丰富和发展了一般经济均衡理论．洛桑学派的影响是十分深远的．近代著名奥地利经济学家熊彼特(J. Schumpeter，1883—1950)甚至把瓦尔拉比作经济学中的牛顿，把一般经济均衡理论比作牛顿力学．纵观诺贝尔经济学奖金设立以来的得奖者名单，一多半都是数理经济学家．尤其像英国的希克斯(J. Hickes，1904—)、美国的萨缪尔森(P. Samuelson，1915—)和阿罗(K. Arrow，1921—)等，他们得奖的原因之一就是发展了瓦尔拉的一般经济均衡模型．“投入产出模型”的创始人列昂节夫(W. Leontieff，美籍俄国人，1906— ，1972年得奖者)更认为他的投入产出模型的理论基础是瓦尔拉的一般经济均衡理论．

虽然瓦尔拉、帕累托等人已把他们的经济理论赋以数学形式，但由于经济问题的复杂性，他们时代的数学并不足以解决他们提出的问题．在相当长的时期里，瓦尔拉理论的数学基础是不严格的．1933～1936年间，罗马尼亚数学家瓦尔德(A. Wald)首先做出了关于瓦尔拉均衡的存在性的严格证明，但他的证明中有不少意义不明的假定，因而不足以成为一般经济均衡理论的数学基础．1937年，匈牙利大数学家冯·诺伊曼(J. von Neumann，1903—1957)提出了一个完美的经济数学模型，引进了凸集理论、不动点理论以及由他奠基的对策论工作等．但从经济理论角度看来，这一模型有些古怪(例如，模型中没有消费项，生产是为了再生产)，与瓦尔拉体系相差太远．1945年前后，希克斯和萨缪尔森建立了竞争性一般均衡模型．他们的工作主要在于这一模型的活动规律，而并未对存在性的数学证明予以注意．

第一个完整的竞争经济的瓦尔拉均衡存在定理是阿罗和美籍法国数理经济学家德布罗(G. Debreu)在1954年提出的. 这一结果实际上是阿罗和德布罗在前几年各自独立发现的. 从数学上看，尤其是德布罗1952年的学位论文(后来发展成为他的书:《价值理论》(*Theory of Value*, Wiley, 1959))，给出了"抽象经济学"的公理化体系. 从此，有严格数学基础的数理经济学才正式形成，而必须具有严格数学公理化基础，也开始成为对数理经济学工作的一个要求.

这里也应提到与数理经济学紧密相关的对策论的发展. 自从1928年冯·诺伊曼提出二人零和对策以来，对策论逐渐形成一门独立的学科. 1944年，冯·诺伊曼和奥地利经济学家摩根斯顿(H. Morgenstern)合著的《对策论和经济行为》一书的发表. ,对经济界的影响很大，使数理经济学逐渐采用对策论作为工具. 以后，对策论中的平衡、核等概念都被吸收到数理经济学中.

有严格数学基础的现代数理经济学形成以后，为经济学不断提供强有力的数量分析工具，也给数学本身提出许多新的课题. 1974年，德布罗应邀到加拿大温哥华市在国际数学家大会上作题为《经济均衡的数学理论的四个方面》的报告，声称经济理论的数学发展需要代数拓扑、微分拓扑、组合论、测度论等一系列现代数学工具. 近年来，著名美国数学家斯梅尔(S. Smale)发表的一系列题为《大范围分析和经济学》的论文，也证明了许多非常抽象、非常深刻的数学理论都能在经济中找到应用.

目前数理经济学的发展正方兴未艾. 除经济理论的研究目前越来越多地采用数理经济学方法外，数理经济学的数学问题的研究也越来越引起重视. 1974年，国际上出现了这方面的第一本杂志《数理经济学杂志》(*Journal of Mathematical Economics*). 1982年起，这杂志又由每年一卷改为两卷，以发表更多的研究论文. 根据美国数学会1979/80数学分类，数理经济学包括：决策理论，偏好理论，群体行为理论，社会选择、表决，效用理论，生产模型，价格理论，均衡理论，静态经济模型，动态经济模型，多部门模型，统计模型，经济时间序列分析，对人文科学问题的应用(大气污染等)以及其他. 这里统计模型和经济时间序列分析习惯上归入计量经济学. 在最近出版的阿罗和英特里利盖特(M. D. Intriligator)主编的三卷集《数理经济学手册》(*Handbook of Mathematical Economics*, North-Holland, 1981～1982)中，涉及的面更广些.

这个三卷集包括以下五部分：Ⅰ. 经济学中的数学方法；Ⅱ. 微观经济学理论的数学探讨(包括生产、消费、垄断和对偶理论)；Ⅲ. 竞争均衡的数学探讨(包括竞争均衡的存在性，稳定性，不确定性，均衡价格的计算，经济的核)；Ⅳ. 福利经济学的数学探讨(包括社会选择理论，最优征税和最优经济增长)；Ⅴ. 经济组织和计划的数学探讨(包括组织设计和分散化).

第Ⅰ部分的数学方法又由以下八个方面组成：1. 数学分析和凸性；2. 数学

规划;3.动态系统;4.控制论;5.测度论;6.不确定经济学,选论和概率论方法;7.对策论模型和政治经济学方法;8.大范围分析和经济学.

三、数理经济学研究方法简述

如上所述,数理经济学的内容是相当丰富的.下面我们将采用简化叙述方式来介绍经济问题如何数学抽象化、公理化,并指出什么叫瓦尔拉一般经济均衡、瓦尔拉均衡价格体系等.

按照"抽象经济学"的说法,一个简化的经济体将由下列五种要素组成:1.经济经纪人(agent);2. 财货(commodity,good);3. 初始资源(initial resource);4.生产集合(production set);5.效用函数(utility function).这里假设经纪人共有 n 个;他们可以是个人,也可以是企业;可以是纯粹的消费者,也可以既是消费者又是生产者.又假设有 l 种财货,即经纪人相互之间做交易的对象;它们可以是物质的货物,也可以是非物质的劳动、机器使用、仓库寄存等.每种财货的量用一个非负实数来度量,l 种财货量就可用 l 个非负实数来表示.这 l 个非负实数构成一个 l 维向量 $\boldsymbol{x}=(x^1,\cdots,x^l)=(x^k)\in\mathbf{R}_+^l$,这里 $\mathbf{R}_+^l$ 表示具有非负分量的 l 维向量全体.这也就是说,任何一组财货都可表示为 $\mathbf{R}_+^l$ 中的一个点.初始资源是以前的生产过程留给当前经济的财货总量.这些财货可以用 $\mathbf{R}_+^l$ 中的一个点 $\boldsymbol{\Omega}$ 来表示.假设这一经济是私有制经济,那么这些初始资源将分别掌握在这些经纪人手中.设经纪人 i 掌握的资源量为 $\omega_i\in\mathbf{R}_+^l$,那么应该有

$$\boldsymbol{\omega}_1+\cdots+\boldsymbol{\omega}_n=\sum_{i=1}^{n}\boldsymbol{\omega}_i=\boldsymbol{\Omega}$$

即各人掌握的资源量的总和就是 $\boldsymbol{\Omega}$.生产集合是用来描述经纪人的生产能力的.所谓一种生产活动(或者一种经济交换活动),就是说经纪人消耗了一些"原料"财货(它称为"投入"),生产了一些"产品"财货(它称"产出").无论是投入还是产出,都可用财货空间 $\mathbf{R}_+^l$ 中的一个向量来表示.设投入向量为 $\boldsymbol{y}_-$,产出向量为 $\boldsymbol{y}_+$.那么生产活动就是向量 $\boldsymbol{y}=\boldsymbol{y}_+-\boldsymbol{y}_-\in\mathbf{R}^l$,这里 $\mathbf{R}^l$ 表示 l 维向量全体.而对某个经纪人来说,所谓他的生产能力就是他可能进行的生产活动的全体,这些生产活动可用 $\mathbf{R}^l$ 中的一个集合来表示.这个集合就称为生产集合.我们以 $\boldsymbol{Y}_i$ 表示经纪人 i 的生产集合.如果有若干个经纪人 $i_1,i_2,\cdots,i_s$ 联合起来,那么他们的联合生产能力将由生产集合

$$\boldsymbol{Y}_s=\boldsymbol{Y}_{i1}+\boldsymbol{Y}_{i2}+\cdots+\boldsymbol{Y}_{is}$$

来刻画,这里集合的和表示在各个集合中任取一个元素相加的和的全体,而整个经济体的生产集合则是

$$\boldsymbol{Y}_N=\boldsymbol{Y}_1+\cdots+\boldsymbol{Y}_n=\sum_{i=1}^{n}\boldsymbol{Y}_i$$

尤其是经济体经过生产活动后可能得到的财货,将是集合

$$\boldsymbol{R}^l + \cap \left(\Omega + \sum_{i=1}^{n} Y_i\right)$$

中的元素.最后,效用函数是用来刻画经纪人的消费欲望的.设经纪人 i 的效用函数为 u_i,它是一个定义财货空间 R_+^l 上的实值函数.如果对于财货组 $x,y \in \mathbf{R}_+^l$,有

$$u_i(\boldsymbol{x}) < u_i(\boldsymbol{y})$$

那就说明经纪人 i 在两种财货组 $\boldsymbol{x}$ 和 $\boldsymbol{y}$ 之间比较偏好于 $\boldsymbol{y}$.效用函数的作用只在于对各种财货组排一个顺序,其具体数值是无关紧要的.每个消费者都希望在可能条件下使效用函数在他所消费的财货点上达到极大.

我们已经完成对一个简化的经济体的五种要素的描述.现在我们要讨论,在这样的初始状态下,经纪人之间将通过怎样的相互交易,来完成一次资源和产品的分配.具体地说,在一部分经纪人 $i_1,\cdots,i_s$ 之间,将怎样对他们所掌握的财货进行一次分配,也就是构造 s 个财货向量 $\boldsymbol{x}_{i1},\cdots,\boldsymbol{x}_{is} \in \mathbf{R}_+^l$,使得

$$\boldsymbol{x}_{i1} + \cdots + \boldsymbol{x}_{is} \in (\boldsymbol{\omega}_{i1} + \cdots + \boldsymbol{\omega}_{is}) + (\boldsymbol{Y}_{i1} + \cdots + \boldsymbol{Y}_{is})$$

上式的意义是这 s 个经纪人所分到的财货之和,不能超过他们原有的资源之和加上他们共有的生产能力可能提供的产品.而全经济体进行的分配,就是构造一组向量 $\boldsymbol{x}_1,\cdots,\boldsymbol{x}_n \in \mathbf{R}_+^l$,使得

$$\boldsymbol{x}_1 + \cdots + \boldsymbol{x}_n \in \sum_{i=1}^{n} \boldsymbol{\omega}_i + \sum_{i=1}^{n} \boldsymbol{Y}_i$$

我们的问题是:是否存在一种使每个经纪人都能接受的分配?

什么是大家都能接受的分配呢?人们提出的第一个条件是:这种分配的改变将引起某些经纪人的反对.这就是说,对于这种分配 $\boldsymbol{x}_1,\cdots,\boldsymbol{x}_n$ 来说,任何另一种不同的分配 $\boldsymbol{y}_1,\cdots,\boldsymbol{y}_n$,都将至少引起某个经纪人 i 的效用函数 u_i 的减小,即

$$u_i(\boldsymbol{y}_i) < u_i(\boldsymbol{x}_i)$$

满足这一条件的分配称为"帕累托最优分配"(这样的观念首先是由帕累托提出的).但是帕累托最优分配还只是从否定意义上来说是可接受的.这样当然还不够.于是人们又提出第二个条件:任何一部分经纪人都无法使他们每个人都分配到更好的财货.这就是说,如果有 s 个经纪人 $i_1,\cdots,i_s$ 另搞一套,在他们所掌握的财货范围内进行分配,每人各分得 $\boldsymbol{y}_{i1},\cdots,\boldsymbol{y}_{is}$,结果对这 s 个经纪人来说,不可能每个效用函数都提高,即不是所有的 $i_k,k=1,\cdots s$ 都满足

$$u_{ik}(\boldsymbol{y}_{ik}) > u_{ik}(\boldsymbol{x}_{ik})$$

满足这两个条件的分配,即不会受到任何一部分经纪人"阻碍"的帕累托最优分配全体,称为"经济的核".下列结果指出需要怎样一些条件才能使经济的核

不是空的：

定理 1 假设

(H1) 效用函数 $u_i, i=1,\cdots,n$ 是凹连续函数.

(H2) 生产集合 $Y_i, i=1,\cdots,n$ 是包含原点的闭凸集，且 $Y_N \cap \mathbf{R}_+^l=\{\mathbf{0}\}$，这里 $Y_N=\sum_{i=1}^{n} Y_i$. 那么，经济的核非空.

这里我们解释一下这两个假设的经济意义. 效用函数的连续性假设说明效用的变化不会大起大落，而凹性假设则说明效用的增长率不会随着财货量的不断增加而越来越大. 或者是消费者对财货的要求有饱和趋向，或者至多是效用与财货量的增加成固定比例. 生产集合 Y_i 包含原点说明生产者(经纪人)i 在不利的情况下可以不进行生产. Y_i 的凸性假设说明，如果生产活动 $\boldsymbol{y}_i^{(1)}, \boldsymbol{y}_i^{(2)} \in Y_i$ 对生产者 i 来说是可行的，那么它们的凸组合

$$(1-\lambda)\boldsymbol{y}_i^{(1)}+\lambda \boldsymbol{y}_i^{(2)} \in Y_i, 0 \leqslant \lambda \leqslant 1$$

也是可行的. 这个凸组合是指按比例缩小规模的两种生产活动的并行进行；当 $\boldsymbol{y}_i^{(2)}=\mathbf{0}$ 时，它特别说明任何一种生产活动都可减小规模进行. 进一步分析指出，凸性假设还意味着产出是投入的凹函数，即产出至多随投入按比例增长，而有时甚至有饱和趋向. Y_i 的闭性假设指生产极限是可达到的；$Y_N \cap \mathbf{R}_+^l=\{\mathbf{0}\}$ 则说明生产不能无中生有地进行. 可以看出，定理 1 中的两个假设是相当合理的.

定理 1 是对策论中关于无各方支付的合作对策的斯卡夫(Scarf) 定理的一个推论. 从数学上来说，关键是利用拓扑学中的角谷静夫(Kakutani) 不动点定理.

定理 1 说明在一定条件下存在某种意义下的“理想分配”. 但是怎样来实现这种分配呢？现实社会是通过在一定的价格体系下进行财货商品交换来完成分配的. 那么是否存在能完成这种分配的价格体系呢？这就是下面要讨论的问题.

假设第 k 种财货的单位价格为 p_k. 那么数量为 $\boldsymbol{y}^k$ 的第 k 种财货的价格就是 $p_k y^k$. 因而财货组 $\boldsymbol{y}=(y^1,\cdots,y^l) \in \mathbf{R}^l$ 的总价格应为

$$\langle \boldsymbol{p}, \boldsymbol{y} \rangle=\sum_{k=1}^{l} p_k y^k$$

这里 $\boldsymbol{p}=(p_1,\cdots,p_l)$ 就是某种价格体系，且 $p_k \geqslant 0, k=1,\cdots,l$. 在数学上，$p$ 可以看作 l 维空间 R^l 的对偶空间中的元素. 当价格体系 p 固定以后，对于经纪人 i 来说，他的生产活动可能得到的最大利润就是 $\max\limits_{\boldsymbol{y}_i \in Y_i}\langle \boldsymbol{p}, \boldsymbol{y}_i \rangle$ 从而他可能有的财富至多为

$$\langle \boldsymbol{p}, \boldsymbol{\omega}_i \rangle+\max_{\boldsymbol{y}_i \in Y_i}\langle \boldsymbol{p}, \boldsymbol{y}_i \rangle$$

这里前一项是他拥有的资源所值的钱. 这样一来，经纪人 i 的消费能力就受到

限制，即他消费财货 ξ_i 所花的钱，不能超过他可能有的财富，用数学式来表示就是

$$\langle \boldsymbol{p},\boldsymbol{\xi}_i\rangle \leqslant \langle \boldsymbol{p},\boldsymbol{\omega}_i\rangle + \max_{\boldsymbol{y}_i\in Y_i}\langle \boldsymbol{p},\boldsymbol{y}_i\rangle$$

这个不等式称为“预算约束”. 我们的问题是：是否存在某种价格体系，使每个经纪人 i 都在这个价格体系下达到“最优消费”？基本结果如下：

定理 2 假设(H1)，(H2) 和(H3) 对于任何 $i=1,\cdots,n,\omega_i^k>0,k=1,\cdots,l$，且 u_i 在 $\mathbf{R}_+^l$ 中没有极大值. 此外

$$Y_N=\sum_{i=1}^{n}Y_i\supset-\mathbf{R}_+^l$$

那么，存在价格体系 $\boldsymbol{p}\in\mathbf{R}_+^l,\boldsymbol{p}\neq 0$，和核中的分配 $\boldsymbol{x}_1,\cdots,\boldsymbol{x}_n$，使得

$$\langle \boldsymbol{p},\boldsymbol{x}_i\rangle = \langle \boldsymbol{p},\boldsymbol{\omega}_i\rangle + \max_{\boldsymbol{y}_i\in Y_i}\langle \boldsymbol{p},\boldsymbol{y}_i\rangle,i=1,\cdots,n \tag{1}$$

且对于任何满足预算约束的消费分配 $\boldsymbol{\xi}_1,\cdots,\boldsymbol{\xi}_n\in\mathbf{R}_+^l$，有

$$u_i(\boldsymbol{\xi}_i)\leqslant u_i(\boldsymbol{x}_i),i=1,\cdots,n \tag{2}$$

我们先解释一下假设 1(H3) 的经济意义. (H3) 的第一句话意味着每个经纪人都必须掌握一定量的各种初始资源；这一条件可减弱为 $\langle \boldsymbol{p},\boldsymbol{\omega}_i\rangle>0$，即每人至少有一笔价格不为零的财富. 第二句话中，u_i 没有极大值意味着人们对财货的消费欲望是无止境的，以致排除了生产过剩的可能. 第三句中的 $Y_N\supset-\mathbf{R}_+^l$ 则意味着整个经济还能够无缘无故地毁掉一切，特别是毁掉那些谁也不需要的财货. 由于有这样高的假设要求，这种能达到最优消费的理想价格体系的存在也就不会令人惊奇了.

定理 2 中的价格体系称为“瓦尔拉均衡价格体系”，而对应的分配 $x_1,\cdots,x_n$ 则称为“瓦尔拉均衡分配”. 等式(1) 和不等式(2) 还说明这种均衡价格体系是由于经纪人在生产上追求最大利润、在消费上追求最大效用的结果，而且在这个价格体系下，生产与消费、供给与需求达到完全平衡.

上面这个例子可以说明数理经济学如何把经济问题数学公理化，并把它归结为一个数学问题. 当然，这只是一个大为简化的例子，现代数理经济学研究的问题要比这复杂得多.

四、数理经济学的经济学前提

上面我们主要从数学方法的角度简单介绍数理经济学. 但是由于数理经济学研究的是经济学问题，而经济学是一门有党性的社会科学，我们还必须从经济思想上来谈一些对数理经济学的看法.

数理经济学的创始人瓦尔拉及其洛桑学派在经济思想史上属于“边际效用学派”. 历来的看法是“边际效用学派”不同于以亚当·斯密和李嘉图为代表的

英国古典主义学派,而属于资产阶级庸俗经济学.因此在过去,尤其是在"左"倾思潮的影响下,国内对数理经济学是全盘否定的,没有开展这方面的任何研究.

我们在这里自然没有必要考察瓦尔拉等人的经济思想与马克思主义的关系.事实上,把一门学科与学科奠基人的学术思想混为一谈,显然是不合理.就像我们不能因为牛顿笃信上帝,而把牛顿力学视为神学一样,我们也不能把数理经济学与边际效用学派画等号.诚然,目前数理经济学中许多基本概念都起源于边际效用学派;但是即使如此,我们也不能认为数理经济学的成果是一堆垃圾,而弃之不顾.一门学科的研究成果与它的研究者的主观愿望大相径庭,也是科学史上常见的事.对于我们来说,重要的是善于汲取和改造一切真正的科学成就.

拿我们前面所举的例子来说,从经济学的角度看,我们当然可以指责它没有揭示人与人之间的关系(它平等看待所有"经纪人"),不是根据全部社会经济来分析问题("理想分配"是一个空中楼阁).这实际上也为资产阶级经济学家所看到.阿罗就说过,他的老师美国经济学家柏格森(A. Bergson)明确地认识到:"帕累托效率决不意味公平的分配.某种资源配置方法,按帕累托的意义,可能是有效率的,但却给予某些人以巨量财富,使另一些人贫穷得可怕."(《现代国外经济学论文选》第二辑,1981年版41页)但是我们也可注意到刚才说的两点并不是数理经济学的研究成果,而只是作为数理经济学研究出发点的一种经济学前提.实际上,由于经济学是一门有党性的科学,不同的经济学原理就有不同的数理经济学前提.对于这点,法国数理经济学家埃克朗(I. Ekeland)在《数理经济学初步》中说得好:"数理经济学的主要贡献……(在于)区分了两种真实性,一种是逻辑必然性的真实,另一种是人们假设它是真实的.这样,我们就可在一个理论问题或实际问题中,完善地提出那些为得到所想要的结论而必须提出的经济学上的预先假设……."(Eléments d' Economie Mathématique, Hermann,1979年版14页)这就是说,数理经济学实际上只回答在怎样的经济学前提下有怎样的逻辑和数学的结论.而逻辑和数学是无情的,它们决不会对"资产阶级手下有学问的帮办"企图证明资本主义万古长青有任何帮助.恰恰相反,它们往往会从反面来给我们提供有益的论据.还拿上面的例子来说,瓦尔拉均衡价格体系的存在需要每个人都有一定的财富,消费欲望无止境,生产从不发生过剩等,这等于宣告资本主义社会中不可能有真正的一般经济均衡或均衡价格体系.这样的研究成果当然值得我们汲取和改造,使之为我们服务.

更令人注意的是,据了解,有相当一部分数理经济学家受马克思主义影响很深.他们企图研究的实际上不是现实的资本主义经济,而是理想的社会主义经济.只是为了对付麦卡锡主义之类的反共当局的干预,他们才把他们的研究说成是对“一般经济”的研究,并披上一件沉重的晦涩的数学外衣.注意到这点,再来看上面的例子,我们能否把这类研究改造成刻画现实的社会主义经济,处理国家、集体、个人之间的经济利益关系的理论,是一个值得探讨的问题.

五、关于在我国开展数理经济学研究的看法

自从十一届三中全会以来,我国经济界开始改变过去不重视经济数量分析的倾向,大力开展数量经济学的研究.1982 年 3 月在西安召开了我国第一届数量经济研究讨论年会,会上提出了一百多篇研究论文.但是从论文的内容来看,除了一些“非数量”的原则讨论外,多数还是属于计量经济学范畴,即统计模型、投入产出模型等方面的工作,而对数理经济学的研究基本上还是空白.据笔者的看法,这是因为计量经济学是一种方法,相对来说,比较容易照搬,而数理经济学是用数学工具来研究经济理论问题,除了少数微观经济问题外,原则上是无法对我国的社会主义经济照搬的.这就使研究工作较难打开局面,甚至由于数学上的困难,还没有足够多的同志关心数理经济学.笔者认为,这样的情况应该尽快有所改变.因为国外的计量经济学方法往往建立在数理经济学的理论基础上,如果我们光知道照搬方法,而不顾方法的理论基础,势必容易走到歪路上去.同时,由于我国从 1958 年到 1976 年,经济发展上经常处于一种不正常的状态,要建立我国经济的宏观数学模型,统计的计量经济方法是很难奏效的,利用统计数据的结果常常是把我们工作中的一些重大失误一起加到模型中去.因此,这类研究工作看来应该更多地借助于数理经济学.这些问题也已被不少计量经济工作者所察觉到.

那么怎样开展我国的数理经济学研究呢?笔者认为,作为学习,作为起步,我们可以像数学工作者经常所做的那样,通过查阅文献,了解数理经济学中所提出的数学问题,然后加以研究解决.例如,德布罗、斯梅尔等都提出过不少大范围分析方面的数理经济学 问题,我们可以利用我国在这方面的研究成就来做出我们的贡献.我们也可以从一些马克思主义的经典理论问题出发,进行数量经济学的研究.例如,马克思主义认为:“劳动生产率的提高,表示不变资本比可变资本增长得较快.既然产生剩余价值的只是可变资本,所以利润率(剩余价值和全部资本之比,不只是和可变资本之比)就有下降的趋势.”(列宁:《卡尔·马克思》,《列宁选集》第二卷,1972 年版 595 页)对于这样的论断,目前有些数理经济学家正在试图给出一个数学模型,使马克思的结论在数量关系上表达得更清楚;同时也有一些反马克思主义的经济学家试图给出一个反面的数学模型来否定马克思的结论,以致形成一场论战.如果我们从事这方面的研究,也可为捍卫马克思主义做出我们的贡献.类似上述的这些研究工作,当然都是十分有

意义的.但是为了加速我国的社会主义现代化，我国的数理经济学研究应该着重研究我国社会主义建设的经济规律，应该从我国经济的历史和现实出发，在马克思主义和毛泽东思想的指导下，逐步形成我国的数理经济学的理论体系和研究领域.具体地说，笔者认为，下列三方面应该是我们的重点：

1.我国的社会主义经济体制

关于我国社会主义经济体制，近几年来经济界有许多讨论.目前正在逐步明确“计划经济为主，市场调节为辅”等原则，正在逐步推行各种形式的经济责任制，扩大部分企业的经营管理自主权，以克服过去经济工作的不足.体制问题很复杂，它不完全是个经济问题.但是从提高效率、提高经济效益这点来看，它又在很大程度上是个数理经济学问题.目前国内还很少看到在体制问题上进行数量分析研究，而国外有关这类问题的不少研究是可以被我们借鉴的.体制问题可看作一个经济组织问题.简单地说，在数学上它可抽象为一个有许多子系统的大系统的最优化问题，直接求解这个整体规划问题，就相当于完全由中央决策来制定一个中央经济计划.但是由于系统太大，计算很困难，同时又不能充分掌握每一子系统的局部情况，这个整体规划很难解，或只能求得一个误差很大的解，于是应设法把它们分解为许多子系统的子规划.而这就相当于某种分散的经济责任制.大规划分解为许多小规划，在数学上早期有所谓线性规划的“但泽(Dantzig)－沃尔夫(Wolf)分解原理”，以后它又发展为一般凸规划的对偶原理或分散化原理.在分散过程中产生的“分散化参数”(数学上对应于拉格朗日乘子或对偶问题的解)在经济实际中对应于银行利率、税率“影子价格”(计算价格，它区别于实际的市场价格)等.这些参数可由中央控制决定，也可通过市场来调节.根据进一步的分析研究，国外提出了许多不同的计划经济模式.较著名的有波兰的兰格(O. Lange)模式，布鲁斯(W. Brus)模式，捷克斯洛伐克的希克(C. Sik)模式，苏联国家技术委员会的控制论模式，经济数学研究所模式，匈牙利的科奈(J. Kornai)双层次计划模式等.这些模式有的还停留在纸面上，有的则已投入实践.究竟哪一种模式更符合经济规律，特别是更适合我国国情，还有待我们自己来进行研究.

2.我国的社会主义再生产理论

马克思的社会再生产理论也是近几年来我国经济界讨论较多的理论课题.怎样看待“生产资料优先增长规律”？农、轻、重，积累与消费，怎样的比例才比较合适？怎样的经济结构才比较合理？因历史造成的不合理的经济结构应该怎样调整？如此等等，目前都还在讨论中.笔者认为，对于这些问题都应该有数理经济学的研究，并根据我国的实际情况，给出具体的数量界限，供具体的经济实践做参考.

在国外,经济成长理论的近代研究联系着熊彼特、列昂节夫、冯·诺伊曼以及英国的哈罗德(Sir R. Harrod)、罗宾逊(J. Robinson)、卡尔多(N. Kaldor)、美国的多玛(E. Domar)、索洛(R. M. Solow)等人的名字.他们提出的列昂节夫"投入产出"模型、冯·诺伊曼模型、啥罗德—多玛模型、索洛资本积累模型等都是一些数学模型.在苏联则有费尔德曼(фельдман)模型,在波兰则有兰格模型、卡莱茨基(M. Kalecki)模型等.所有这些理论、模型是否科学,是否符合马克思主义,是否能被我们所用,还有待我们自己来进行研究,进行比较..兰格认为列昂节夫"投入产出"模型是马克思再生产理论的发展,而他自己提出控制论模型也是为了表达马克思的再生产图式,这些看法都应引起我们注意.

数学味更浓的是所谓"最优经济增长理论".它最早是由英国数学家拉姆塞(F. Ramsey)在1928年提出的.以后在卡斯(D. Cass)、萨缪尔森、库普曼(T. C. Koopmans,美籍荷兰人,1975年与苏联的康托洛维奇(Л. Канторович)同获诺贝尔经济学奖金)等人的著作中又得到发展.在数学上,问题是这样提的:设经济系统是一个用微分方程或微分不等式描述的系统,要求在一定的约束条件下,使如下的目标函数("社会福利函数")达到最大

$$U=\int_0^{\infty} e^{-pt}u(C(t))\mathrm{d}t, p>0$$

这里 $C(t)$ 代表时间 t 时的总消费量或人均消费量(它是财货空间中的向量),$u(C)$ 是消费量为 C 时的效用函数,e^{-pt}, $p>0$ 称为效用的折扣因子,表示重视眼前利益的程度.近几年来对这个问题的数学讨论很深入,用了不少最优控制、非线性泛函分析的工具.

3. 我国的社会主义经济计划

当前我国正在制定二十年的国民经济计划,在本世纪末,在不断提高经济效益的前提下,力争使全国工农业年总产值翻两番,把我国建设成为一个小康的社会,实现社会主义现代化而奋斗.制定国民经济计划当然紧密联系着体制问题和社会再生产的理论问题;可以说,如果体制改革解决得较好,经济结构问题解决得较好,国民经济计划也就比较容易制订.但是要制定具体的计划,仍有特殊的理论问题需要解决.从数理经济学的角度来看,这方面的工作是从50年代初荷兰经济学家丁伯根(J. Tinbergen,1969年与挪威经济学家弗利希(R. Frisch)一起作为计量经济学的奠基人而获得诺贝尔经济学奖金)的工作开始的,近年来在西方以及苏联和东欧都有不少研究.

在数学上,经济计划可表达为一个随机控制问题.一个经济计划中有两个要素:一是计划的范围(horizon),即计划所考虑的时间区间;另一是计划的周

期，即在这段时间内计划不再做任何修订. 理论上来说，可以有“时期计划”和“事件计划”两种，前者是按固定的周期修订计划，后者是根据目标是否达到来修订计划（一个有趣的结果指出，如果整个过程中没有什么不确定因素，那么这两种制订计划的方式是等价的；但是如果有不确定因素存在，“事件计划”比“时期计划”要来得好.）作为控制问题的经济计划的目标函数是总的经济效益减去计划的费用

$$V=E\sum_{\tau=0}^{\infty}\left\{\int_{t_\tau}^{t_{\tau+1}}B(x(t),\alpha_\tau(t).\,H_\tau)\mathrm{e}^{-rt}\,\mathrm{d}t-C(\alpha_\tau(t),H_\tau)\mathrm{e}^{-rt\tau}\right\}$$

这里 $x(t)$ 是经济系统的状态，它满足某个微分方程；$\alpha_\tau(t)$ 是在周期$[t_\tau,t_{\tau+1}]$中的计划，即所采取的经济决策；H_t 是当时考虑的时间范围；e^{-rt}，$r>0$ 也是折扣因子，表示重视眼前利益的程度；E 表示数学期望，因为其中有些是随机量. 问题是怎样选择周期$[t_\tau,t_{\tau+1}]$，范围 H_τ，制订计划 α_τ，使这一目标函数 V 达到最大.

总之，数理经济学是非常值得我们注意的一门新兴学科. 我们在这里提出一些十分粗浅的看法，供经济工作者和数学工作者讨论，并希望有更多的同志来投入这方面的工作.

经济均衡理论及其计算方法①

历史上，数学的发展曾从天文学、力学、物理学得到巨大的推动. 而最近二三十年，则是生物学、经济学等学科所提出的数学问题，对数学的发展产生深刻的影响. 本文所要介绍的就是这方面的一个生动例子：数理经济学中经济均衡理论的发展要求找到计算均衡价格的有效算法，这种要求导致美国经济学家斯卡夫(H. E. Scarf)先于数学家发明了不动点算法，从而开创了计算数学中高度非线性问题数值方法研究的新方向.

一、“看不见的手”

英国古典经济学派的创始人亚当·史密斯在1776年出版的名著《国富论》中写道，在自由经济的条件下，每个人所追求的是个人的利益，但有一只“看不见的手”引导他去促进社会的利益. 由于追求自身利益，他不自觉地促进了社会的利益，其效果甚至比他真的想促进社会利益时所能达到的效果还大. 当然，人们把亚当·史密斯关于“看不见的手”的说法看作是资本主义自由经济的辩护词. 然而，正如我国数理经济学家史树中所指出的[1]，从系统理论和控制理论的观点来看，“看不见的手”一说提出的问题是深刻的：假设有一个包含许多小系统的大系统，大系统有一个总目标，小系统各有各的小目标，试问，

① 梁美灵，《自然杂志》第11卷(1988年)第3期.

是否可能存在一只“看不见的手”来对各小系统进行引导,使得每个小系统都只要追求各自小目标的最优,就能使大系统的总目标达到最优?

二、一般经济均衡理论

100年以后,法国经济学家,洛桑学派的创始人瓦尔拉(L. Walras)在他1874年的著作《纯粹政治经济学原理》中把亚当·史密斯的概念提炼成一般经济均衡(general economic equilibria)的理论.瓦尔拉把“看不见的手”解释为供不应求则价格上升、供大于求则价格下降的市场调节作用,把“社会利益”解释为供求平衡,考虑在各方面都追求自己利益的条件下,是否存在一组合适的所谓均衡价格,使得由此决定的市场供给和市场需求正好相等.瓦尔拉虽然发表过均衡价格存在性的两个证明,一个是数学的,一个是经济学的,但是随后都被发现有很大的漏洞.然而,瓦尔拉的一般经济均衡理论还是有很大的吸引力.怎样严格地陈述和证明瓦尔拉一般经济均衡理论中均衡价格的存在性,成了当时数理经济学的中心课题.

20世纪30年代以来,英国的希克斯(J. Hicks)、美国的萨缪尔森(P. Samuelson)等人在前人工作的基础上,对一般经济均衡的性态进行了研究.到了50年代,在美籍荷兰经济学家库普曼(T. Koopmans)和美国经济学家阿罗(K. Arrow)的研究的影响下,美籍法国经济学家德布罗(G. Debreu)利用数学中的布劳威尔不动点定理,首次令人满意地严格证明了瓦尔拉一般经济均衡理论中均衡价格的存在性[2],而且主要由于这个成就,德布罗荣获1983年度的诺贝尔经济学奖.上面提到的萨缪尔森在1970年,希克斯和阿罗在1972年,库普曼在1975年也都曾荣获诺贝尔经济学奖.诺贝尔经济学奖设立还不到20年,迄今获奖者只有20多人,上述学者却占了很大比例,由此可见一般经济均衡理论是颇受国际经济学界重视的.

三、均衡价格的存在性

下面以有限纯交换经济为例,简单介绍一下德布罗对均衡价格存在性的证明的主要思想.

设有 n 种商品,它们的一组单价为

$$p=(p_1,p_2,\cdots,p_n)$$

$$p_i\geqslant 0,i=1,2,\cdots,n$$

即用 n 维欧氏空间中的一个非负向量来表示,这个向量称为价格向量.交换各方为满足各自的目的,按照这个价格向量,并在支出不得超过财富(按各自库存商品计值)的约束下,确定各自的需求.合在一起,就确定了市场对各种商品的总需求.如果对于某种商品,市场总需求大于市场总库存,即供不应求,那么这种商品就要涨价;如果对于某种商品,供大于求,那么这种商品就要跌价.这样,在市场调节的作用下,价格向量 p 就变为 p'.当然,p' 还是 n 维欧氏空间中的一个非负向量.记 $\mathbf{R}_+^n$ 为 n 维欧氏空间中非负向量的全体,则这种市场调节作用就可以表示为一个连续映照 $F:\mathbf{R}_+^n \to \mathbf{R}_+^n$.

在一个封闭的交换经济系统中,供求关系只由各种商品价格的比值(而不是它们的绝对值)确定,因此我们可以对价格向量做规范化处理:保持各种商品价格的比值不变,但是使得各种商品价格的总和是1.对 p 和 p' 都这样处理,就得到一个连续映照 $f:S^{n-1} \to S^{n-1}$,其中 S^{n-1} 由 $\mathbf{R}_+^n$ 中各分量之和为1的向量组成,即 $S^{n-1}=\{p \in \mathbf{R}_+^n : p_1+p_2+\cdots+p_n=1\}$,这是一个 $n-1$ 维单纯形,称为价格单纯形.

因为 f 是单纯形到单纯形自身的连续映照,布劳威尔不动点定理断定 f 有不动点,即有一个 $p^* \in S^{n-1}$.使得 $p^*=f(p^*)$.在经济学上,$p^*=f(p^*)$ 就是说,价格向量 p^* 经过市场调节 f 作用之后保持不动,仍然还是 p^*.但前面说过,供不应求的商品价格要上升,供大于求的商品价格要下降.价格 p^* 对于市场调节保持不动,就意味着供求平衡,所以 p^* 就是所谓均衡价格.

德布罗就是这样把均衡价格存在性问题转化成等价的不动点问题,指出均衡价格就是一个不动点,并证明了它的存在性.自然要问,能不能具体地把均衡价格计算出来?数学上的布劳威尔定理只能肯定不动点的存在,而不能具体确定不动点在哪里,而且当时数学家也没有找到计算布劳威尔不动点的方法.是美国经济学家斯卡夫首先在这方面做出了重大的突破.

四、斯卡夫的不动点算法

斯卡夫早年在美国普林斯顿大学数学系取得博士学位以后,潜心研究数理经济学的一般经济均衡理论,他现在是美国耶鲁大学经济学系教授.1967年,他提出用有限序列逼近不动点的有效算法[3],解决了均衡价格的计算问题.斯卡夫的工作对经济学和数学这两个学科都产生了深远的影响.数学家和数理经济学家追随斯卡夫的工作,发展起高度非线性问题数值解的有效方法——不动点算法.一个经济学家的成就对数学产生如此深远的影响,在科学发展史上是前所未有的.1973年,斯卡夫出版专著[4]总结了这方面的工作.在阿罗等人主编的权威的《数理经济学手册》第二卷中,可以找到斯卡夫写的关于这方面的一个精简论述[5].

现在以 $n=3$ 即仅有3种商品为例,说明由斯卡夫开创的、经过库恩(H. W.

Kuhn）等人改进的计算均衡价格 p^* 的方法．当 n 较大时，除了表达上相应长一点以外，做法是完全一样的．详细的讨论可看资料[6]．因 $n=3,n-1=2$，这时 $S^{n-1}=S^2$ 是二维单纯形，即三角形，如图 1．设 m 是一个正整数，将 S^2 的每边等分成 m 段，从而将 S^2 很规则地等分成 m^2 个小三角形，如图 2．小三角形所有顶点的集合记作 V．

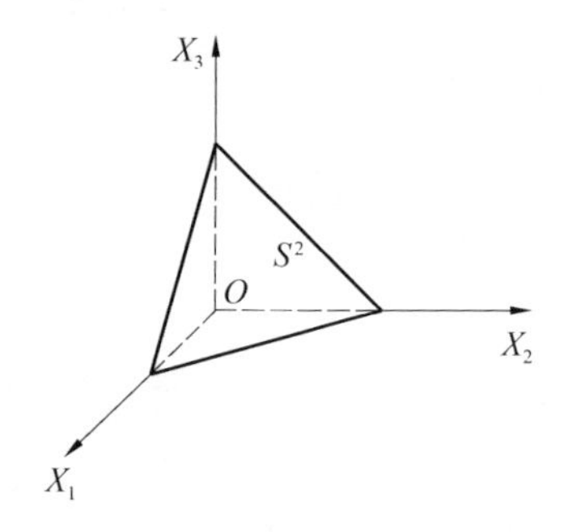

图 1　二维单纯形 S^2

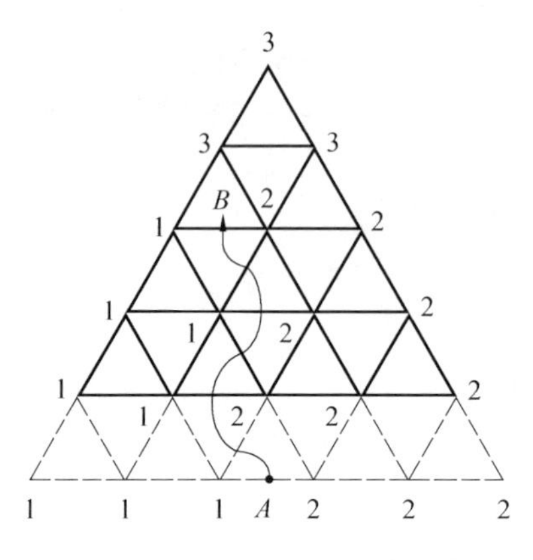

图 2　斯卡夫不动点算法

S^2 中的每个点就是一个价格向量，在市场调节之下，有些分量可能上升，有些分量可能下降，但所有分量的和要保持为 1．设 p 是一个顶点，p 当然有正的分量．这些正分量中当然有一些经过市场调节 f 后不增大，否则与分量之和保持为 1 矛盾．我们取非增正分量的最小序号为顶点 p 的整数标号 $l(p)$．例如，$p=(0.7,0.3,0)$，$f(p)=(0.7,0.2,0.1)$，其中第一、第二分量为非增正分量，即非增正分量的序号是 1 和 2，最小的是 1，所以 $l(p)=1$．再如 $p=(0.4,0,0.6)$，$f(p)=(0.5,0,0.5)$，第二分量虽然非增，但不是正分量，故只有第三分量是非增正分量，所以 $l(p)=3$．这样就得到对应 $l:V\to\{1,2,3\}$．很明显，大三角形 S^2 下底上顶点的第三分量为零（参见图1），所以它们的标号都不会是3．同理 S^2 右腰上顶点的标号都不是1，左腰上顶点的标号都不是2．现在，在 S^2 下面人为地加上一层(图 2 中虚线所示),在新顶点上用人为标号:任意选定一个进口 A,在 A 左边的顶点标号都取 1,右边顶点标号都取 2. 可以证明,从 A 出发,按照标号 1 的顶点在左、标号 2 的顶点在右的方式前进,一定可以找到一个小三角形 B,它的三个顶点的标号分别为 1,2,3. 这样的小三角形称为全标三角形.

因为 f 是连续映照,如果全标三角形很小,一个顶点的第一分量不增,那么其余两个顶点的第一分量差不多也不增. 所以,很小的全标三角形的 3 个顶点的第一分量差不多都不增. 同理,很小的全标三角形的 3 个顶点的第二分量和第三分量差不多都不增. 但分量之和要保持为 1,都不增大的话就必须都不减小,因此,都不增大就必须都保持不动. 由此可见,很小的全标三角形可以作为近似的不动点,即近似的均衡价格向量.

要找到很小的全标三角形,只要将大三角形 S^2 分得细碎些,即只要把正整数 m 取得大一些就可以了. 这样,斯卡夫就完全解决了均衡价格的计算问题.

德布罗主要因为证明了均衡价格的存在性而获得了诺贝尔经济学奖. 现在,斯卡夫发明了严密有效的数学方法,可以把均衡价格具体算出来,并由此开创了非线性问题不动点算法的研究. 因此,有人推测斯卡夫在不久的将来将获得诺贝尔经济学奖.

经济学需要数学,经济学推动数学. 数理经济学的进展,提供了启发性的例子.

参考资料

[1] 史树中,《高校应用数学学报》,1(1986)131.

[2] Debreu,G.,*Handbook of Mathematical Economics*,Vol. 2,Arrow,K.,Intriligator,M. ed.,North-Holland(1982)697.

[3] Scarf,H.,*SIAM J. Appl. Math.*,15(1967)1328.

[4] Scarf,H.,*Computation of Econonic Equilibria*,Yale Univ. Press(1973).

[5] Scarf,H.,*Handbook of Mathematical Economics*,Vol. 2,Arrow,K.,Intriligator,M. ed.,North-Holland(1982)1007.

[6] 王则柯,《单纯不动点算法基础》,中山大学出版社(1986).

从数理经济学到数理金融学的百年回顾[①]

1874年1月，在瑞士洛桑大学拥有教席的法国经济学家瓦尔拉斯发表了他的论文《交换的数学理论原理》，首次公开他的一般经济均衡理论的主要观点. 虽然人们通常认为数理经济学的创始人是法国数学家、经济学家和哲学家古诺(A. A. Cournot，1801—1877)，他在1838年出版了《财富理论的数学原理研究》一书，但是对今日的数理经济学影响最大的是瓦尔拉斯的一般经济均衡理论，尤其是，直到现在为止，一般经济均衡理论仍然是唯一对经济整体提出的理论.

一、一般经济均衡理论和数学公理化

所谓一般经济均衡理论大致可以这样来简述：在一个经济中有许多经济活动者，其中一部分是消费者，一部分是生产者. 消费者追求消费的最大效用，生产者追求生产的最大利润，他们的经济活动分别形成市场上对商品的需求和供给. 市场的价格体系会对需求和供给进行调节，最终使市场达到一个理想的一般均衡价格体系. 在这个体系下，需求与供给达到均衡，而每个消费者和每个生产者也都达到他们的最大化要求.

瓦尔拉斯把上述思想表达为这样的数学问题：假定市场上一共有 l 种商品，每一种商品供给和需求都是这 l 种商品的价

① 史树中，《科学》第52卷(2000年)第6期.

格的函数.于是这 l 种商品的供需均衡就得到 l 个方程.但是价格需要有一个计量单位,或者说实际上只有各种商品之间的比价才有意义,因而这 l 种商品的价格之间只有 $l-1$ 种商品的价格是独立的.为此,瓦尔拉斯又加入了一个财务均衡关系,即所有商品供给的总价值应该等于所有商品需求的总价值.这一关系现在就称为"瓦尔拉斯法则",它被用来消去一个方程.这样、瓦尔拉斯最终就认为,他得到了求 $l-1$ 种商品价格的 $l-1$ 个方程所组成的方程组.按照当时已为人们熟知的线性方程组理论,这个方程组有解,其解就是一般均衡价格体系.

瓦尔拉斯当过工程师,也专门向人求教过数学,这使他能把他的一般经济均衡的思想表达成数学形式.但是他的数学修养十分有限.事实上,他提出的上述"数学论证"在数学上是站不住脚的,这是因为,如果方程组不是线性的,那么方程组中的方程个数与方程是否有解就没有什么直接关系.于是从数学的角度来看,长期以来瓦尔拉斯的一般经济均衡体系始终没有坚实的基础.

这个问题经过数学家和经济学家 80 年的努力,才得以解决.其中包括大数学家冯·诺依曼(J. von Neumann,1903—1957),他曾在 1930 年投身到一般经济均衡的研究中去,并因此提出他的著名的经济增长模型,还包括 1973 年诺贝尔经济学奖获得者列昂节夫(W. Leontiev,1906—1999),他在 1930 年末开始他的投入产出方法的研究,这种方法实质上是一个一般经济均衡的线性模型.

分别获得 1970 年和 1972 年诺贝尔经济学奖的萨缪尔森(P. Samuleson,1915—)和希克斯(J. R. Hicks,1904—1989),也是因他们用数学方式研究一般经济均衡体系而著称.而最终在 1954 年给出一般经济均衡存在性严格证明的是阿罗(K. Arrow,1921—)和德布鲁.他们对一般经济均衡问题给出了富有经济含义的数学模型,即利用 1941 年日本数学家角谷静夫对 1911 年发表的布劳威尔不动点定理的推广,才给出一般经济均衡价格体系的存在性证明.阿罗和德布鲁也因此先后于 1972 年和 1983 年获得诺贝尔经济学奖.

阿罗和德布鲁都以学习数学开始他们的学术生涯.阿罗有数学的学士和硕士学位,德布鲁则完全是主张公理化、结构化方法的法国布尔巴基学派培养出来的数学家.他们两人是继冯·诺依曼后最早在经济学中引入数学公理化方法的学者.阿罗在 1951 年出版的《社会选择与个人价值》一书中,严格证明了满足一些必要假设的社会决策原则不可能不恒同于"某个人说了算"的"独裁原则".这就是著名的阿罗不可能性定理.而德布鲁则是在他与阿罗一起证明的一般经济均衡存在定理的基础上,把整个一般经济均衡理论严格数学公理化,形成他于 1959 年出版的《价值理论》一书.这本 114 页的小书,今天已被认为是现代数理经济学的里程碑.

经济学为什么需要数学公理化方法?这是一个始终存在争论的问题.对于这个问题,德布鲁的回答是:"坚持数学严格性,使公理化已经不止一次地引导经济学家对新研究的问题有更深刻的理解，并使适合这些问题的数学技巧用得更好. 这就为向新方向开拓建立了一个可靠的基地，它使研究者从必须推敲前人工作的每一细节的桎梏中解脱出来. 严格性无疑满足了许多当代经济学家的智力需要，因此，他们为了自身的原因而追求它，但是作为有效的思想工具，它也是理论的标志."[1] 在这样的意义下，才能正确理解现代数理经济学、数理金融学的发展究竟意味着什么. 当然，这并非说通过对各种现象、实例、故事的描述、罗列、区分，使人们从中悟出许多哲理来的"文学文化"的认识方法不能认识经济学、金融学的一些方面. 但是，认为经济学、金融学不需要用公理化方法架构的科学理论，而只需要对经济现实、金融市场察言观色的经验，那将更不能认识经济学、金融学的本质.

二、从"华尔街革命"追溯到 1900 年

狭义的金融学是指金融市场的经济学. 现代意义下的金融市场至少已有 300 年以上的历史，它从一开始就是经济学的研究对象. 但人们通常认为现代金融学只有不到 50 年的历史. 这 50 年也就是使金融学成为可用数学公理化方法架构的历史.

从瓦尔拉斯－阿罗－德布鲁的一般经济均衡体系的观点来看，现代金融学的第一篇文献是阿罗于 1953 年发表的论文《证券在风险承担的最优配置中的作用》. 在这篇论文中，阿罗把证券理解为在不确定的不同状态下有不同价值的商品. 这一思想后来又被德布鲁所发展，他把原来的一般经济均衡模型通过拓广商品空间的维数来处理金融市场，其中证券无非是不同时间、不同情况下有不同价值的商品. 但是后来大家发现，把金融市场用这种方式混同于普通商品市场是不合适的. 原因在于它掩盖了金融市场的不确定性本质. 尤其是其中隐含着对每一种可能发生的状态都有相应的证券相对应，如同每一种可能有的金融风险都有保险那样，与现实相差太远.

这样，经济学家又为金融学寻求其他的数学架构. 新的用数学来架构的现代金融学被认为是两次"华尔街革命"的产物. 第一次"华尔街革命"是指 1952 年马科维茨的证券组合选择理论的问世. 第二次"华尔街革命"是指 1973 年布莱克－肖尔斯期权定价公式的问世. 这两次"革命"的特点之一都是避开了一般经济均衡的理论框架，以致在很长时期内都被传统的经济学家认为是"异端邪说". 但是它们又确实使以华尔街为代表的金融市场引起了"革命"，从而最终也使金融学发生根本改观. 马科维茨因此荣获 1990 年诺贝尔经济学奖，肖尔斯(M. Scholes，1941—) 则和对期权定价理论做出系统研究的默顿一起荣获 1997 年的诺贝尔经济学奖. 布莱克不幸早逝，没有与他们一起领奖.

马科维茨研究的是这样一个问题：一个投资者同时在许多种证券上投资，那么应该如何选择各种证券的投资比例，使得投资收益最大，风险最小. 马科维茨在观念上的最大贡献，在于他把收益与风险这两个原本有点含糊的概念明确为具体的数学概念. 由于证券投资上的收益是不确定的，马科维茨首先把证券的收益率看作一个随机变量，而收益定义为这个随机变量的均值(数学期望)，风险则定义为这个随机变量的标准差(这与人们通常把风险看作可能有的损失的思想相差甚远). 于是，如果把各证券的投资比例看作变量，问题就可归结为怎样使证券组合的收益最大、风险最小的数学规划. 对每一固定收益都求出其最小风险，那么在风险－收益平面上，就可画出一条曲线，它称为组合前沿.

马科维茨理论的基本结论是：在证券允许卖空的条件下，组合前沿是一条双曲线的一支；在证券不允许卖空的条件下，组合前沿是若干段双曲线段的拼接. 组合前沿的上半部称为有效前沿. 对于有效前沿上的证券组合来说，不存在收益和风险两方面都优于它的证券组合. 这对于投资者的决策来说自然有很重要的参考价值.

马科维茨理论是一种纯技术性的证券组合选择理论. 这一理论是他在芝加哥大学作的博士论文中提出的. 但在论文答辩时，它被一位当时已享有盛名、后以货币主义而获 1976 年诺贝尔经济学奖的弗里德曼(M. Friedman, 1912—)斥之为“这不是经济学”！为此，马科维茨不得不引入以收益和风险为自变量的效用函数，来使他的理论纳入通常的一般经济均衡框架.

瓦尔拉斯(L. Warlas, 1834—1910)一般经济均衡理论的奠基人

德布鲁(G. Debreu, 1921—)一般经济均衡理论严格数学公理化的提供者之一

马科维茨(H. Markowitz, 1927—)证券组合选择理论的创立者

马科维茨的学生夏普(W. Sharpe, 1934—)和另一些经济学家，则进一步在一般经济均衡的框架下，假定所有投资者都以这种效用函数来决策，从而导出全市场的证券组合收益率是有效的以及所谓资本资产定价模型(Capital Asset Pricing Model, 简称 CAPM). 夏普因此与马科维茨一起荣获 1990 年诺贝尔经济学奖. 另一位 1981 年诺贝尔经济学奖获得者托宾(J. Tobin, 1918—)在对于允许卖空的证券组合选择问题的研究中，导出每一种有效证

券组合都是一种无风险资产与一种特殊的风险资产的组合(它称为二基金分离定理),从而得出一些宏观经济方面的结论.

在1990年与马科维茨、夏普一起分享诺贝尔奖的另一位经济学家是新近刚去世的米勒.他与另一位在1985年获得诺贝尔奖的莫迪利阿尼(F. Modigliani,1918—)一起在1958年以后发表了一系列论文,探讨“公司的财务政策(分红、债权/股权比等)是否会影响公司的价值”这一主题.他们的结论是:在理想的市场条件下,公司的价值与财务政策无关.这些结论后来就被称为莫迪利阿尼-米勒定理.他们的研究不但为公司理财这门新学科奠定了基础,并且首次在文献中明确提出无套利假设.

所谓无套利假设,是指在一个完善的金融市场中,不存在套利机会(即确定的低买高卖之类的机会).因此,如果两个公司将来的(不确定的)价值是一样的,那么它们今天的价值也应该一样,而与它们财务政策无关;否则人们就可通过买卖两个公司的股票来获得套利.达到一般经济均衡的金融市场显然一定满足无套利假设.这样,莫迪利阿尼-米勒定理与一般经济均衡框架是相容的.

但是,直接从无套利假设出发来对金融产品定价,则使论证大大简化.这就给人以启发,不必非要背上沉重的一般经济均衡的十字架不可,从无套利假设出发就已可为金融产品的定价得到许多结果.从此,金融经济学就开始以无套利假设作为出发点.

以无套利假设作为出发点的一大成就也就是布莱克-肖尔斯期权定价理论.所谓(股票买人)期权是指以某固定的执行价格在一定的期限内买入某种股票的权利.期权在它被执行时的价格很清楚,即:如果股票的市价高于期权规定的执行价格,那么期权的价格就是市价与执行价格之差;如果股票的市价低于期权规定的执行价格,那么期权是无用的,其价格为零.现在要问:期权在其被执行前应该怎样用股票价格来定价?

为解决这一问题,布莱克和肖尔斯先把模型连续动态化.他们假定模型中有两种证券,一种是债券,它是无风险证券,也是证券价值的计量基准,其收益率是常数;另一种是股票,它是风险证券,沿用马科维茨的传统,它也可用证券收益率的期望和方差来刻画,但是动态化以后,其价格的变化满足一个随机微分方程,其含义是随时间变化的随机收益率,其期望值和方差都与时间间隔成正比.这种随机微分方程称为几何布朗运动.然后,利用每一时刻都可通过股票和期权的适当组合对冲风险,使得该组合变成无风险证券,从而就可得到期权价格与股票价格之间的一个偏微分方程,其中的参数是时间一、期权的执行价格、债券的利率和股票价格的“波动率”.出人意料的是,这一方程居然还有显式解.于是布莱克-肖尔斯期权定价公式就这样问世了.

与马科维茨的遭遇类似,布莱克-肖尔斯公式的发表也困难重重地经过好几年.与市场中投资人行为无关的金融资产的定价公式,对于习惯于用一般经济均衡框架对商品定价的经济学家来说很难接受.这样,布莱克和肖尔斯不得不直接到市场中去验证他们的公式.结果令人非常满意.有关期权定价实证研究结果先在1972年发表,然后再是理论分析于1973年正式发表.与此几乎同时的是芝加哥期权交易所也在1973年正式推出16种股票期权的挂牌交易(在此之前期权只有场外交易),使得衍生证券市场从此蓬勃地发展起来.布莱克—肖尔斯公式也因此有数不清的机会得到充分验证,而使它成为人类有史以来应用最频繁的一个数学公式.

布莱克—肖尔斯公式的成功与默顿的研究是分不开的,后者甚至在把他们的理论深化和系统化上做出更大的贡献.默顿的研究后来被总结在1990年出版的《连续时间金融学》一书中.对金融问题建立连续时间模型也在近30年中成为金融学的核心.这如同连续变量的微分学在瓦尔拉斯时代进入经济学那样,尽管现实的经济变量极少是连续的,微分学能强有力地处理经济学中的最大效用问题;而连续变量的金融模型,同样使强有力的随机分析更深刻地揭示金融问题的随机性.

不过,用连续时间模型来处理金融问题并非从布莱克—肖尔斯—默顿理论开始.1950年,萨缪尔森就已发现,一位几乎被人遗忘的法国数学家巴施里叶(L. Bachelier,1870—1946)早在1900年已在其博士论文《投机理论》中用布朗运动来刻画股票的价格变化,并且这是历史上第一次给出的布朗运动的数学定义,比人们熟知的爱因斯坦(A. Einstein,1879—1955)1905年的有关布朗运动的研究还要早.

尤其是,巴施里叶实质上已开始研究期权定价理论,而布莱克—肖尔斯—默顿的工作其实都是在萨缪尔森的影响下,延续了巴施里叶的工作.这样一来,数理金融学的"祖师爷"就成了巴施里叶.对此,法国人感到很自豪,最近他们专门成立了国际性的"巴施里叶协会".2000年6月,协会在巴黎召开第一届盛大的国际"巴施里叶会议",以纪念巴施里叶的论文问世100周年.

三、谁将是下一位金融学诺贝尔经济学奖得主

布莱克—肖尔斯公式的成功,也是用无套利假设来为金融资产定价的成功.这一成功促使1976年罗斯(S. A. Ross,1944—)的套利定价理论(Arbitrage Pricing Theory,简称APT)的出现.APT是作为CAPM的替代物而问世的.CAPM的验证涉及对市场组合是否有效的验证,但是这在实证上是不可行的.于是针对CAPM的单因素模型,罗斯提出目前被统称为APT的多因素模型来取代它.对此,罗斯构造了一个一般均衡模型,证明了各投资者持有

的证券价值在市场组合中的份额越来越小时，每种证券的收益都可用若干基本经济因素来一致近似地线性表示. 后来有人发现，如果仅仅需要对各种金融资产定价的多因素模型做出解释，并不需要一般均衡框架，而只需要线性模型假设和“近似无套利假设”：如果证券组合的风险越来越小，那么它的收益率就会越来越接近无风险收益率.

这样，罗斯的 APT 就变得更加名副其实. 从理论上来说，罗斯在其 APT 的经典论文中更重要的贡献是提出了套利定价的一般原理，其结果后来被称为“资产定价基本定理”. 这条定理可表述为：无套利假设等价于存在对未来不确定状态的某种等价概率测度，使得每一种金融资产对该等价概率测度的期望收益率都等于无风险证券的收益率. 1979 年罗斯还与考克斯(J. C. fox)、鲁宾斯坦(M. Rubinstein) 一起，利用这样的资产定价基本定理对布莱克 － 肖尔斯公式给出了一种简化证明，其中股票价格被设想为在未来若干时间间隔中越来越不确定地分叉变化，而每两个时间间隔之间都有上述的“未来收益的期望值等于无风险收益率”成立. 由此得到期权定价的离散模型. 而布莱克 － 肖尔斯公式无非是这一离散模型当时间间隔趋向于零时的极限.

这样一来，金融经济学就在很大程度上离开了一般经济均衡框架，而只需要从等价于无套利假设的资产定价基本定理出发. 由此可以得到许多为金融资产定价的具体模型和公式，并且形成商学院学生学习“投资学”的主要内容. 1998 年米勒在德国所作的题为《金融学的历史》的报告中把这样的现象描述成：金融学研究被分流为经济系探讨的“宏观规范金融学”和商学院探讨的“微观规范金融学”. 这里的主要区别之一就在于是否要纳入一般经济均衡框架. 同时，米勒还指出，在金融学研究中，“规范研究”与“实证研究”之间的界线倒并不很清晰. 无论是经济系的“宏观规范”研究还是商学院的“微观规范”研究一般都少不了运用模型和数据的实证研究. 不过由于金融学研究与实际金融市场的紧密联系，“微观规范”研究显然比“宏观规范”研究要兴旺得多.

至此，从数理经济学到数理金融学的百年回顾已可基本告一段落. 正如米勒在上述报告中所说，回顾金融学的历史有一方便之处，就是看看有谁因金融学研究而获得诺贝尔经济学奖，笔者同样利用了这一点. 恰好在本文发稿期间，传来消息：2000 年诺贝尔经济学奖颁给美国经济学家赫克曼和麦克法登，以表彰他们在与本文主题密切相关的微观计量经济学领域所做出的贡献. 那么还有谁会因其金融学研究在 21 世纪获得诺贝尔奖呢？

看来，似乎罗斯有较大希望. 但在米勒的报告中，他更加推崇他的芝加哥大学同事法玛(E. F. Fama). 法玛的成就首先是因为他在 1960 年代末开始的市场有效性方面的研究. 所谓市场有效性问题，是指市场价格是否充分反映市场信息的问题. 当金融商品定价已建立在无套利假设的基础上时，对市场是否有效的实证检验就和金融理论是否与市场现实相符几乎成了一回事. 这大致可以这样来说,如果金融市场的价格变化能通过布朗运动之类的市场有效性假设的检验,那么市场就会满足无套利假设. 这时,理论比较符合实际,而对投资者来说,因为没有套利机会,就只能采取保守的投资策略. 而如果市场有效性假设检验通不过,那么它将反映市场有套利机会,市场价格在一定程度上有可预测性,投资者就应该采取积极的投资策略. 业间流行的股市技术分析之类就会起较大作用. 这样,市场有效性的研究对金融经济学和金融实践来说就变得至关重要. 法玛在市场有效性的理论表述和实证研究上都有重大贡献.

法玛的另一方面影响极大的重要研究是最近几年来他与弗兰齐(E. French)等人对 CAPM 的批评. 他们认为,以市场收益率来刻画股票收益率,不足以解释股票收益率的各种变化,并建议引入公司规模以及股票市值与股票账面值的比作为新的解释变量. 他们的一系列论文引起金融界非常热烈的争论,并且已开始被人们广泛接受. 虽然他们的研究基本上还停留在计量经济学的层次,但势必会对数理金融学的结构产生根本影响.

法玛的研究是金融学中典型的"微观规范"与实证的研究. 至于"宏观规范"的研究,应该提到关于不完全市场的一般经济均衡理论研究. 由无套利假设得出的资产定价基本定理以及原有的布莱克－肖尔斯理论,实际上只能对完全市场中的金融资产唯一定价. 这里的完全市场是指作为定价出发点的基本资产(无风险证券、标的资产等)能使每一种风险资产都可以表达为它们的组合. 实际情况自然不会是这样. 关于不完全证券市场的一般经济均衡模型是拉德纳(R. Radner)于 1972 年首先建立的,他同时在对卖空有限制的条件下,证明了均衡的存在性. 但是过了三年,哈特(Q. Hart)举出一个反例,说明在一般情况下,不完全证券市场的均衡不一定存在.

这一问题曾使经济学家们困惑很久. 一直到 1985 年,达菲(D. Duffle)和夏弗尔(W. Schafer)指出,对于"绝大多数"的不完全市场,均衡还是存在的. 遗憾的是,他们同时还证明了,不完全市场的"绝大多数"均衡都不能达到"资源最优配置". 这样的研究结果的经济学含义值得人们深思. 达菲和夏弗尔的数学证明还使数学家十分兴奋,因为他们用到例如格拉斯曼流形上的不动点定理那样的对数学家来说也是崭新的研究. 此后的十几年,沿着这一思想发展出一系列与完全市场相对应的各种各样的反映金融市场的不完全市场一般均衡理论. 在这方面也有众多贡献的麦基尔(M. Magill)和奎恩兹(M. Quinzii)已经在 20 世纪末为这一主题写出厚厚的两卷专著. 这些数理经济学家作为个人对诺贝尔经济学奖的竞争力可能不如罗斯和法玛,但是不完全市场一般经济均衡作为数理经济学和数理金融学的又一高峰,则显然是诺贝尔经济学奖的候选者.

21 世纪的到来伴随着计算机和互联网网络飞速发展. 在这些高新技术的

推动下，金融市场将进一步全球化、网络化. 网上交易、网上支付、网上金融机构、网上清算系统等更使金融市场日新月异. 毫无疑问，21世纪的数理金融学将更以意想不到的面貌向人们走来.

参考资料

[1] 德布鲁. 数学思辨形式的经济理论. 史树中译. 数学进展，1988，3(17)：251.
[2] 史树中. 数学与经济. 长沙：湖南教育出版社，1990.
[3] 瓦尔拉斯. 纯粹经济学要义. 蔡树柏译. 北京：商务印书馆，1989.
[4] 德布鲁. 价值理论. 刘勇、梁日杰译. 北京：北京经济学院出版社，1989.
[5] Miller M H. Journal of Portfolio Management，1999，Summer：95.

数 理 化 学[①]

数理化学的议题，不仅有数学上有意义的问题，而且还有各种各样依靠数学家和化学家密切合作友好竞赛才可能解决的问题.

一、何谓数理化学

我担任国际数理化学会理事以来都快5年了，但是要我回答化学界在多大程度上认识了数理化学，无可否认仍然感到有某种犹豫.但是，与10年前相比较，情况已大大好转，这也是事实.《数理化学杂志》(*Journal of Mathematical Chemistry*)由瑞士的巴尔泽(J. C. Baltzer)出版发行以来已经过了7年.以数理化学为名的国际会议也开了好几届.这方面的情况在《数理科学事典》的“数理化学”一项中都已写了，望参看之[1].

物理数学尽管在物理学中已被认可作为大学课程，仍然还听说物理学家又有了一种抵制数学物理的方式.物理学界尚且如此，所以这里丝毫不打算给数理化学下定义并且作引申，而是意在向化学家集团叙述对数理化学的认识，向化学圈子以外的人们宣传数理化学思想方法的重要性和它在自然科学发展中作用的大小.

免去那种不必要的东西，在这篇小文中，准备就几个数学

① 细矢治夫，《自然杂志》第15卷(1992年)第8期.

定理的证明以及数学中某个领域的发展，提纲挈领地介绍化学是如何提出重要问题及其动机的几个实际例子. 因为我觉得这是数理化学在现代科学中的如实反映.

二、同分异构体的计数与实际存在的分子

组成相同、但原子之间的联系亦即结构不同的化合物称为同分异构体(isomer)，图 1 的两种碳氢化合物(仅由碳和氢原子组成的最基本的有机化合物) 即为同分异构体. 1935 年匈牙利数学家波利亚(G. Pólya) 为了系统进行碳氢化合物同分异构体的计数而确立了置换群，即群论的新的方法论[2]，也就是想出了循环指标(cycle index) 及计数多项式(counting polynomial) 等强有力的工具. 由此，图论及组合理论等数学领域有了飞速的进步.

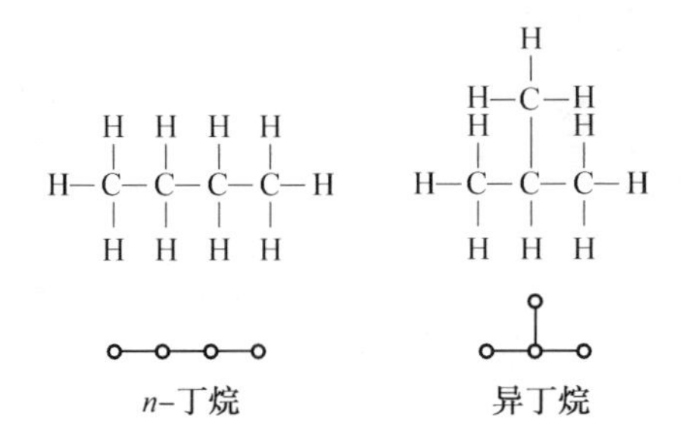

图 1　丁烷 C_4H_{10} 的两种同分异构体的结构式与碳原子骨架

既无双键亦无环的链状饱和碳氢化合物，即所谓链烷的同分异构体如表 1 所示那样，随着碳原子数的增大而急剧增多. 如果使用波利亚的理论，那么这一计数可以严格地继续到无限大的体系. 这在其他人看来也许只是些单纯的数字游戏，但是在化学与数学的世界里，这一计数各自都具有重大的意义. 已经知道碳原子个数在 12 以下的碳氢化合物中，照这一计数那样的所有同分异构体都存在，对它们的沸点、液体的密度、折射率等热力学量也都完全做了测定[3]. 对于比这更大的分子，实际上单独分离出所有的同分异构体是不可能的，而只能在纸上描绘图 1 所示的数学抽象化的结构式图形，但同分异构体可以计数则令人大为惊讶. 另一方面，如果站在数学的立场上，那就是将几何对象的图形(点与线的集合) 的计数转换成多项式的代数表示. 波利亚的发现就赋予数理化学的诞生以历史性的意义.

表 1　链烷 C_nH_{2n+2} 的异构体数

n	异构体数	n	异构体数
4	2	10	75
5	3	11	159
6	5	12	355
7	9	15	36 564
8	18	20	366 319
9	35	25	36 797 588

三、分子的稳定性与完全匹配

碳氢化合物中，在碳原子之间交替加入双键，就有一类呈现稳定性质的不饱和共扼碳氢化合物. 其中以许多苯的六边形结构偶合而成的多环芳香族碳氢化合物(图论中的多六边形图) 特别稳定. 如果构成图的 $n(2m)$ 个点一定被 m 条线(双键) 所覆盖，这样画出的图在化学上称为凯库勒(Kekulé 结构，图论中叫作完全匹配. 一条双键表示两个自由电子(也叫 π 电子) 的稳定对. 量子力学理论证明，芳烃的同分异构体的稳定性大小与凯库勒结构数的大小几乎一致. 例如图 2 的两种同分异构体的稳定性的不同也可通过计算凯库勒结构数来判定.

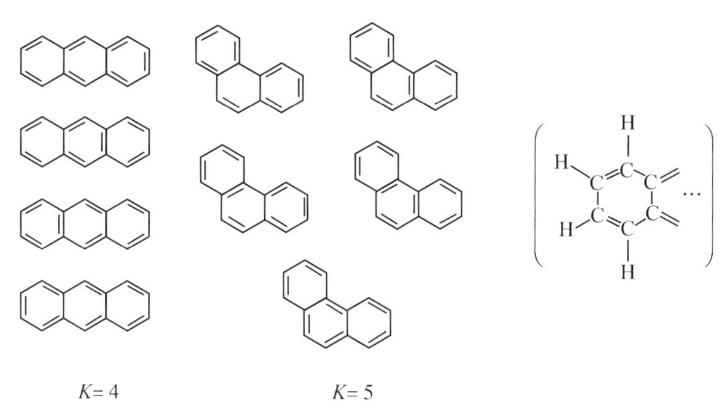

图 2　蒽(左) 与菲(右) 的凯库勒结构(完全匹配) 数的比较，后者较稳定，若用结构式来描述，像括号内那样，就很麻烦

如果碳原子个数是奇数，即使仅由稳定的六边形所组成，由于产生被排除在外的电子，因此作为稳定的分子也不能存在，而成了不稳定的自由基. 如果用图论的语言，那就是由奇数个点作成的图中不存在完全匹配. 另一方面，图 3 中

的图虽然由偶数个点组成，完全匹配也不存在. 将构成图的点分成标星组 ● 和非标星组 ○ 两部分，比较两组的点数之差 Δ =| ● − ○ |，便可简单加以判定. 标星组的点之间以及非标星组的点之间都不能互相结合，不同组的点之间才可以结合. 这一规则姑且称为 DL 规则[4]. D 与 L 是迪尤尔(Dewar) 与郎格特－希金斯(Longuet-Higgins) 名字的开头字母. 他们是牛津库尔森(Coulson) 学派的成员，该学派对关于不饱和共扼碳氢化合物的电子构造的分子轨道理论进行了系统化. 图 3 中的图因为 Δ 不是零，所以不存在完全匹配. 其原因是因为只有 ● 与 ○ 才可能结合.

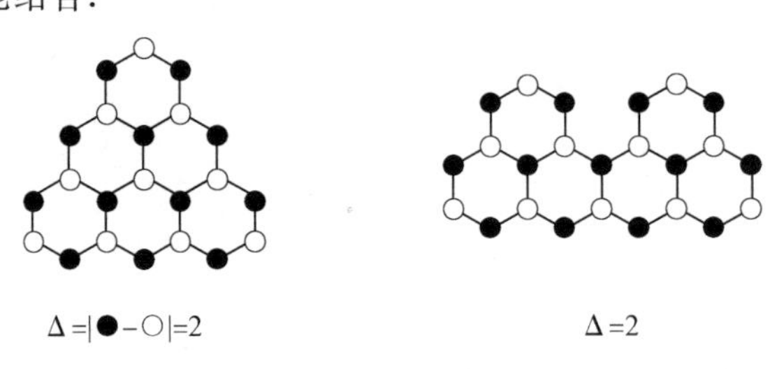

Δ =|●−○|=2　　Δ =2

图 3　虽由偶数个点所组成，但不能画出完全匹配的多六边形图的例子

而图 4 中的图则是 Δ 虽然为零但凯库勒结构仍不能描绘的奇妙的一类. 暂且称之为 QIS(quasi-isostellar) 图[5]. 图 4 中都是由 11 个六边形组成的多六边形图，而比这更少的六边形组成的 QIS 图不存在. 结构式为 QIS 图的物质由于其凯库勒结构不能描绘，因此是不稳定的. 很遗憾，直到现在还没有能够合成. 但是可以猜想，如果这种物质能够合成，那将具有吸附磁石的有趣性质.

完全匹配就是在图论中也是引人注目很有意思的研究对象，塔特(Tutte) 及霍尔(Hall) 的定理众所周知[6]. 首先对于给定图的点，按如下 TH 规则分成标星组与非标星组. 也就是说，标星组 ● 点之间的结合是不允许的，而非标星组 ○ 点之间的结合则不管. 该条件下，有 Δ 不为零的分组的图不存在完全匹配，这就是塔特与霍尔的定理. 根据 TH 规则的完全匹配判定方法，在差不多所有的图论教科书中都有. 大家知道，图 4 中的图按 TH 规则都可以有 Δ = 2 的分组(图 5). 也就是说，迪尤尔与朗格特－希金斯发现的定理就被包含在塔特与霍尔的定理之中了. 但是直到不久以前，化学家还没有觉察到塔特与霍尔的定理可用于判定有没有凯勒库结构. 具有讽刺意味的是，有关这两个定理的论文都是 40 年代中期同在伦敦刊登在各自领域的杂志上的.

但是最近，化学终于可以对图论报一箭之仇了. 图 4 那样的 QIS 图无论在哪个领域都只能通过反复试验才能发现，但却找到了将它们自由地组合出来的方法[5]. 而且有意思的是，这是提出 DL 规则的迪尤尔曾给出的分子轨道理论的应用. 就是说，将两个碳氢化合物的自由基结合，就作成稳定分子，而其稳定性则由两个自由基

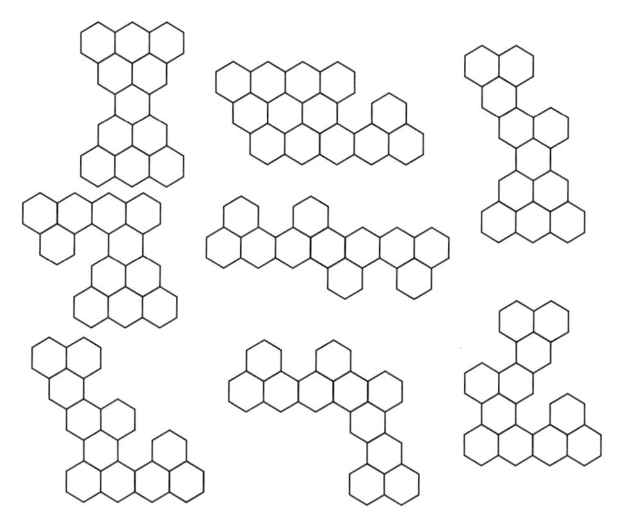

图 4　所有由 11 个 6 员环组成的 QIS 多六边形图，比这更小的 QIS 多六边形图不存在

的非键性分子轨道(non-bonding molecular orbital,NBMO) 的系数之乘积和的大小所决定. 自由基的 NBMO 系数具有零与非零值交替出现的性质. 因此，如果使系数为零的碳原子之间相对，两个自由基相结合，那么所成分子的稳定性便消失殆尽. 我们知道，图 4 的所有 QIS 图碰巧是图 5 上部的三种类型自由基中的两个这样组合

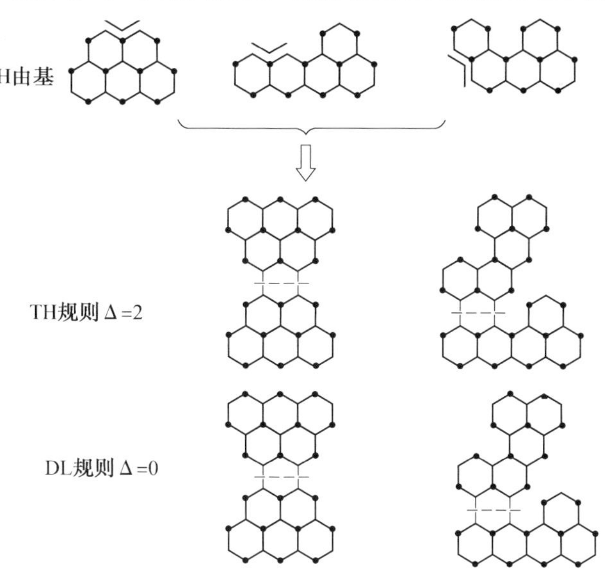

图 5　QIS图作成的机理，上部 3 种自由基除了●以外 NBMO 系数为零. 按ˇ的点结合作成QIS图. 注意 TH 规则与 DL 规则的不同在虚线处.

而成的分子.利用这一机理,就可以接连不断地设计出图6那种QIS图.如果制成由这种分子组成的物质,那么在磁性方面应当显示出非常有趣的性质.很遗憾,这还是数理化学家梦想中的物质.但是这里必须强调的是,这一分子设计的算法仅由图论绝对推导不出来,必须借助于量子力学的思考方法.

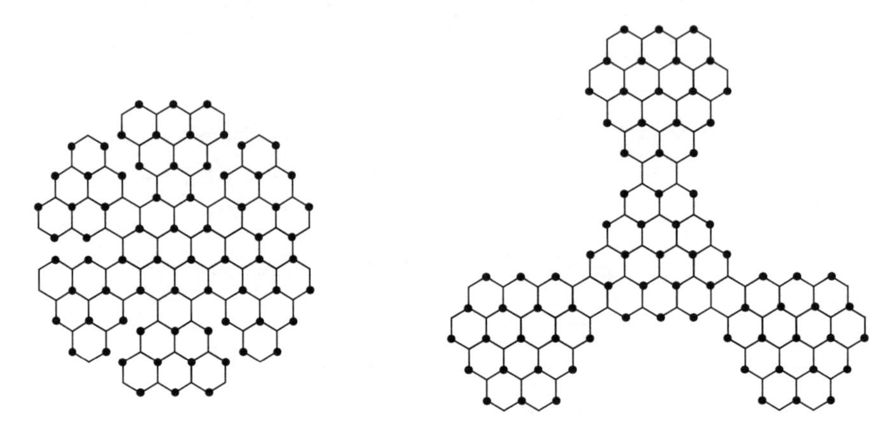

图6　大的QIS图的例子

四、数理化学家梦想的实现

足球型分子的出现正是数理化学家的梦想变成事实的例子.大泽映二(现丰桥技术科学大学教授)1970年写文章说:截头二十面体即足球型(图7)C_{60}的分子若能合成,就应该显示非常有趣的性质[7].● 他自己说这是梦一般的分子,但是15年以后出来了报告说,经过英国克罗托(Kroto)与美国斯莫利(Smalley)等两个集体的共同研究,似乎已经制成了足球型的分子[8].若将强烈的激光照射具有苯环在平面上无限铺设这种结构的物质石墨,质谱仪上就出现分子量720的高峰.仅仅由这一实验结果,就断言这一定是足球型的分子,他们也是不亚于大泽的幻想科学家.以后又经过了5年,发现了格拉莫德(Gramorder)的合成方法,一夜之间实际证明这一结构不再是梦想而是现实了.这一截头二十面体是一个由12个相同的正五边形与20个相同的正六边形组成,其60个顶点全部处于同一情况的准正多面体.化学家已合成了全部5种类型的正多面体型的分子,在几个准正多面体的合成方面也已缩小了目标.另一方面,根据以量子力学为基础的理论化学的计算,可以预言这截头二十面体分子的稳定性.但实在无法想象这一目标可以用正面攻击法攻下.果然C_{60}的合成方法是超越合成化学工作者常识的野蛮方法.因此,即使现在还是梦想,也完全无法预料它什么时候将成为现实.

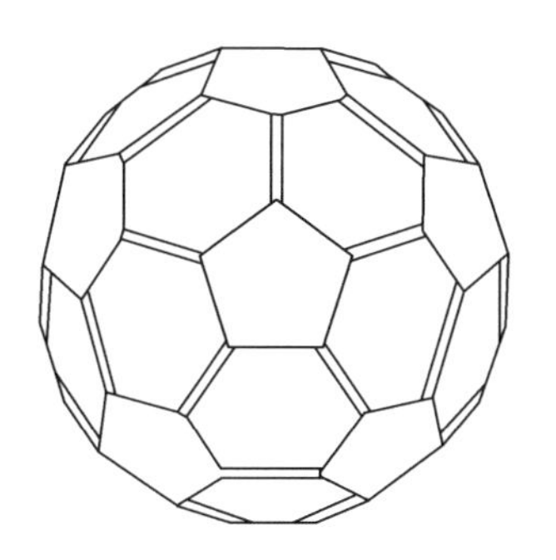

图 7　足球型分子 C_{60} 碳原子在截头二十面体的各顶点处. 双键长度比单键大约短 4% 左右

在进行新分子的设计时,化学家首先在平面上展开并描绘满足组成原子的化合价的结构式,然后猜想它的三维形式,计算其分子的稳定性这时也对可能的同分异构体的相对稳定性以及它们之间变换之难易进行研究. 如果分子变大,那么因为需研究的结构种类急剧增加,所以多数情况很难使用量子力学的正面攻击方法,于是就可以使用各种各样的数理化学手法来一一处理有可能的候补化合物,使得计算机去寻求合成途径的技术也在逐步发展,而计算机已经使熟练的合成化学工作者掌握了关于思考方法的专门知识.

有关三维多面体一个一个的计数以及它们一个一个的数学性质,不知道的竟出乎意料的多,以 C_{60} 而言,若完全网罗由 12 个五边形、20 个六边形组成,每个顶点都是 3 个面相交的多面体,则其同分异构体竟有 1 790 种. 这是根据最近得克萨斯的克莱因(Klein) 等的计数所知道的结果. 其中足球型分子超群的稳定性也是根据他们的计算才刚刚证明的. 对多面体其他方面的知识却知之甚少. 这是数学家懈怠呢,还是化学家懈怠呢? 总而言之,要使化学家对新物质的梦想变成现实,不仅需要数理化学的研究,还需要计算机支持系统的开发等各种各样的进展.

五、实际存在的麦比乌斯带

细长的带子扭转一周后两端黏合就作成麦比乌斯(Möbius) 带,从这带子的外表面出发转一圈,便不知不觉地来到了内侧,再转一圈又回到了原来的外表面. 聚乙炔是联结好几千个乙炔成分 —HC═CH— 而成的. 筑波大学的白川英树教授成功地进行了合成,引人注目的是这一物质在电性能方面显示出有趣的性质. 联结聚乙炔的两端,就得到环聚乙炔$(CH = CH)_n$,这还没有能够合成,但其是否也有金属性质耐人寻味.

假如当聚乙炔卷成环时，如图 8 所示将碳原子的长链扭转 180° 而成麦比乌斯带，那将会怎么样呢？数理化学的回答已经出来了. 为便于理解，试以 $n=3$ 即苯与麦比乌斯苯的情形为例来考虑. 这两者的 π 电子轨道的能量可以分别作为使得图 9 中两个 6 行 6 列行列式为零的 x 而得到. 这一差别的原因仅在于次对角线上有两处为负. 这是由于图 8 带 * 记号的键的两个 π 轨道的相位移动 180°.

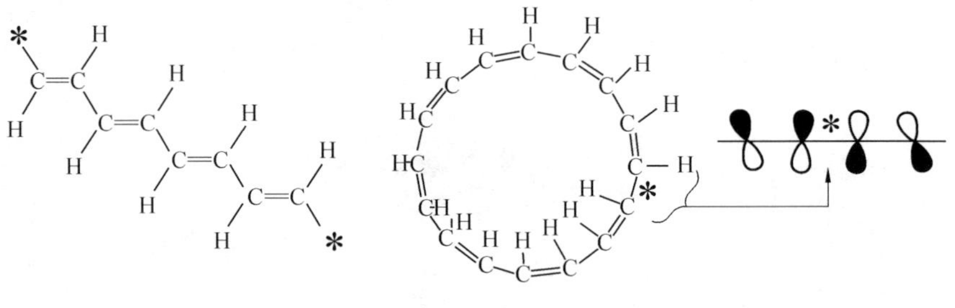

(a) 迁移聚乙炔

(b) 麦比乌斯环聚乙炔

图 8　(a) 迁移聚乙炔与(b) 麦比乌斯环聚乙炔. 简单处理(a) 的链，两端一连就得到(b). * 键处 $2p$ 轨道间的相位移动 180°.

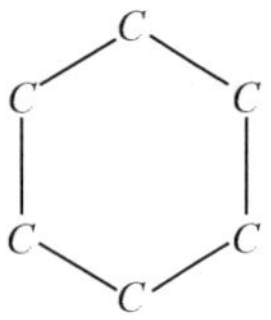

$$\Delta_1=\begin{vmatrix} -x & 1 & 0 & 0 & 0 & 1 \\ 1 & -x & 1 & 0 & 0 & 0 \\ 0 & 1 & -x & 1 & 0 & 0 \\ 0 & 0 & 1 & -x & 1 & 0 \\ 0 & 0 & 0 & 1 & -x & 1 \\ 1 & 0 & 0 & 0 & 1 & -x \end{vmatrix}$$

$$=x^6-6x^4+9x^2-4$$

$$=(x^2-4)(x^2-1)^2$$

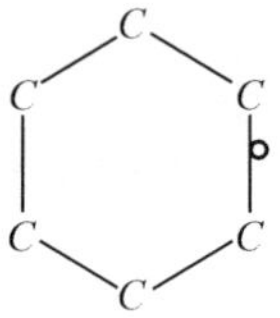

$$\Delta_2=\begin{vmatrix} -x & 1 & 0 & 0 & 0 & -1 \\ 1 & -x & 1 & 0 & 0 & 0 \\ 0 & 1 & -x & 1 & 0 & 0 \\ 0 & 0 & 1 & -x & 1 & 0 \\ 0 & 0 & 0 & 1 & -x & 1 \\ -1 & 0 & 0 & 0 & 1 & -x \end{vmatrix}$$

$$=x^6-6x^4+9x^2$$

$$=x^2(x^2-3)^2$$

图 9　苯的 6 圆环与麦比乌斯 6 圆环的特征多项式及其解

重复这种考察可得如下结论. 即在通常的不饱和环状共扼体系中，$4n$ 圆环不稳定，苯那样的 $4n+2$ 圆环是稳定的，可是在麦比乌斯环中却正好相反. 这样，麦比乌斯环在数理化学方面虽然已经解决，但麦比乌斯分子是否实际存在却还不知道.

不过若对图 9 的苯的 6 阶行列式(特征多项式) 作如下因子分解，就出现了意外情况

$$\Delta_1=\begin{vmatrix} -x & 1 & 1 \\ 1 & -x & 1 \\ 1 & 1 & -x \end{vmatrix}\cdot\begin{vmatrix} -x & 1 & -1 \\ 1 & -x & 1 \\ -1 & 1 & -x \end{vmatrix}$$

亦即，最初的行列式不过是决定通常的 3 圆环以及麦比乌斯 3 圆环的能量的行

列式. 也就是说,在决定稳定的苯的 π 电子轨道的方程式中,包含了麦比乌斯 3 圆环的信息.

在最近的数理化学界,另一个麦比乌斯环形成了议论的话题. 这里议论的分子都是没有双键的聚乙烯那样的饱和化合物. 考虑一对环状. 分子,就像对着镜子的实像与虚像的关系那样(图 10). 这些分子的结点原子间,假设纵横都由组成同样长度的链所成. 若用图论的语言,这两个图都称为有 3 条档的无色麦比乌斯梯(uncolored Möbius ladder with 3 rungs),可用记号 M_3 记之. 正如右手与左手的关系那样,无论怎样旋转和平移,实像和虚像都不能相叠合. 就是在纽结理论中,也认为 M_3 的实像与虚像不能叠合. 但是如果所有等价的结点,原子间的链能像橡皮一样伸缩自由,那么经过图 10 那样一连串的变形就可使两者相叠合. M_4 以上的没有这种性质,这是 1988 年由化学家沃尔巴(Walba)与数学家西蒙(Simon)及哈拉里(Harary)等 3 人共同研究的论文首先表明的[9]. 在合成化学方面也在议论这意义非常深刻的问题. 这样,最近与麦比乌斯带有关的一种化合物已作为现实来展现其风采了.

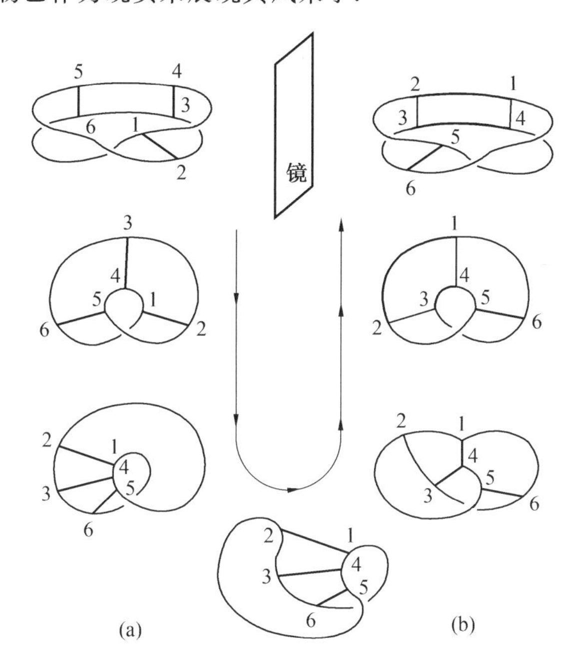

图 10 如果粗线与细线没有区别,则(a)与(b)就是实像与虚像的关系,但因为像橡皮绳那样伸缩自由,所以(a)与(b)可互相变换. 也就是说,M_3 的圈与档是拓扑等价的

六、数理化学今后的发展

正如开始就已经指出的，在这里我们片断介绍了最近数理化学的议题. 但这不仅仅是数学上有意义的问题，而且还有各种各样依靠化学家与数学家密切合作友好竞赛才可能解决的问题. 我想这些大家都已经知道了. 这里再附带说一下，除此之外，数学上明确定义的无限大的体系与无限接近于无限大而始终为有限但是存在于宏大的现实中的体系之间的关系，联结宏观世界与微观世界的介观世界的问题，微分与差分的问题，等等，在数理化学中还有各种各样饶有兴味的问题.

参考文献

[1] 広中平祐监修,《数理科学事典》,大阪书籍(1991)65.

[2] Pólya G. ,*Acta Math.* ,68(1937)145.

[3] *American Petroleum Research Project*, Vol. 44, Tesxa. A & M Univ. 1971.

[4] Dewar M. J. S. ,Longuet-Higgins H. C. ,*Proc. Roy. Soc.* ,A214(1952)482.

[5] Hosoya H. ,*Groat. Chem. Acta* ,59(1986)583.

[6] Tutte W. T. ,*J. London. Math. Soc.* ,22(1947)107.

[7] 大泽映二,[日]《化学》,25(1970)854.

[8] Kroto H. W. *et al.* ,*Nature* ,318(1985)162.

[9] Walba D. M. *et al.* ,*Tetrahedron Lett.* ,29(1988)731.

(陈治中译自[日]《数理科学》,4(1992)26).

苯类碳氢化合物拓扑性质的某些研究①

苯类碳氢化合物的研究已有百余年的历史. 自从1825年化学家发现苯以来,人们已成功地从煤焦油中提炼出各种各样的苯类碳氢化合物. 从有益于人类健康的药物到有致癌危险的物质,可说是应有尽有. 到本世纪80年代,能制备的苯类碳氢化合物(不包括含杂原子的衍生物)已近500种. 但是对理论化学家来说,也许更重要的是苯结构式的发现. 几乎每一册关于有机化学发展史的书籍都谈到凯库勒(F. A. Kekulé)1858年从梦境中得到启发而发现了苯结构式的故事. 其影响如此深远,以致当20世纪原子价的量子理论出现后,在有机化学的一些近似或经验理论中,作为苯结构式的一般化,凯库勒结构仍然扮演着重要角色. 在共振理论中,凯库勒结构的计数是表现共振能的一个很好的指标;在另一些表现结构与稳定性关系的理论中,如芳香六隅体理论,仍然可以看到凯库勒以及鲁宾逊早期工作的影子.

近年来,人们发现数学中的图论及组合方法在化学理论中有着大量应用,对此已有专著出版[1]. 其中一个有趣的内容是人们发现凯库勒结构与图论中完美匹配(perfect matching)概念的一致性. 数学家与化学家是从各自不同的背景来提出这些概念的,然而它们在本质上完全相同. 当然在其他一些自然科学学科中也有类似的现象,如数学家与物理学家在纤维丛理论

① 张福基,陈荣斯,《自然杂志》第10卷(1987年)第3期.

中，数学家与生物学家在突变理论中，也发现过共同感兴趣的概念. 毫无疑问，这是由于这些概念从不同角度反映了客观世界本身就存在着的一些共同的规律.

由于数学家的参与，苯类碳氢化合物的一些基本理论问题最近得到了一些澄清，有些问题得到了比较好的解决. 本文将介绍这方面的一些工作. 为了叙述方便，我们有时将采用比较清晰的数学语言.

一、六角系统及其凯库勒结构

对一个苯类碳氢化合物，我们把略去了它的氢原子后的碳原子骨架称为一个六角系统(hexagonal system)[2]，或苯系统(benzenoid system)[3]，或多六角形图(polyhex graph)[4]，或蜂巢系统(honeycomb system)[5]. 从数学上说，一个六角系统可看成是用一条闭折线在无穷正六角形网格中围出的一块(图 1).

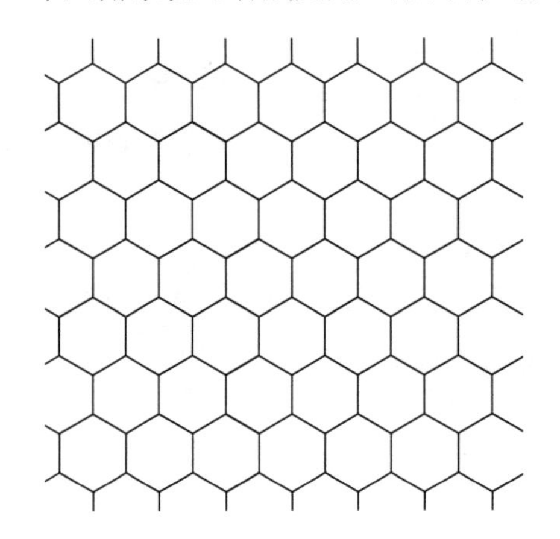
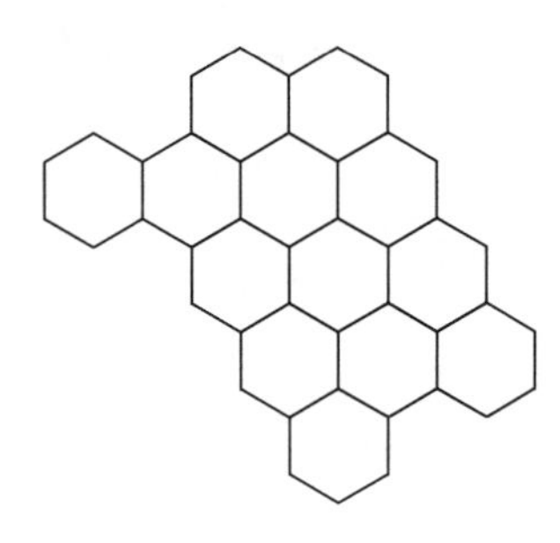

图 1　六角系统

如果存在一组没有公共顶点的边盖住图 G 的所有顶点，则称这组边为图 G 的一个完美匹配. 与苯类碳氢化合物相应的六角系统的一个完美匹配，也就是一个凯库勒结构. 若一个苯类碳氢化合物没有凯库勒结构，则它是一个游离基. 事实上无法制取单独存在的游离基. 图 2 画出了六角系统 G 的一个凯库勒结构.

苯类碳氢化合物研究中的一个基本问题是：给出判断一个苯类碳氢化合物可否单独制取的简明法则，即给出判断一个六角系统有否凯库勒结构的简明法则. 六角系统是一个偶图，即可以用黑或白两色染它的所有顶点，使相邻的顶点具有不同颜色. 这就可以在六角系统的一个完美匹配中，使每条边的两个端点具有不同颜色. 因此在具有完美匹配的六角系统中，两种颜色的顶点是配对的，由此可知其顶点数一定是偶数. 但是，是否任一个具有偶数个顶点的六角系统

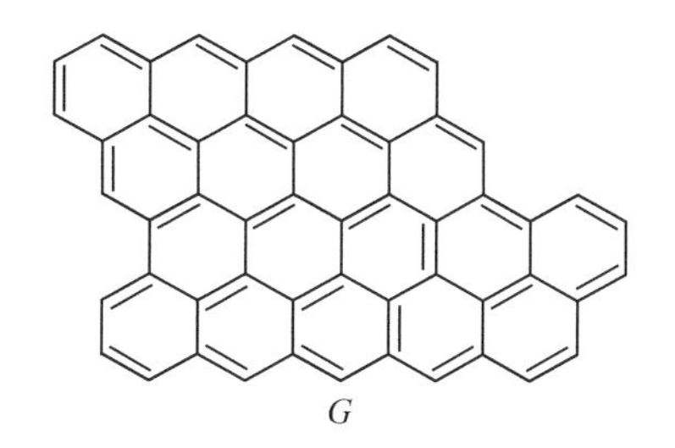

图 2　一个六角系统及其凯库勒结构(用双键表示)

都一定具有完美匹配呢？回答是否定的. 古特曼(I. Gutman) 曾举出过两个例子(图 3),它们都具有偶数个顶点,但是不存在凯库勒结构.

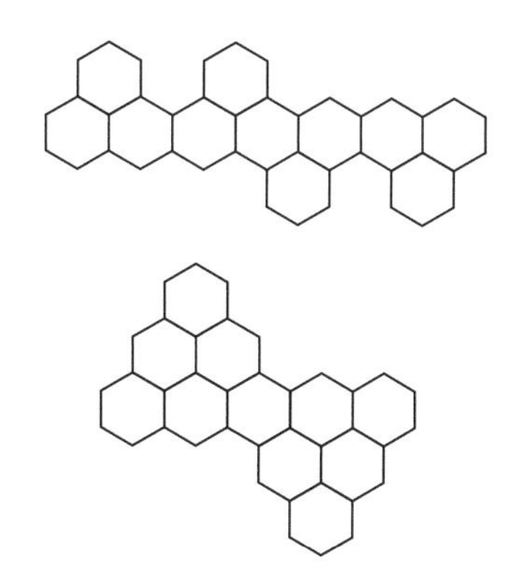

图 3　古特曼的两个例子

人们做了长期的努力,希望找出为保证一个苯类碳氢化合物具有凯库勒结构而必须加上的进一步条件. 最近萨克斯(H. Sachs) 找出一组条件,并猜测这组条件可以保证一个六角系统具有凯库勒结构. 为了解释他的条件,我们引入"割线段"这一概念. 若一条端点为 P_1, P_2 的直线段 C 满足下述条件,则称它为六角系统 G 的一条割线段(图 4):

(1)C 垂直于 G 的六角形的三个不同方向之一;

(2)P_1, P_2 均为 G 的边的中点;

(3) C 上任一点都是 G 的六角形的边界点或内部点;

(4) 从 G 中除去那些与 C 相交的边后,恰好得到两个连通片.

图 4 中割线段 C 处于水平位置. 这时我们用 $U(C)$ 表示位于 C 上方的连通片,称之为上岸,用 $L(C)$ 表示位于 C 下方的连通片,称之为下岸. 把 G 的形如 ∧ 的顶点称为峰,形如 ∨ 的顶点称为谷. 分别用 $p(G)$ 和 $v(G)$ 表示 G 的峰的数目和谷的数目,并分别用 $p(G/U(C))$ 和 $v(G/U(C))$ 表示 G 的含在 $U(C)$ 中的峰数与谷数,分别用 $p(G/L(C))$ 和 $v(G/L(C))$ 表示 G 的含在 $L(C)$ 中的峰数与

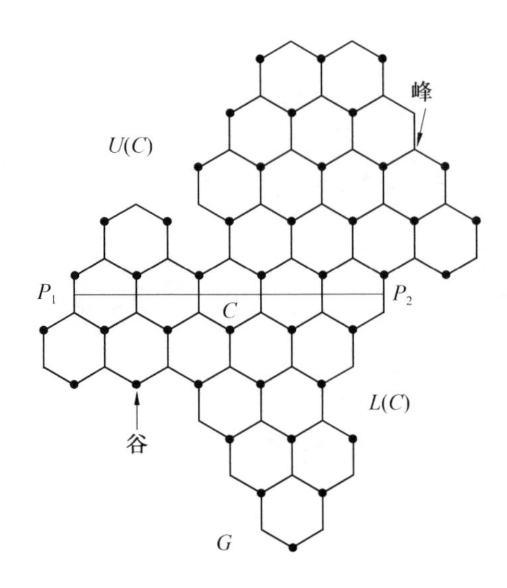

图 4　割线段

谷数. 易见在图 4 中 $p(G/U(C))=4$，而 $v(G/U(C))=1$. 假定 G 的所有顶点已染成黑或白两色，容易看出 G 所有的峰都是同色的（设为白色），所有的谷也是同色的（设为黑色），峰谷颜色正好相反. 由于除了峰和谷以外的顶点都有垂直边关联，并且黑白成对，因此若 G 的黑白点数相同则峰谷数也必相同. 现在把 G 中与割线段 C 相交的边染上绿色，记其数目为 c'. 不难看出绿色边的上端是黑色顶点，而下端则是白色顶点. 假设 G 有完美匹配. 我们用 $b(U(C))$ 表示上岸的黑色顶点数，$w(U(C))$ 表示上岸的白色顶点数. 在 G 的任一完美匹配中，上岸的黑色顶点可能通过绿色边与下岸的白色顶点配对，因而有下述不等式

$$0 \leqslant b(U(C)) - w(U(C)) \leqslant c' \tag{1}$$

不难看出

$$b(U(C)) - w(U(C)) = -p(G/U(C)) + v(G/U(C)) + c' \tag{2}$$

因此，将式(2) 代入式(1) 即得

$$0 \leqslant p(G/U(C)) - v(G/U(C)) \leqslant c' \tag{3}$$

基于以上的事实，萨克斯[2] 提出下述猜测：若对六角系统 G 的 6 种可能位置下的一切割线段，不等式(3) 都成立，并且 $p(G)=v(G)$，则 G 有完美匹配.

但是，笔者等[6] 不久后即指出萨克斯的猜测不成立. 图 5 中给出的六角系统 G 满足萨克斯提出的条件，但是不具有完美匹配. 观察由折线围成的子图 G'，不难算出 G' 的白色顶点比黑色顶点多 1 个，但 G' 的白色顶点无法与 G 中不属于 G' 的其他黑色顶点配对，因此 G 不具有完美匹配.

笔者等最近解决了人们所期望的判定六角系统有否完美匹配的简明法则. 为了介绍这一结果，我们先叙述一些有关概念. 假定六角系统 G 置于平面上，其

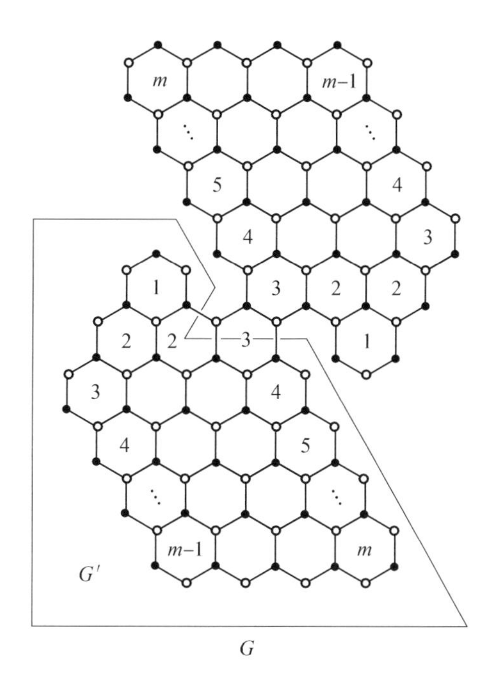

图 5　证明萨克斯猜测不成立的反例

六角形的一对边垂直于水平线. 若一条折线段 $C^* = P_1P_2P_3$ 满足下述条件，则称它为 G 的广义水平割折线(图 6)：

(1) P_1P_2 与 P_2P_3 成 60° 角；

(2) PP_2，P_2P_3 均垂直于 G 的六角形的边；

(3) P_1，P_3 是 G 的边界上的边的中点，P_2 是 G 的某个六角形的中心；

(4) $P_1P_2P_3$ 上任一点都是 G 的六角形的边界点或内部点；

(5) 从 G 中除去那些与 C^* 相交的边后恰好得到两个连通片；

(6) P_1P_2 是水平的.

我们约定萨克斯所定义的割线段是上述广义水平割折线的特殊情况，并用 c^* 表示 G 中与广义水平割折线 C^* 中的水平线段 P_1P_2 相交的边的条数，用 $U(C^*)$ 表示图 6 中位于 C^* 右方的连通片. 这样，六角系统 G 有完美匹配的一个充要条件可叙述如下：

对六角系统 G 的 6 种可能位置下的一切广义水平割折线，下面两式成立

$$P(G) = v(G) \tag{4}$$

$$p(G/U(C^*)) - v(G/U(C^*)) \leqslant c^* \tag{5}$$

图 7 中的六角系统 G 在所示的位置下，有 7 个峰(用实点表示)，7 个谷(用空心点表示)，即有 $p(G) = v(G) = 7$；而 $U(C^*)$ 中的峰有 3 个(a，b，c)，谷有 2 个(f，q). 因此有

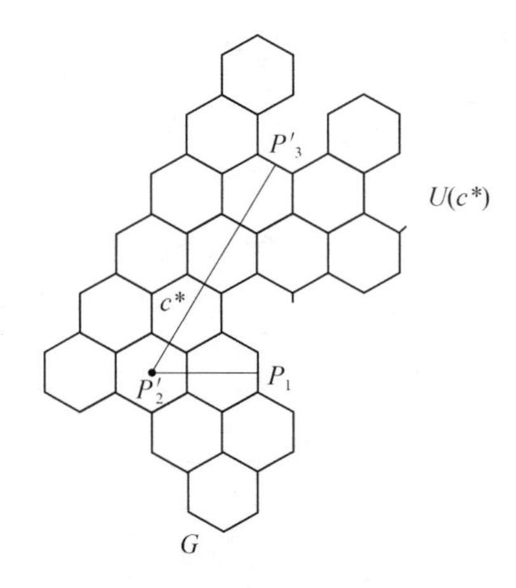

图 6　广义水平割折线

$$p(G/U(C^*)) - v(G/U(C^*)) = 3 - 2 < 3 = c^*$$

读者可以验证，对于其他的广义水平割折线，上述不等式也是成立的；而且对于 G 的其他 5 种位置都可验证式(4)、式(5) 成立. 因而根据我们给出的充要条件，G 有完美匹配，G 的一个完美匹配已在图 7 中用双键表出.

顺便指出，从数学角度来说，上述充要条件是“好” 的，且能用手工操作进行验证. 至于“好” 的意义，这里就不赘述了.

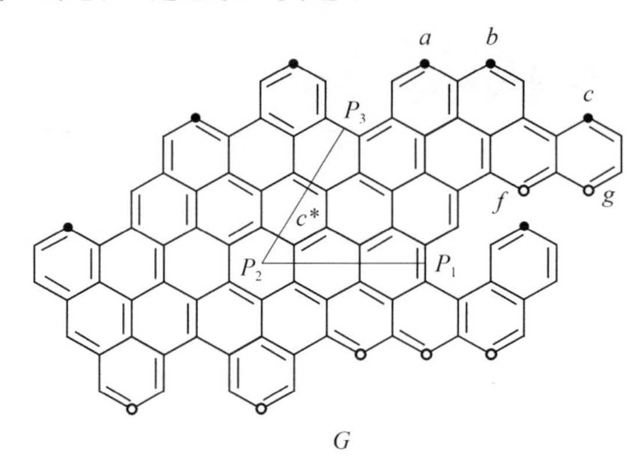

图 7　六角系统 G 有完美匹配的条件的验证

二、芳香六隅体与克拉公式

70 年代初，克拉(E. Clar) 通过观察光谱与核磁共振的某些数据，提出了芳香六隅体理论[7]. 这种理论可以说明结构与稳定性的内在关系. 尽管克拉在资料[7] 中有意避免采用数学工具，他的理论还是被一些熟悉数学的理论化学家如古特曼、细矢和山口所精确化了. 按照芳香六隅体理论，苯类碳氢化合物可由

"克拉公式"表征. 一个克拉公式是由六角系统中的某些称为"芳香六隅体"(aromatic sextet)的六角形构成的,而这些芳香六隅体则是按下述条件从六角系统 G 的六角形中选出的:

(1) 任何两个芳香六隅体不允许有公共边;

(2) 从 G 中去掉这些芳香六隅体后(与芳香六隅体各顶点关联的边,作为化学键的抽象表示,自然也去掉了),G 的剩余部分有完美匹配;

(3) 在不违背上述两个条件的前提下选取最多的芳香六隅体.

图 8 中给出了一个六角系统 G 的一个克拉公式. 其中芳香六隅体用小圆圈表示,G 去掉克拉公式后的剩余部分的一个完美匹配用双键表示.

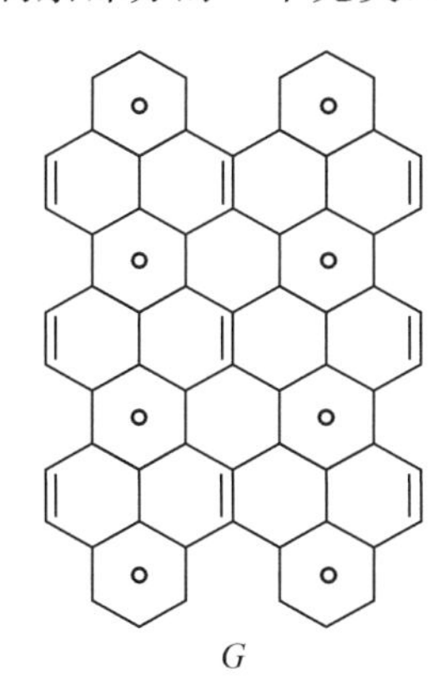

图 8　六角系统 G 的一个克拉公式

古特曼[13]猜测从六角系统中去掉它的一个克拉公式后得到的余图的完美匹配一定是唯一的. 图 8 所示六角系统正是如此. 在资料[8]中这一猜测得到了严格的数学证明. 我们还注意到,如果从一个六角系统中去掉某组不相交的六角形后得到的余图的完美匹配是唯一的,这组六角形也未必是六角系统的一个克拉公式. 图 9 画出了六角系统 G,它的一个克拉公式必须含有 7 个不相交的六

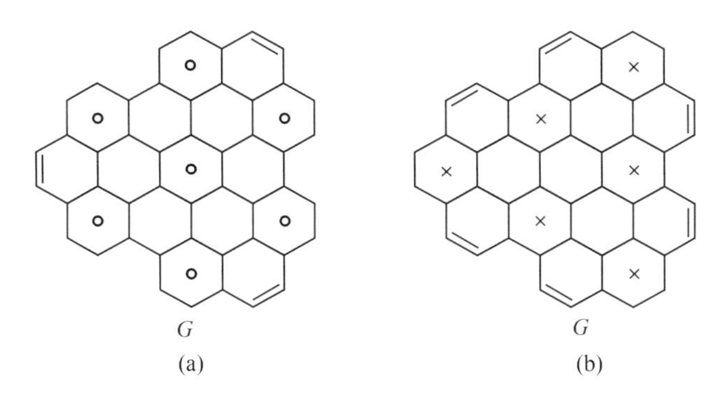

图 9　证明古特曼猜测的逆命题不成立的反例

角形，如图 9(a) 中的小圆圈所示. 图 9(b) 给出一组用“×”号表示的六角形，从 G 中去掉这些六角形后的余图，是一些孤立的边，它的完美匹配用双键表示，是唯一的. 但这些六角形一共 6 个，显然不是 G 的一个克拉公式.

三、异构物的凯库勒结构计数和克拉公式的比较

对共轭体系苯类碳氢化合物，波兰斯基(O. E. Polansky) 与赞德(M. Zander) 于80年代初引入了 S 异构物和 T 异构物的概念[9]，若 A 是任意共轭分子的片断，u，v 是它的两个原子，则取 A 的两个复制品，把它们按图 10 所示的两种不同方式联结，就得到了 S，T 两种异构物.

化学家对比较一些异构物的稳定性是有兴趣的. 可以比较它们的凯库勒结构计数；对苯类碳氢化合物而言，还可以比较它们的克拉公式.

我们用 $K(\mathrm{S})$ 和 $K(\mathrm{T})$ 分别表示 S 异构物和 T 异构物的凯库勒结构的个数，用 $\sigma(\mathrm{S})$ 和 $\sigma(\mathrm{T})$ 分别表示 S 异构物和 T 异构物的克拉公式中所含的芳香六隅体的个数，古特曼、波兰斯基和赞德[9] 证明了：

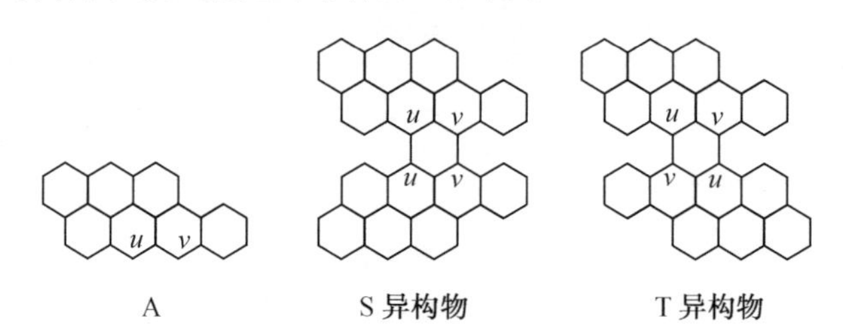

图 10　S 异构物和 T 异构物

$$K(\mathrm{S}) \geqslant K(\mathrm{T}), \sigma(\mathrm{S}) \geqslant \sigma(\mathrm{T})$$

实际上，S 异构物可看成是具有对称轴的共轭体系，T 异构物可看成是具有对称中心的共轭体系. 从这个角度出发，我们可以定义广义 S，T 异构物. 如图 11，设 S 是一个具有对称轴 l 的苯类碳氢化合物，l 仅穿过 S 的一些平行边. 用 M 记这些被 l 穿过的 S 的平行边的集合. 易见 $S\backslash M$ 由两个同构的分支 A 与 A' 构成. 我们假定 l 位于水平位置. 将 M 中的边由左到右依次标为 $a_0a'_0, a_1a'_1, \cdots, a_pa'_p$，其中 $a_i \in A, a'_i \in A', i=0,1,\cdots,p$. 我们翻转 S 的 A'，得到一个新的六角系统 T. 类似地，翻转 S 的 A 可得到 $\tilde{\mathrm{T}}$；翻转 T 的 A 可得到 $\tilde{\mathrm{S}}$. 易见 $\tilde{\mathrm{T}}$ 同构于 T，$\tilde{\mathrm{S}}$ 同构于 S. 这样我们仅得到两个不同的六角系统：S 和 T. 我们分别把它们称为广义 S 异构物和广义 T 异构物. 前述的 S，T 异构物是这类广义 S，T 异构物当 $p=1$ 时的特例.

最近，资料[10] 给出了下述结果：对任一对广义 S，T 异构物，恒有 $K(\mathrm{S}) \geqslant K(\mathrm{T})$，而且 $\sigma(\mathrm{S}) \geqslant \sigma(\mathrm{T})$，式中等号仅当 $0<\alpha<p$ 时成立，其中 p 是 S 中与对

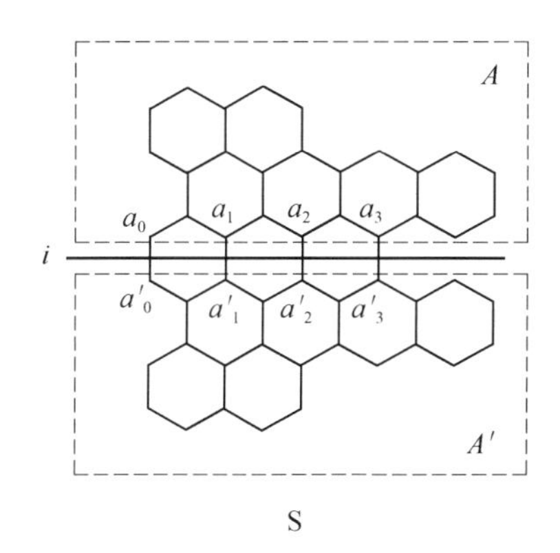

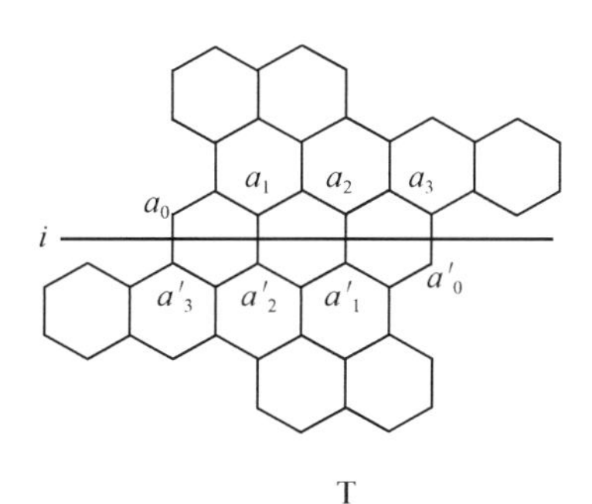

图 11　广义 S,T 异构物

称轴 l 相交的边的数目,$\alpha = v_1 - v_2$,v_1 是 A 中与 a'_0 同颜色的顶点数,而 v_2 是 A 中其余顶点的个数.

在资料[11]中,还引入了 S′,T′ 异构物的概念. 设 A 是任意共轭分子片断,u,v 是它的两个原子,取 A 的两个复制品及两个原子 x,y 把它们按图 12(a),(b) 所示的两种方式联结,就得到了 S′,T′ 两种异构物. 若这两种异构物是苯类碳氢化合物,则仍可比较它们的凯库勒结构数和克拉公式. 有趣的是,资料[11]的作者们发现 S′,T′ 异构物的情况与 S,T 异构物的正好相反,即 $K(\mathrm{T}') \geqslant K(\mathrm{S}')$,$\sigma(\mathrm{T}') \geqslant \sigma(\mathrm{S}')$. 从另一角度看,T′ 与 T 是同构的(图 12(b),(c)),因此对于 S,T,T′,S′ 异构物,我们有下列不等式:

$$\sigma(\mathrm{S}) \geqslant \sigma(\mathrm{T}) = \sigma(\mathrm{T}') \geqslant \sigma(\mathrm{S}')$$
$$K(\mathrm{S}) \geqslant K(\mathrm{T}) = K(\mathrm{T}') \geqslant K(\mathrm{S}')$$

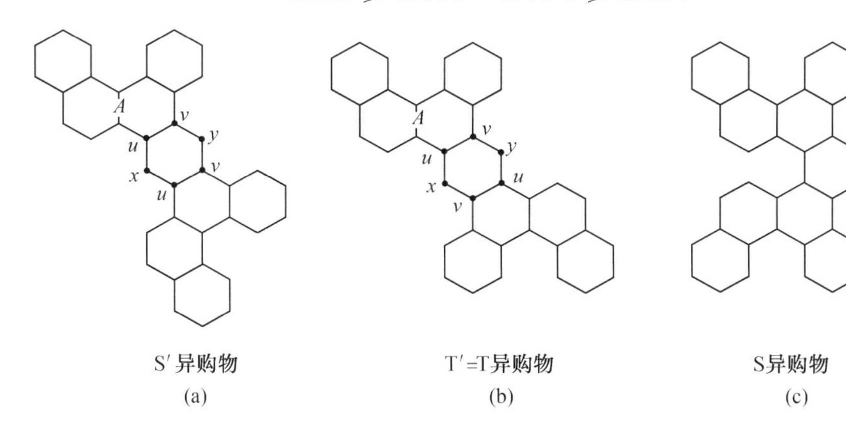

图 12　S′,T′ 异构物

四、六角系统的旋转变换图

六角系统还有一个有趣的性质:在具有完美匹配的六角系统G的任一个完美匹配M中,必有某些六角形被M的三条边所覆盖.根据覆盖的两种不同的方式,我们分别称这些六角形为正常六角形或非正常六角形(图13).

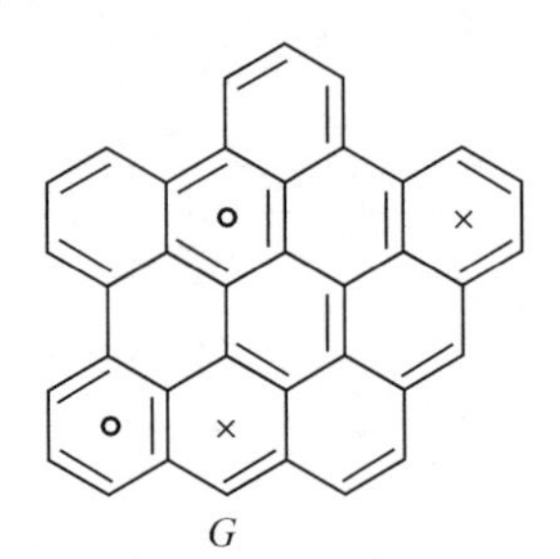

图13　正常六角形(用小圆圈表示)和非正常六角形(用"×"表示)

对六角系统G的一个完美匹配k_i,尾上等[4]定义了一种变换R,它把k_i中的一切正常六角形变为非正常六角形.不难看出,对G的一个完美匹配k_i施行变换R后,得到了G的另一个完美匹配k_j,记为$R(k_i)=k_j$.他们由此定义了一个有向图$D(G)$,其顶点对应G的完美匹配$k_1,k_2,\cdots,k_t$,当且仅当$R(k_i)=k_j$时,k_i到k_j有一条弧,并称这个图为G的旋转变换图.图14给出了一个六角系统的旋转变换图.为了形象化,这个旋转变换图的顶点就用它所对应的图的完美匹配表示.人们很自然要问,旋转变换图具有什么样的形状呢?尾上等人[4]证明了当G是一个渺位六角系统(即所有顶点都在边界上的六角系统)时,$D(G)$是一棵有向树,即除了一个顶点(称为根)外,其余各顶点均有唯一出弧,且图中没有有向圈.图14中的六角系统就是渺位的.

对非渺位的六角系统,山口等人在1980年前就验证了不少例子,并根据他们的经验猜测,对非渺位的六角系统G,$D(G)$仍然是一棵有向树.但他们始终未能给出严格的数学证明.直到1985年,资料[12]给出了一种数学途径,证实了这个猜测是正确的,并且指出,当G是一个广义六角系统,即含有空洞的六角系统时,$D(G)$是一有向森林.图15给出了一个非渺位六角系统的旋转变换图.

五、六角系统的不变量

克拉公式和完美匹配个数,对某一个六角系统而言,都是定值,它们可以视

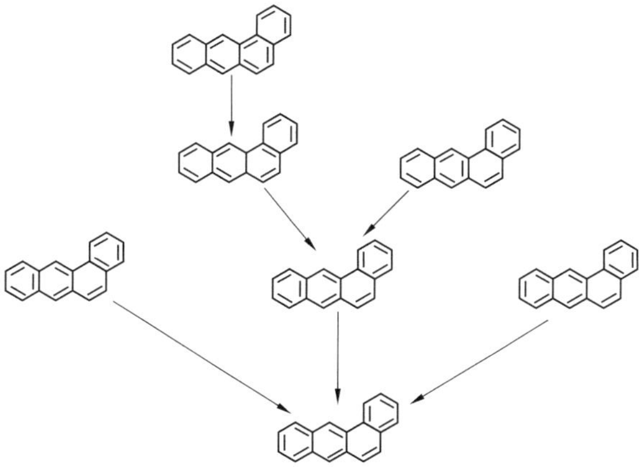

图 14　一个渺位六角系统的旋转变换图

为六角系统的不变量.但这两个不变量有使用上的不方便之处,因为没有一个好的算法去寻找并得到它们.随着六角系统顶点个数的增大,找出这两个不变量所需要的计算步骤增长极快,以致对顶点个数很大的图,实际上不能找到这两个不变量.最近资料[14]的作者们发现了六角系统的一组新不变量,并且有好的算法去寻找这组不变量.这个新发现的不变量是一个三元数组(a,b,c),其中$a\leqslant b\leqslant c$.a,b,c分别表示六角系统的一个完美匹配中三个不同方向的边的数目.同一个六角系统的不同完美匹配具有相同的(a,b,c).事实上,我们考虑旋转变换图.这个图有一个根,即没有出弧的顶点.这说明每个完美匹配都可通过若干次旋转变换达到根所对应的完美匹配.注意到每次旋转变换后新完美匹配的三个方向的边的数目没有发生变化.这就是说任一个完美匹配中三个方向的边的数目都与根所对应的完美匹配中三个方向的边的数目相同,因此任一完美匹配中三个方向的边数是不变的.图 16 给出了一个六角系统,它的不变三元数组是(3,10,10).

不难看出,如同凯库勒结构的个数及克拉公式一样,这组不变量是不能唯一确定六角系统的.很自然人们要问这组不变量在什么程度上确定了六角系统.资料[14]的作者们确定了$a=1$与$a=2$时的六角系统.前者是一条苯链(图17),后者较复杂,就不在此详述了.此外,这组不变量还可以用来刻画渺位六角系统以及某些六角系统的克拉公式.例如,克拉公式中芳香六隅体的个数总是不大于a,因此如果我们能够在六角系统中找到a个满足前述克拉公式条件(1),(2)的六角形,那么它们必定组成一个克拉公式.利用这个原理,我们能够很方便地找到许多类六角系统的克拉公式.而以前仅根据经验观察来确定克拉公式,这样就很难用数学论证来说明其所含六角形个数的最大性.因此我们可以估计,不变三元数组在六角系统的进一步研究中将扮演有趣的角色.

六角系统作为一类图引起了图论与组合论工作者的兴趣,一方面是因为,

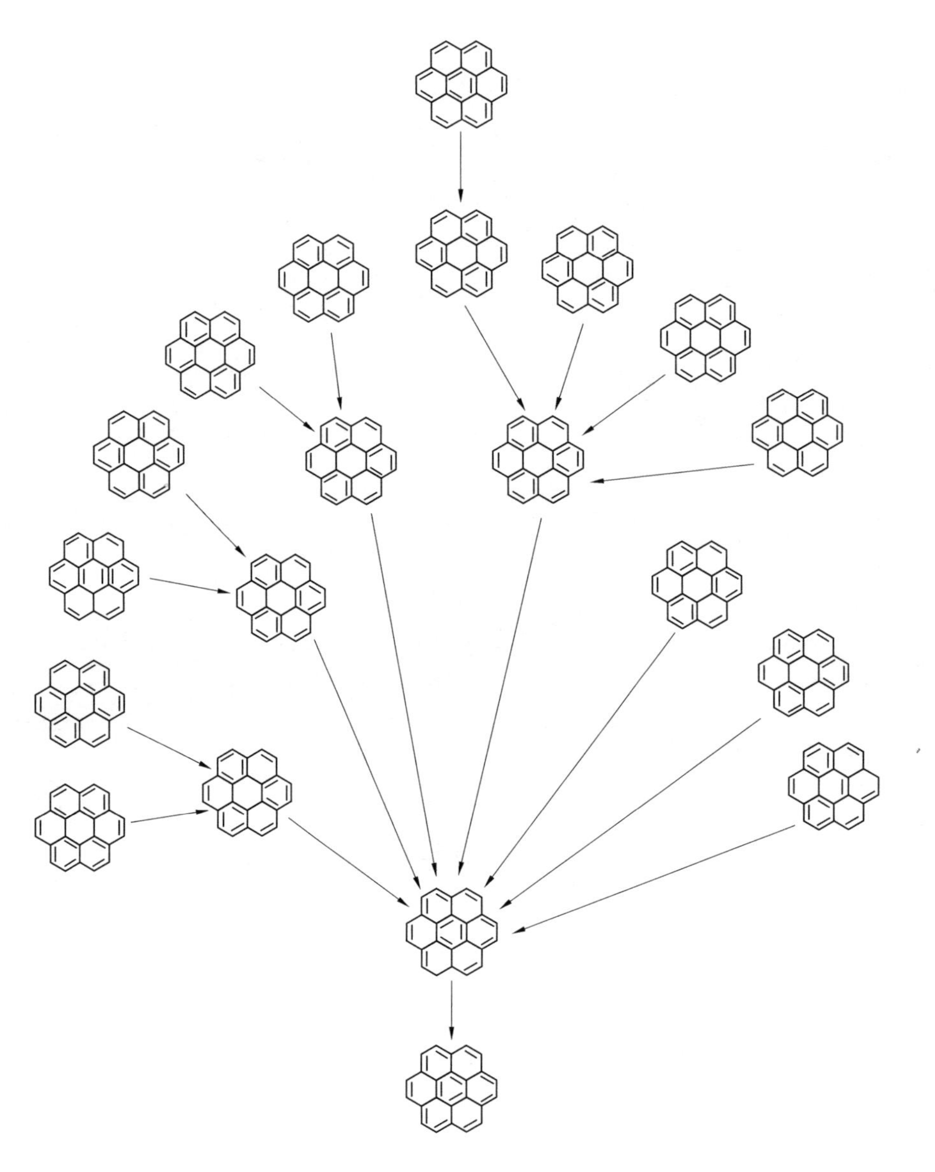

图 15　一个非涉位六角系统的旋转变换图

其中有许多很有趣的研究课题，而化学家的直觉又为解决这些课题提供了有益的启示；另一方面，也许是更重要的，是因为应用数学工作者看到他们的工作能在物理世界中得到解释，这往往是非常令人兴奋的.

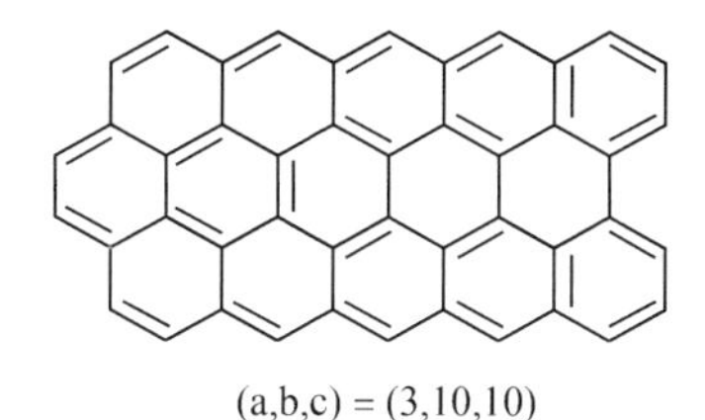

(a,b,c) = (3,10,10)

图 16 六角系统的不变三元数组

参考资料

[1] Balaban A. T. ed., *Chemical Applications of Graph Theory*, Academic Press(1976).

[2] Sachs H., *Combinatorica*, 4(1984)89.

[3] Gutman I., *Bull. Soc. Chim. Beograd*, 47(1982)453.

[4] Ohkami N. *et al.*, *Tetrahedron*, 37(1981)1113.

[5] Harary F., *Beiträge zur Graphentheorie*, Sachs H. et al. ed., Teubner(1968)49.

[6] Zhang Fuji *et al.*, *Graphs and Combinatorics*, 1(1985)383.

[7] Clar E., *The Aromatic Sextet*, Wiley(1972).

[8] Zheng Maolin, Chen Rongsi, *Graphs and Combinatorics*, 1(1985)295.

[9] Gutman I. *et al.*, *Match*, 15(1984)145.

[10] Zhang Fuji *et al.*, *Match*, 17(1985)3.

[11] Zhang Fuji, Chen Zhibo, *Match*, 21(1987).

[12] Chen Zhibo, *Chemical Physics Letters*, 115(1985)291.

[13] Gutman I., *Graph Theory*, *Proceedings of the Fourth Yugoslav Seminar Held at Novi Sad*, *April* 15-16, Cvetkovic D. *et al.* ed., University of Novi Sad(1983)151.

[14] Zhang Fuji *et al.*, *J. Serb. Chem. Soc.*, 51(1986).

数学心理学[①]

心理学家的兴趣正从数学模型转向信息处理模型，数学模型的有效应用倒更可以在必须进行群体处理的数学社会学领域中发现.

一、所谓数学心理学

像数学物理或数理经济学这样的已有领域是否可以定义，笔者并不知道.但假使问我何谓数学心理学，却仍然无言以对，至少不能认为可以把所谓数学心理学在其中已确立的那些领域作为心理学研究领域的一部分来定义，也并不存在与之相应的体系即数学的心理学理论.

如果是说作为研究的分析技法而使用数学，那么在心理学的各个领域，至少在数量上处理数据时都用到一些数学.那样的话就不必限于心理学，不论哪个领域，随着科学的进步与研究的推进，都或多或少采用了数学的方法，这大概也可以说是必然的趋势.

但若有意识地要用数学心理学来表达，则由于为了说明心理现象而往往意味着要用数学模型构造的方法进行近似，故即使不是明确的使用，这里说的数学心理学事实上无非就是指使用这种模型构造的方法推进心理学研究的各种尝试.

① 池田央，《自然杂志》第15卷(1992年)第12期.

回顾心理学研究的历史,从长期看,的确可以说数学方法的使用在各个领域全面增加.但若限于某个特定的领域,那么数学近似的方法也有兴盛与衰败、时兴与不时兴的时期.与人的一生同样,任何模型都有其生命周期.

依笔者之见,一段时间曾经看到过的心理学中构筑数学模型的热情已经丧失,而迎来了反动时期.无论从哪一方面来说,现在都显示出冷漠和稳重.一方面也许由于研究领域过于扩大而且分工加细,靠自己一个人的力量去洞察一切已经很困难了,而过去那种能吸引优秀研究者的富有魅力的本质模型也已经很少看到.

本文省略具体的细碎琐事,从构筑数学模型的立场出发历史地综览数学心理学的变迁.以一个模型的展开为例,给出我的解释,试图探讨数学模型近似法所具有的特性以及限度.在这个意义上,与其说是毫无遗漏地公正评论数学心理学的现状,不如说是在笔者所知的范围内捕捉片面的印象,故在此特先作声明.

二、历史概观

1.先驱期

数学心理学(mathematical psychology)究竟诞生于何时也许说法不一,我认为设定是在40年代末到50年代初,那是开始主张其存在的时期.当然在心理学领域中数学式的使用在这之前并非没有.

在19世纪历史上著名的,可以看到韦伯—费克纳(Weber-Fechner)的心理物理学法则、杨—赫尔姆霍茨(Young-Relmholtz)的配色公式、艾宾豪斯(Ebbinghaua)的记忆实验等,这些是成为以后数学方法研究契机的一些先驱业绩.但这些还都是零散发生的.

但是一进入20世纪,心理学研究中采用数量方法的动向便变得活跃了,特别是与数据分析方法相关联,统计方法的应用多起来了.

尤其是1900年左右开始萌芽,由斯皮尔曼(Spearman)的智力二因素论引起,经过霍尔金格(Holzinger)的双因素说、伯特(Burt)的层次因素说、汤姆森(Thomson)的抽样说等,直到瑟斯顿(Thurston)的多因素说,这些从本世纪初到30年代的因素分析法的发展,作为心理学领域独自产生的数学方法,代表着最为辉煌的时期.

今天看来,所考虑的因素无非就是为了要经验地说明数据关系而导入的统计结构变量.围绕着是否认为实际存在构成人类能力的因素而展开的讨论,无疑使当时的研究者热血沸腾.即使现在阅读当时的论文,看到围绕一个数据到底哪个假设正确的议论，仍感到这些论文大有不引起读者兴趣誓不罢休的劲头.

心理学中数据分析的方法，也都受到两次世界大战军事研究的影响. 在样本调查方法及态度测量法等心理测验理论中看到的统计方法的应用，无疑促进了心理学研究技术的发展.

但是这种研究还只被看作是心理学的数据分析方法，而不认为是心理学理论. 1936 年，号称“致力于心理学作为定量而合理的科学发展的杂志”，专业杂志《计量心理学》(*Psychometrika*) 创刊，接着应用研究杂志《教育与心理测量》(*Educational and Psychological Measurement*) 等也创刊了，这就确立了计量心理学(psychometrics) 及心理测量(psychological measurement) 等领域，主张了它们的存在. 但是数学心理学还没有得到公认.

三四十年代，出现了格式塔心理学家勒温(K. Lewin) 的理论，，频繁使用了“心理学的场理论”、“拓扑心理学” 等数学概念. 它们由于有某种说服力而常常使不少心理学工作者入迷. 借用米勒(G. A. Miller) 1964 年的话[1]，这是披着“数学术语” 的外衣而东拉西扯的(discursive) 模型，实质上无非就是数学心理学.

2. 勃兴期

然而，由于第二次世界大战而产生的许多跨学科领域的协作研究，把具有数学与自然科学素养的科学家的注意力吸引到了心理学领域. 可以认为，50 年代与 60 年代不单是在心理学，而且是在社会科学的诸多领域引进数学方法的鼎盛时期. 其代表恐怕是运筹学的出现与对策论的应用等.

心理学领域中表现最为活跃的要算是数理学习理论的领域了，其契机之一是受埃斯特斯(W. K. Estes)1950 年的论文《走向学习的统计理论》(*Toward a Statistical Theory of Learning*)[2] 等的刺激，在学习心理学领域不断出现引用概率模型的关于学习的数学模型. 例如，数理统计学家莫斯特勒(F. Mosteller)、物理学家布什(R. R. Bush) 关于学习的线性算子模型，以及萨佩斯(P. Suppes) 与阿特金森(R. C. Atkinson) 应用马尔科夫链的模型等.

而且这一时期不光是在心理学引入这种数学方法，而且是在社会心理学(科恩(B. P. Cohen)、哈拉里(F. Harary))、社会学(科尔曼(J. S. Coleman)、西蒙(H. A. Simon))、文化人类学(怀特(H. C. White))、政治学(拉帕波特(A. Rapaport))、语言学(乔姆斯基(N. Chomsky)) 等社会科学与人文科学的所有领域都引入这种数学方法的最活跃时期. 这一时期不断出现着积极的先驱性研究. 60 年代以斯坦福大学为中心而编写的《社会科学中的数学研究丛书》可以认为是其代表之一.

开始主张数学心理学这一名称的存在就是在这一时期. 1963 ~ 1965 年以卢斯(R. D. Luce)、布什、格兰特(E. Galanter) 为主编辑出版的 3 卷《数学心理学手册》及 2 卷《数学心理学读物》产生了巨大的影响,从 1964 年起专业杂志《数学心理学杂志》(*Journal of Mathematical Psychology*) 作为定期刊物创刊发行,数学心理学独立存在了. 接着稍晚些,于 1971 年,社会学领域的专业杂志《数学社会学杂志》(*Journal of Mathematical Sociology*) 也发行了. 日本则于 1973 年诞生了行为计量学会,1986 年诞生了数学社会学会,并分别发行了相关杂志.

某个领域刊行数学专业杂志是由于期待着该领域研究的继续,它意味着作为数学科学的心理学、社会学领域已相继进入了成熟期. 但是在出现这类杂志的这段时期,不知什么原因,能够吸引笔者注意的那种实质性思想的确很少看到. 尽管数学上确已齐备,模型也进一步精确化,但无论从哪一方面来说,总是方法论的东西居多,几乎没有超越最初的开拓者们所提出的实质性想法.

三、数学模型的限度

为什么会那样呢? 笔者认为这里存在着通常的数学模型所具有的必然性与限度. 这里试以比较简单的数学模型的展开经过为例来考虑其理由.

下面所举的例子是属于称作"团体问题解决" 的社会心理学的一个题目. 开始提出的命题是"对于某个(解答明确的) 问题,团体解决比个人解决的能力更大些". 它所根据的理由是,除去"多数虚无假设",即个人解决与团体解决问题时其正解率 P 不变的情形外,团体的平均正解率要高.

与此相反,提出异议的是洛杰(I. Lorge) 与所罗门(H. Solomon)[3]. 1955 年,他们认为这不能说明问题的容易解决是依赖于团体成员之间的协作. 因为即使不进行协作,如果有一个成员能够找到正确解答,那么该团体也就获得了正解,所以与个人的平均正解率相比较,团体正解率自然要高些. 如果与成员内具有最高正解率的个人的正解率相比较团体正解率不是高的,那么对确认团体作为团体所具有的优越性,就没有意义了. 若用数学式表示,则如下.

假设个人获得正确解答的正解率为 p(此处假设因人而定),则当某团体成员数为 n 时,该团体达到正解率的期望值 P 可表示为

$$P = 1 - (1 - p)^n \tag{1}$$

将其与实际的团体正解率相比较,这只是个简单的模型.

但是模型的归宿,是将它与实际的经验事实相对照,一看到不合适的部分,马上就修正扩张而成的新形式. 这可以向各个方向展开.

于是在式(1) 的模型中,按照某个问题被解决还是没有被解决两种情况来

考虑,而问题到最终解决可以考虑经过了若干个阶段(例如 s 个阶段). 对个人来说,只有通过所有阶段才能达到最终解决,亦即 $P=\prod_{i=1}^{s}p_i$. 而在团体的情形则只要在每个阶段有一个成员能够正确解答就可以达到最终解决,这显然比较容易做到. 若将这些组成模型,则正解率的期望值可以用稍稍复杂的式子来表示,即

$$P=\prod_{i=1}^{s}(1-(1-p_i)^n) \tag{2}$$

特别地若 p_i 取一定值,则式(2) 如下

$$P=(1-(1-p^{1/s})^n)^s \tag{3}$$

这个模型丝毫没有考虑问题解决所需要的时间. 若单位时间 h 内个人解决特定问题的概率取一定值 p,那么在前述的一阶段问题解决模型(1) 中,问题经过 t 时间后解决的概率表示为几何分布

$$P=p(1-p)^{t-1} \tag{4}$$

将其扩张到 s 个阶段,可得到负的二项分布[4]

$$P=\binom{t-1}{s-1}p^s(1-p)^{t-s} \tag{5}$$

模型的展开并不止于那些. 至今为止都是基于在某个单位时间 h 内解决的概率来考虑离散型分布. 当然可考虑连续性,也可考虑 h 变小的极限情形. 也就是说考虑时间间隔 h 内得到解答的概率为 $p(h)$,$p(h)$ 与 h 的比的极限趋近于一定值λ,即若令 $\lambda=\lim\limits_{h\to 0}(p(h)/h)$,则式(4) 换成式(6) 的指数分布,式(5) 换成式(7) 的伽玛分布

$$P=\lambda\exp(-\lambda t),t\geqslant 0 \tag{6}$$

$$P=(\lambda/(s-1)!\ )\exp(-\lambda t)(\lambda t)^{s-1} \tag{7}$$

这与试验的实际实验数据相当一致[5].

可是将此应用于 n 个成员的团体又将如何呢? 根据计算,s 阶段模型可近似表示为

$$P=\frac{n\lambda}{(s-1)!}\exp(-n\lambda t)(n\lambda t)^{s-1} \tag{8}$$

而将它与实际的实验数据对比时,未必显示出充分满足的一致性. 那是因为团体成员并不一定以同样态度参加问题解决,其中既有积极参加者,也有无所事事的人. 由于提反对意见反而会拖长解决的时间,故往往还反过来起阻碍作用. 补正这些情况,考虑个人成员的参加度,就产生了下面的模型

$$P=\sum_{a=0}^{n}\binom{n}{a}p^a(1-p)^{n-a}\ \frac{\dfrac{a^2}{a+b}\lambda}{(s-1)!}\cdot\exp\left(-\frac{a^2}{a+b}\lambda t\right)\left(\frac{a^2}{a+b}\lambda t\right)^{t-1} \tag{9}$$

其中 a 表示团体中能够对问题解决做出贡献的成员数,b 表示参加但不能解决的成员数.这个模型与实验数据的一致性也很好.

这种模型增加了同数据的适应性,且记述现象的能力也很强,反过来模型形式的复杂程度却越发增加了.但是这样一来,数学模型又带来什么价值呢?这里会有什么新的发现诞生呢?

四、数学模型的命运

举出这样的例子是因为在这个简单的例子中,象征着多数数学模型遵循的一个典型的命运.

首先第一个特征是模型的复杂化.数学模型的目的之一就在于用尽可能简单的形式来表示现象的本质特性.也就是节约原则(principle of parsimony).

但是现实情况是模型的建立,就根据实际数据来确认其适应性.多数情况下,照原先的模型那样是不能满足的.为了谋求在更广范围内、更一般条件下的适应性,就进行模型的修正与扩张.其结果,与模型简单化的目标相反,参数增加而走上复杂化的道路.或者说进入了成熟期的模型为谋求与在各种各样条件下的数据的适应性,与一般模型的构筑相反,转向在每个个别条件都成立的局部模型的构筑.也就是说进行了模型的分化.构筑既适用于较广范围而又简单的大型模型已经是梦想.于是乎数学模型的优点即简单性的特性丧失了,初期开拓者的大胆抓住事物本质的模型的核心模糊了,研究的兴趣索性转移到了细小的外围问题上.假如是简单的模型而又要继续这样,那就必须牺牲数学模型的特性即现象的预测性.

的确,即使能根据数学模型在数学上成功地把现象表示出来并且记述下来,也并不能由此而产生新的解释理论或综合理论.数学模型自身没有这种能力.可以认为数学模型有一个限度.

五、数学心理学的现在——从数学模型到计算机模型(信息处理模型)

在数学模型的构筑者的理念的背后,隐藏着一种默默的信念,即整个自然都受少数简单原理的组合所支配.但是随着眼光从整体逐渐注意到复杂的人类心理的细微之处,这种总可以由少数要素的组合来说明的还原主义看法,特别是只用数学模型的构筑,不久便难于下手而露出破绽.

正当其时,到 70 年代,席卷全世界的反战运动以及对人权问题、环境问题的关心不断高涨.受到这种社会变化的影响,在新科学及整体论(holism)发迹的同时,过去那种对构筑分析数学模型的热情迅速减退,至少五六十年代在勃兴期里所看到的那种在“数学心理学”的名称下主张其存在的情况已经变少了.即使在必须使用数学之处,也丝毫不提“数学心理学”,虽然在该领域的文章中却仍然局部地使用着数学.

现在,心理学的主流已经转移到认知心理学的领域.这是向着以计算机的发展为中心的信息处理模型的转变.

的确,从50年代以后并不是实实在在地衰退,而具有绝对的力量给社会以影响的是计算机为中心的技术革新.尽管同是数量处理,在以数据分析法为主要工作的计量心理学领域中,过去的因素分析法的传统被多维量表法及协方差结构分析等方法的开发所继承,经典的测验理论被自应答理论的实用化所取代,这些都只是计算机应用以后才可能的事.

把信息处理模型带进心理学研究,与其说是在数学模型中谋求规范,不如说是在某种意义上更合乎情理.计算机语言的表示比数理方程表示更接近于自然语言且富有柔顺性.适应范围远远超过缺乏灵活性的数学模型.这样不失严密性也不模棱两可,现象模拟也容易.由信息处理技术产生的诸概念与人类的思考处理概念绝不是一致对应的,但至少可以看到作为模型可能类推的许多共同点.最近神经计算机与生物计算机的发展正在进一步缩短其差距.由埃斯特斯等开展的早期刺激抽样理论的许多概念也可以由信息处理模型的概念进行替换.事实上,早期对数学学习模型的展开做出过贡献的研究者中,现在有不少人正活跃于信息处理模型的领域(阿特金森、格里诺(Greeno)等).

依笔者所见,心理学家的兴趣正从数学(或数学式)模型转向信息处理模型,数学模型的有效应用倒更可以在必须进行群体处理的数学社会学领域中发现.

参考资料

[1] Miller G. A., *Mathematics and Psychology*, John Wiley(1964).

[2] Estes W. K., *Psychological Review*, 57(1950)94.

[3] Lorge I., Solomon H., *Psychometrika*, 20(1955)(1955)139.

[4] Restle F., Davis J. J., *Psychological Review*, 69(1962)520.

[5] Davis J. H., Restle F., *Journal of Abnormal and Social Psychology*, 66(1963)103.

编辑手记

本套书是上海《自然杂志》的资深编辑朱惠霖先生将历年发表于其中的数学科普文章的汇集本.

《自然杂志》是笔者非常喜爱的一本杂志，最早接触到它是在20世纪80年代初.笔者还在读高中，在报刊门市部偶然买到一本.上课时在课桌下偷偷阅读，记得那一期有篇是张奠宙教授写的介绍托姆的突变理论的文章，其中那个关于狗的行为描述的模型引起了笔者极大的兴趣.至今想起来还历历在目，特别是惊叹于数学在描述自然现象时的能力之强.在后来笔者养犬十年的过程中观察发现，许多细节还是很富有解释力的.

当年在《自然杂志》上写稿的既有居庙堂之高的院士、教授，如陈省身先生写的微分几何，谷超豪先生写的偏微分方程，张景中先生写的几何作图问题等，也有处江湖之远的小人物，比如笔者给《自然杂志》投稿时只是上海华东师范大学数学系应用数学助教班的一名学员而已.

介绍一下本套书的作者朱惠霖先生，他既是数学家，又是数学教育家，曾出版数学著作多部.

如:《虚数的故事》(美)纳欣著，朱惠霖译，上海教育出版社，2008.

《蚁迹寻踪及其他数学探索(通俗数学名著译丛)》(美)戴维·盖尔编著，朱惠霖译，上海教育出版社，2001.

《数学桥:对高等数学的一次观赏之旅》斯蒂芬·弗莱彻·休森著，朱惠霖校(注释，解说词)，邹建成，杨志辉，刘喜波等译，上海科技教育出版社，2010.

他还写过大量的科普文章，如：

《埃歇尔的〈圆的极限 Ⅲ〉》	朱惠霖	自然杂志	1982-08-29
《"公开密码"的破译》	朱惠霖	自然杂志	1983-01-31
《微积分学的衰落——离散数学的兴起》	安东尼·罗尔斯顿；朱惠霖	世界科学	1983-10-28
《单叶函数系数的上界估计》	李江帆；朱惠霖	自然杂志	1983-10-28
《莫德尔猜想解决了》	Gina Kolata；朱惠霖	世界科学	1984-01-31
《一个古老猜想的意外证明》	Gina Kolata；朱惠霖	世界科学	1985-11-27
《从哈代的出租车号码到椭圆曲线公钥密码》	朱惠霖	科学	1996-03-25
《找零钱的数学》	朱惠霖	科学	1996-09-25
《墨菲法则趣谈》	朱惠霖	科学	1996-11-25
《找零钱的数学》	朱惠霖	数学通讯	1998-04-10
《关于"跳槽"的数学模型》	朱惠霖	数学通讯	1998-06-10
《扫雷高手的百万大奖之梦》	朱惠霖	科学	2001-07-25

其中《单叶函数系数的上界估计》是一个研究简讯.他们将比勃巴赫猜想的系数估计在前人工作的基础之上又改进了一步.这当然很困难.朱先生1982年毕业于复旦大学，比勃巴赫猜想在中国的研究者大多集中于此.前不久复旦旧书店的老板还专门卖了一批任福尧老先生的藏书给笔者，其中以复分析方面居多.这一重大猜想后来在1985年由美国数学家德·布·兰吉斯完美的解决了.

数学科普对于现代社会很重要，因为要在高度现代化的社会中生存，不了解数学，更进一步不了解近代数学是不行的，那么究竟应该了解多少？了解到什么程度呢？在网上有一个网友恶搞的小文章.

民科自测卷(纯数学卷)

注：此份试卷主要用于自测对数学基础知识的熟悉程度.如果自测者分数不达标，则原则上可认为其尚不具备任何研究数学的基本能

力,是民科的可能性比较大,从而建议其放弃数学研究.测试达标为60分,满分100分.测试应闭卷完成.

Part 1,初等部分(20分)

(1) 设有一个底面半径为 r,高为 a 的球缺.现有一个垂直于其底面的平面将其分成两部分,这个平面与球缺底面圆心的距离为 h.请用二重积分求出球缺被平面所截较小那块图形的体积(3分).

(2) 已知Zeta函数 $\zeta(s)=\sum\limits_{n=1}^{\infty}\frac{1}{n}$.请问双曲余切函数coth的泰勒展开式系数和 $\zeta(2n)$ 有什么关系?其中 n 是正整数(3分).

(3) 求 n 阶Hilbert矩阵 $\boldsymbol{H}$ 的行列式,其中 $H_{i,j}=\frac{1}{i+j-1}$(4分).

(4) 叙述拓扑空间紧与序列紧的定义,在什么条件下这两者等价?并给出一个在不满足此条件下两者并不等价的例子(3分).

(5) 对实数 t,求极限 $\lim\limits_{A\to\infty}\int_{-A}^{A}\left(\frac{\sin x}{x}\right)^2 \mathrm{e}^{\mathrm{i}tx}\,\mathrm{d}x$(3分).

(6) 阶为 pq,p^2q,p^2q^2 的群能否成为单群,证明你的结论(4分).

Part 2,基础部分(40分)

(1) 叙述Sobolev嵌入定理,并给出证明(5分).

(2) 李代数 $so(3)$ 和 $su(2)$ 之间有什么关系?证明你的结论(5分).

(3) 亏格为2的曲面被称为双环面,其可以看作是两个环面的连通和.请计算双环面 $T^1\#T^1$ 除去两点的同调群(5分).

(4) 证明对于半单环 R,我们有 $R\cong Mat_{n_1}(\Delta_1)\times\cdots\times Mat_{n_k}(\Delta_k)$,其中 Δ_k 是除环(5分).

(5) 证明Dedekind环是UFD当且仅当它是PID(5分).

(6) 给出概复结构和复结构的定义,并给出例子说明有概复结构的流形不一定有复结构(5分).

(7) 给定光滑曲面 M 上的一点 P,假设以 P 为中心,r 为半径的测地圆周长为 $C(r)$.求曲面在点 P 的高斯曲率 $K(P)$(5分).

(8) 证明 n 维向量空间 V 的正交群 $O(V)$ 的每一个元素都可以看作不超过 n 个反射变换的积(5分).

Part 3,提高部分(40分)

(1) 我们已知椭圆(长半轴为 a,短半轴为 b)的周长公式不能用初等函数表示.请证明这一点(12分).

(2)47维球面 S^{47} 上存在多少组不同的向量场,使得其为点态线性独立的?证明你的结论(13分).

(3) 证明:多项式环上的有限生成投射模都是自由模(15 分).

此文章据说是一位女性朋友写的,在微信圈中广为流传.在笔者混迹其中的几个数学圈中,许多很有功力的中年数学工作者都表示无能为力,也有的只是在自己所擅长的专业分支上能解出一道半道.所以可见数学分支众多,且每一分支都不容易,要做个鸟瞰式的人物几乎不可能.所以还是爱因斯坦有远见,他认为如果他要搞数学一定会在某一个分支的一个问题上耗费终生,而不会像在物理学中那样有一个对全局决定性的贡献.

数学普及是不易的.著名数学家项武义先生曾在一次访谈中指出:

> 不管是中国也好,美国也好,关于普度众生的应用数学,是一大堆不懂数学的人要搞数学教育,而懂数学的人拒绝去做这个.也许其原因是此事其实也不简单.基础数学你要懂得更深一步都很难,吃力不讨好,所以不做.现在全世界现况就跟金融风暴一样,苦海无边.数学教育目前在全世界不仅没有普度众生,反而是苦海无边.我跟张海潮[①]都觉得不忍卒睹,却无能为力,人太少了.你跟搞数学教育的讲,他们根本不听也不懂,反而说:"你伤害到我的利益,你知道吗?你给我滚远点."你跟数学家讲,像陈先生[②]反对我做这事,就跟我说:"武义,你完全浪费青春."而且他一定讲:"这事情是纯政治的,纯政治的事,你去搞它干嘛?你的才能应该好好拿来做数学的研究."这还是为了我好.有些数学家,他如果不去做这些基础的数学,其实要让他做数学教育是不行的,因为他没有懂透彻,他以偏概全地说:"这种东西我还不懂吗?这是没什么道理的东西!"他不懂才讲没道理,这就是现况!还有一个笑话,现在给我总的感觉,因为基础数学没人下功夫,数学研究跟基础数学脱节了,脱节久了,数学研究必然趋于枯萎,因为离根太远的东西是长不好的.譬如说做弦理论(string theory),弦理论老天一定不用的嘛,因为老天爷没懂嘛,我们生活的空间世界是精而简的,他竟然说:"要他来指挥老天爷,精简的地方,我不要做,我一定要去做十维卷起来的东西,这十维是什么东西都搞不清楚,这种数学越来越烦,有点像当年托勒密的周转圆(epicycles).我去复旦,和忻元龙[③]边喝咖啡边聊,他说:"你是一个比较奇怪的数学家,前沿的数

① 张海潮,交通大学应用数学系教授.

② 陈省身.

③ 忻元龙,复旦大学教授.

学跟基础的数学是连起来的,但大部分的数学家不把它们连起来."

许多数学教科书并不能代替科普书,因为它们写的过于抽象.项武义先生讲了一个《群论》的例子.《群论》那一章定义了什么叫群,定义了什么叫群的同构(isomorphic).然后呢,证明了三个定理,第一个:G 跟 G 是同构的;第二个:若 G_1 跟 G_2 是同构的,则 G_2 跟 G_1 也是同构的;第三个:若 G_1 跟 G_2 是同构的,G_2 跟 G_3 是同构的,则 G_1 跟 G_3 是同构的.完了,整个就结束了,《群论》全教完了.

说实话,在现在这个功利至上的社会,端出这么一大套东西是不切实际的.但是我们坚持:诗和远方是留给有梦想的人的精神食粮,眼前的苟且是留给芸芸众生的麻醉剂.

刘培杰
2018 年 10 月 25 日
于哈工大

刘培杰数学工作室
已出版(即将出版)图书目录——高等数学

书　　名	出版时间	定　价	编号
距离几何分析导引	2015－02	68.00	446
大学几何学	2017－01	78.00	688
关于曲面的一般研究	2016－11	48.00	690
近世纯粹几何学初论	2017－01	58.00	711
拓扑学与几何学基础讲义	2017－04	58.00	756
物理学中的几何方法	2017－06	88.00	767
几何学简史	2017－08	28.00	833

书　　名	出版时间	定　价	编号
复变函数引论	2013－10	68.00	269
伸缩变换与抛物旋转	2015－01	38.00	449
无穷分析引论(上)	2013－04	88.00	247
无穷分析引论(下)	2013－04	98.00	245
数学分析	2014－04	28.00	338
数学分析中的一个新方法及其应用	2013－01	38.00	231
数学分析例选:通过范例学技巧	2013－01	88.00	243
高等代数例选:通过范例学技巧	2015－06	88.00	475
基础数论例选:通过范例学技巧	2018－09	58.00	978
三角级数论(上册)(陈建功)	2013－01	38.00	232
三角级数论(下册)(陈建功)	2013－01	48.00	233
三角级数论(哈代)	2013－06	48.00	254
三角级数	2015－07	28.00	263
超越数	2011－03	18.00	109
三角和方法	2011－03	18.00	112
随机过程(Ⅰ)	2014－01	78.00	224
随机过程(Ⅱ)	2014－01	68.00	235
算术探索	2011－12	158.00	148
组合数学	2012－04	28.00	178
组合数学浅谈	2012－03	28.00	159
丢番图方程引论	2012－03	48.00	172
拉普拉斯变换及其应用	2015－02	38.00	447
高等代数.上	2016－01	38.00	548
高等代数.下	2016－01	38.00	549
高等代数教程	2016－01	58.00	579
数学解析教程.上卷.1	2016－01	58.00	546
数学解析教程.上卷.2	2016－01	38.00	553
数学解析教程.下卷.1	2017－04	48.00	781
数学解析教程.下卷.2	2017－06	48.00	782
函数构造论.上	2016－01	38.00	554
函数构造论.中	2017－06	48.00	555
函数构造论.下	2016－09	48.00	680
函数逼近论(上)	2019－02	98.00	1014
概周期函数	2016－01	48.00	572
变叙的项的极限分布律	2016－01	18.00	573
整函数	2012－08	18.00	161
近代拓扑学研究	2013－04	38.00	239
多项式和无理数	2008－01	68.00	22

刘培杰数学工作室

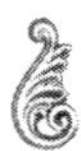

已出版(即将出版)图书目录——高等数学

书　　名	出版时间	定　价	编号
模糊数据统计学	2008－03	48.00	31
模糊分析学与特殊泛函空间	2013－01	68.00	241
常微分方程	2016－01	58.00	586
平稳随机函数导论	2016－03	48.00	587
量子力学原理.上	2016－01	38.00	588
图与矩阵	2014－08	40.00	644
钢丝绳原理:第二版	2017－01	78.00	745
代数拓扑和微分拓扑简史	2017－06	68.00	791
半序空间泛函分析.上	2018－06	48.00	924
半序空间泛函分析.下	2018－06	68.00	925
概率分布的部分识别	2018－07	68.00	929
Cartan 型单模李超代数的上同调及极大子代数	2018－07	38.00	932
纯数学与应用数学若干问题研究	2019－03	98.00	1017
受控理论与解析不等式	2012－05	78.00	165
不等式的分拆降维降幂方法与可读证明	2016－01	68.00	591
实变函数论	2012－06	78.00	181
复变函数论	2015－08	38.00	504
非光滑优化及其变分分析	2014－01	48.00	230
疏散的马尔科夫链	2014－01	58.00	266
马尔科夫过程论基础	2015－01	28.00	433
初等微分拓扑学	2012－07	18.00	182
方程式论	2011－03	38.00	105
Galois 理论	2011－03	18.00	107
古典数学难题与伽罗瓦理论	2012－11	58.00	223
伽罗华与群论	2014－01	28.00	290
代数方程的根式解及伽罗瓦理论	2011－03	28.00	108
代数方程的根式解及伽罗瓦理论(第二版)	2015－01	28.00	423
线性偏微分方程讲义	2011－03	18.00	110
几类微分方程数值方法的研究	2015－05	38.00	485
N 体问题的周期解	2011－03	28.00	111
代数方程式论	2011－05	18.00	121
线性代数与几何:英文	2016－06	58.00	578
动力系统的不变量与函数方程	2011－07	48.00	137
基于短语评价的翻译知识获取	2012－02	48.00	168
应用随机过程	2012－04	48.00	187
概率论导引	2012－04	18.00	179
矩阵论(上)	2013－06	58.00	250
矩阵论(下)	2013－06	48.00	251
对称锥互补问题的内点法:理论分析与算法实现	2014－08	68.00	368
抽象代数:方法导引	2013－06	38.00	257
集论	2016－01	48.00	576
多项式理论研究综述	2016－01	38.00	577
函数论	2014－11	78.00	395
反问题的计算方法及应用	2011－11	28.00	147
数阵及其应用	2012－02	28.00	164
绝对值方程—折边与组合图形的解析研究	2012－07	48.00	186
代数函数论(上)	2015－07	38.00	494
代数函数论(下)	2015－07	38.00	495

刘培杰数学工作室
已出版(即将出版)图书目录——高等数学

书　　名	出版时间	定　价	编号
偏微分方程论:法文	2015—10	48.00	533
时标动力学方程的指数型二分性与周期解	2016—04	48.00	606
重刚体绕不动点运动方程的积分法	2016—05	68.00	608
水轮机水力稳定性	2016—05	48.00	620
Lévy 噪音驱动的传染病模型的动力学行为	2016—05	48.00	667
铣加工动力学系统稳定性研究的数学方法	2016—11	28.00	710
时滞系统:Lyapunov 泛函和矩阵	2017—05	68.00	784
粒子图像测速仪实用指南:第二版	2017—08	78.00	790
数域的上同调	2017—08	98.00	799
图的正交因子分解(英文)	2018—01	38.00	881
点云模型的优化配准方法研究	2018—07	58.00	927
锥形波入射粗糙表面反散射问题理论与算法	2018—03	68.00	936
广义逆的理论与计算	2018—07	58.00	973
不定方程及其应用	2018—12	58.00	998
几类椭圆型偏微分方程高效数值算法研究	2018—08	48.00	1025
吴振奎高等数学解题真经(概率统计卷)	2012—01	38.00	149
吴振奎高等数学解题真经(微积分卷)	2012—01	68.00	150
吴振奎高等数学解题真经(线性代数卷)	2012—01	58.00	151
高等数学解题全攻略(上卷)	2013—06	58.00	252
高等数学解题全攻略(下卷)	2013—06	58.00	253
高等数学复习纲要	2014—01	18.00	384
超越吉米多维奇.数列的极限	2009—11	48.00	58
超越普里瓦洛夫.留数卷	2015—01	28.00	437
超越普里瓦洛夫.无穷乘积与它对解析函数的应用卷	2015—05	28.00	477
超越普里瓦洛夫.积分卷	2015—06	18.00	481
超越普里瓦洛夫.基础知识卷	2015—06	28.00	482
超越普里瓦洛夫.数项级数卷	2015—07	38.00	489
超越普里瓦洛夫.微分、解析函数、导数卷	2018—01	48.00	852
统计学专业英语	2007—03	28.00	16
统计学专业英语(第二版)	2012—07	48.00	176
统计学专业英语(第三版)	2015—04	68.00	465
代换分析:英文	2015—07	38.00	499
历届美国大学生数学竞赛试题集.第一卷(1938—1949)	2015—01	28.00	397
历届美国大学生数学竞赛试题集.第二卷(1950—1959)	2015—01	28.00	398
历届美国大学生数学竞赛试题集.第三卷(1960—1969)	2015—01	28.00	399
历届美国大学生数学竞赛试题集.第四卷(1970—1979)	2015—01	18.00	400
历届美国大学生数学竞赛试题集.第五卷(1980—1989)	2015—01	28.00	401
历届美国大学生数学竞赛试题集.第六卷(1990—1999)	2015—01	28.00	402
历届美国大学生数学竞赛试题集.第七卷(2000—2009)	2015—08	18.00	403
历届美国大学生数学竞赛试题集.第八卷(2010—2012)	2015—01	18.00	404
超越普特南试题:大学数学竞赛中的方法与技巧	2017—04	98.00	758
历届国际大学生数学竞赛试题集(1994—2010)	2012—01	28.00	143
全国大学生数学夏令营数学竞赛试题及解答	2007—03	28.00	15
全国大学生数学竞赛辅导教程	2012—07	28.00	189
全国大学生数学竞赛复习全书(第2版)	2017—05	58.00	787

刘培杰数学工作室
已出版(即将出版)图书目录——高等数学

书　　名	出版时间	定　价	编号
历届美国大学生数学竞赛试题集	2009—03	88.00	43
前苏联大学生数学奥林匹克竞赛题解(上编)	2012—04	28.00	169
前苏联大学生数学奥林匹克竞赛题解(下编)	2012—04	38.00	170
大学生数学竞赛讲义	2014—09	28.00	371
大学生数学竞赛教程——高等数学(基础篇、提高篇)	2018—09	128.00	968
普林斯顿大学数学竞赛	2016—06	38.00	669
初等数论难题集(第一卷)	2009—05	68.00	44
初等数论难题集(第二卷)(上、下)	2011—02	128.00	82,83
数论概貌	2011—03	18.00	93
代数数论(第二版)	2013—08	58.00	94
代数多项式	2014—06	38.00	289
初等数论的知识与问题	2011—02	28.00	95
超越数论基础	2011—03	28.00	96
数论初等教程	2011—03	28.00	97
数论基础	2011—03	18.00	98
数论基础与维诺格拉多夫	2014—03	18.00	292
解析数论基础	2012—08	28.00	216
解析数论基础(第二版)	2014—01	48.00	287
解析数论问题集(第二版)(原版引进)	2014—05	88.00	343
解析数论问题集(第二版)(中译本)	2016—04	88.00	607
解析数论基础(潘承洞,潘承彪著)	2016—07	98.00	673
解析数论导引	2016—07	58.00	674
数论入门	2011—03	38.00	99
代数数论入门	2015—03	38.00	448
数论开篇	2012—07	28.00	194
解析数论引论	2011—03	48.00	100
Barban Davenport Halberstam 均值和	2009—01	40.00	33
基础数论	2011—03	28.00	101
初等数论 100 例	2011—05	18.00	122
初等数论经典例题	2012—07	18.00	204
最新世界各国数学奥林匹克中的初等数论试题(上、下)	2012—01	138.00	144,145
初等数论(Ⅰ)	2012—01	18.00	156
初等数论(Ⅱ)	2012—01	18.00	157
初等数论(Ⅲ)	2012—01	28.00	158
平面几何与数论中未解决的新老问题	2013—01	68.00	229
代数数论简史	2014—11	28.00	408
代数数论	2015—09	88.00	532
代数、数论及分析习题集	2016—11	98.00	695
数论导引提要及习题解答	2016—01	48.00	559
素数定理的初等证明.第 2 版	2016—09	48.00	686
数论中的模函数与狄利克雷级数(第二版)	2017—11	78.00	837
数论:数学导引	2018—01	68.00	849
域论	2018—04	68.00	884
代数数论(冯克勤　编著)	2018—04	68.00	885
范式大代数	2019—02	98.00	1016

刘培杰数学工作室

已出版(即将出版)图书目录——高等数学

书　　名	出版时间	定　价	编号
新编640个世界著名数学智力趣题	2014—01	88.00	242
500个最新世界著名数学智力趣题	2008—06	48.00	3
400个最新世界著名数学最值问题	2008—09	48.00	36
500个世界著名数学征解问题	2009—06	48.00	52
400个中国最佳初等数学征解老问题	2010—01	48.00	60
500个俄罗斯数学经典老题	2011—01	28.00	81
1000个国外中学物理好题	2012—04	48.00	174
300个日本高考数学题	2012—05	38.00	142
700个早期日本高考数学试题	2017—02	88.00	752
500个前苏联早期高考数学试题及解答	2012—05	28.00	185
546个早期俄罗斯大学生数学竞赛题	2014—03	38.00	285
548个来自美苏的数学好问题	2014—11	28.00	396
20所苏联著名大学早期入学试题	2015—02	18.00	452
161道德国工科大学生必做的微分方程习题	2015—05	28.00	469
500个德国工科大学生必做的高数习题	2015—06	28.00	478
360个数学竞赛问题	2016—08	58.00	677
德国讲义日本考题.微积分卷	2015—04	48.00	456
德国讲义日本考题.微分方程卷	2015—04	38.00	457
二十世纪中叶中、英、美、日、法、俄高考数学试题精选	2017—06	38.00	783

书　　名	出版时间	定　价	编号
博弈论精粹	2008—03	58.00	30
博弈论精粹.第二版(精装)	2015—01	88.00	461
数学 我爱你	2008—01	28.00	20
精神的圣徒　别样的人生——60位中国数学家成长的历程	2008—09	48.00	39
数学史概论	2009—06	78.00	50
数学史概论(精装)	2013—03	158.00	272
数学史选讲	2016—01	48.00	544
斐波那契数列	2010—02	28.00	65
数学拼盘和斐波那契魔方	2010—07	38.00	72
斐波那契数列欣赏	2011—01	28.00	160
数学的创造	2011—02	48.00	85
数学美与创造力	2016—01	48.00	595
数海拾贝	2016—01	48.00	590
数学中的美	2011—02	38.00	84
数论中的美学	2014—12	38.00	351
数学王者　科学巨人——高斯	2015—01	28.00	428
振兴祖国数学的圆梦之旅:中国初等数学研究史话	2015—06	98.00	490
二十世纪中国数学史料研究	2015—10	48.00	536
数字谜、数阵图与棋盘覆盖	2016—01	58.00	298
时间的形状	2016—01	38.00	556
数学发现的艺术:数学探索中的合情推理	2016—07	58.00	671
活跃在数学中的参数	2016—07	48.00	675

刘培杰数学工作室
已出版(即将出版)图书目录——高等数学

书　　名	出版时间	定　价	编号
格点和面积	2012－07	18.00	191
射影几何趣谈	2012－04	28.00	175
斯潘纳尔引理——从一道加拿大数学奥林匹克试题谈起	2014－01	28.00	228
李普希兹条件——从几道近年高考数学试题谈起	2012－10	18.00	221
拉格朗日中值定理——从一道北京高考试题的解法谈起	2015－10	18.00	197
闵科夫斯基定理——从一道清华大学自主招生试题谈起	2014－01	28.00	198
哈尔测度——从一道冬令营试题的背景谈起	2012－08	28.00	202
切比雪夫逼近问题——从一道中国台北数学奥林匹克试题谈起	2013－04	38.00	238
伯恩斯坦多项式与贝齐尔曲面——从一道全国高中数学联赛试题谈起	2013－03	38.00	236
卡塔兰猜想——从一道普特南竞赛试题谈起	2013－06	18.00	256
麦卡锡函数和阿克曼函数——从一道前南斯拉夫数学奥林匹克试题谈起	2012－08	18.00	201
贝蒂定理与拉姆贝克莫斯尔定理——从一个拣石子游戏谈起	2012－08	18.00	217
皮亚诺曲线和豪斯道夫分球定理——从无限集谈起	2012－08	18.00	211
平面凸图形与凸多面体	2012－10	28.00	218
斯坦因豪斯问题——从一道二十五省市自治区中学数学竞赛试题谈起	2012－07	18.00	196
纽结理论中的亚历山大多项式与琼斯多项式——从一道北京市高一数学竞赛试题谈起	2012－07	28.00	195
原则与策略——从波利亚"解题表"谈起	2013－04	38.00	244
转化与化归——从三大尺规作图不能问题谈起	2012－08	28.00	214
代数几何中的贝祖定理(第一版)——从一道 IMO 试题的解法谈起	2013－08	18.00	193
成功连贯理论与约当块理论——从一道比利时数学竞赛试题谈起	2012－04	18.00	180
素数判定与大数分解	2014－08	18.00	199
置换多项式及其应用	2012－10	18.00	220
椭圆函数与模函数——从一道美国加州大学洛杉矶分校(UCLA)博士资格考题谈起	2012－10	28.00	219
差分方程的拉格朗日方法——从一道 2011 年全国高考理科试题的解法谈起	2012－08	28.00	200
力学在几何中的一些应用	2013－01	38.00	240
高斯散度定理、斯托克斯定理和平面格林定理——从一道国际大学生数学竞赛试题谈起	即将出版		
康托洛维奇不等式——从一道全国高中联赛试题谈起	2013－03	28.00	337
西格尔引理——从一道第 18 届 IMO 试题的解法谈起	即将出版		
罗斯定理——从一道前苏联数学竞赛试题谈起	即将出版		
拉克斯定理和阿廷定理——从一道 IMO 试题的解法谈起	2014－01	58.00	246
毕卡大定理——从一道美国大学数学竞赛试题谈起	2014－07	18.00	350
贝齐尔曲线——从一道全国高中联赛试题谈起	即将出版		
拉格朗日乘子定理——从一道 2005 年全国高中联赛试题的高等数学解法谈起	2015－05	28.00	480
雅可比定理——从一道日本数学奥林匹克试题谈起	2013－04	48.00	249
李天岩－约克定理——从一道波兰数学竞赛试题谈起	2014－06	28.00	349
整系数多项式因式分解的一般方法——从克朗耐克算法谈起	即将出版		

刘培杰数学工作室
已出版(即将出版)图书目录——高等数学

书　　名	出版时间	定　价	编号
布劳维不动点定理——从一道前苏联数学奥林匹克试题谈起	2014－01	38.00	273
伯恩赛德定理——从一道英国数学奥林匹克试题谈起	即将出版		
布查特－莫斯特定理——从一道上海市初中竞赛试题谈起	即将出版		
数论中的同余数问题——从一道普特南竞赛试题谈起	即将出版		
范・德蒙行列式——从一道美国数学奥林匹克试题谈起	即将出版		
中国剩余定理:总数法构建中国历史年表	2015－01	28.00	430
牛顿程序与方程求根——从一道全国高考试题解法谈起	即将出版		
库默尔定理——从一道 IMO 预选试题谈起	即将出版		
卢丁定理——从一道冬令营试题的解法谈起	即将出版		
沃斯滕霍姆定理——从一道 IMO 预选试题谈起	即将出版		
卡尔松不等式——从一道莫斯科数学奥林匹克试题谈起	即将出版		
信息论中的香农熵——从一道近年高考压轴题谈起	即将出版		
约当不等式——从一道希望杯竞赛试题谈起	即将出版		
拉比诺维奇定理	即将出版		
刘维尔定理——从一道《美国数学月刊》征解问题的解法谈起	即将出版		
卡塔兰恒等式与级数求和——从一道 IMO 试题的解法谈起	即将出版		
勒让德猜想与素数分布——从一道爱尔兰竞赛试题谈起	即将出版		
天平称重与信息论——从一道基辅市数学奥林匹克试题谈起	即将出版		
哈密尔顿－凯莱定理:从一道高中数学联赛试题的解法谈起	2014－09	18.00	376
艾思特曼定理——从一道 CMO 试题的解法谈起	即将出版		
一个爱尔特希问题——从一道西德数学奥林匹克试题谈起	即将出版		
有限群中的爱丁格尔问题——从一道北京市初中二年级数学竞赛试题谈起	即将出版		
贝克码与编码理论——从一道全国高中联赛试题谈起	即将出版		
帕斯卡三角形	2014－03	18.00	294
蒲丰投针问题——从 2009 年清华大学的一道自主招生试题谈起	2014－01	38.00	295
斯图姆定理——从一道"华约"自主招生试题的解法谈起	2014－01	18.00	296
许瓦兹引理——从一道加利福尼亚大学伯克利分校数学系博士生试题谈起	2014－08	18.00	297
拉姆塞定理——从王诗宬院士的一个问题谈起	2016－04	48.00	299
坐标法	2013－12	28.00	332
数论三角形	2014－04	38.00	341
毕克定理	2014－07	18.00	352
数林掠影	2014－09	48.00	389
我们周围的概率	2014－10	38.00	390
凸函数最值定理:从一道华约自主招生题的解法谈起	2014－10	28.00	391
易学与数学奥林匹克	2014－10	38.00	392
生物数学趣谈	2015－01	18.00	409
反演	2015－01	28.00	420
因式分解与圆锥曲线	2015－01	18.00	426
轨迹	2015－01	28.00	427
面积原理:从常庚哲命的一道 CMO 试题的积分解法谈起	2015－01	48.00	431
形形色色的不动点定理:从一道 28 届 IMO 试题谈起	2015－01	38.00	439
柯西函数方程:从一道上海交大自主招生的试题谈起	2015－02	28.00	440

刘培杰数学工作室
已出版(即将出版)图书目录——高等数学

书　　名	出版时间	定　价	编号
三角恒等式	2015—02	28.00	442
无理性判定:从一道2014年"北约"自主招生试题谈起	2015—01	38.00	443
数学归纳法	2015—03	18.00	451
极端原理与解题	2015—04	28.00	464
法雷级数	2014—08	18.00	367
摆线族	2015—01	38.00	438
函数方程及其解法	2015—05	38.00	470
含参数的方程和不等式	2012—09	28.00	213
希尔伯特第十问题	2016—01	38.00	543
无穷小量的求和	2016—01	28.00	545
切比雪夫多项式:从一道清华大学金秋营试题谈起	2016—01	38.00	583
泽肯多夫定理	2016—03	38.00	599
代数等式证题法	2016—01	28.00	600
三角等式证题法	2016—01	28.00	601
吴大任教授藏书中的一个因式分解公式:从一道美国数学邀请赛试题的解法谈起	2016—06	28.00	656
易卦——类万物的数学模型	2017—08	68.00	838
"不可思议"的数与数系可持续发展	2018—01	38.00	878
最短线	2018—01	38.00	879

书　　名	出版时间	定　价	编号
从毕达哥拉斯到怀尔斯	2007—10	48.00	9
从迪利克雷到维斯卡尔迪	2008—01	48.00	21
从哥德巴赫到陈景润	2008—05	98.00	35
从庞加莱到佩雷尔曼	2011—08	138.00	136

书　　名	出版时间	定　价	编号
从费马到怀尔斯——费马大定理的历史	2013—10	198.00	Ⅰ
从庞加莱到佩雷尔曼——庞加莱猜想的历史	2013—10	298.00	Ⅱ
从切比雪夫到爱尔特希(上)——素数定理的初等证明	2013—07	48.00	Ⅲ
从切比雪夫到爱尔特希(下)——素数定理100年	2012—12	98.00	Ⅲ
从高斯到盖尔方特——二次域的高斯猜想	2013—10	198.00	Ⅳ
从库默尔到朗兰兹——朗兰兹猜想的历史	2014—01	98.00	Ⅴ
从比勃巴赫到德布朗斯——比勃巴赫猜想的历史	2014—02	298.00	Ⅵ
从麦比乌斯到陈省身——麦比乌斯变换与麦比乌斯带	2014—02	298.00	Ⅶ
从布尔到豪斯道夫——布尔方程与格论漫谈	2013—10	198.00	Ⅷ
从开普勒到阿诺德——三体问题的历史	2014—05	298.00	Ⅸ
从华林到华罗庚——华林问题的历史	2013—10	298.00	Ⅹ

书　　名	出版时间	定　价	编号
数学物理大百科全书.第1卷	2016—01	418.00	508
数学物理大百科全书.第2卷	2016—01	408.00	509
数学物理大百科全书.第3卷	2016—01	396.00	510
数学物理大百科全书.第4卷	2016—01	408.00	511
数学物理大百科全书.第5卷	2016—01	368.00	512

书　　名	出版时间	定　价	编号
朱德祥代数与几何讲义.第1卷	2017—01	38.00	697
朱德祥代数与几何讲义.第2卷	2017—01	28.00	698
朱德祥代数与几何讲义.第3卷	2017—01	28.00	699

刘培杰数学工作室
已出版(即将出版)图书目录——高等数学

书　　名	出版时间	定　价	编号
闵嗣鹤文集	2011—03	98.00	102
吴从炘数学活动三十年(1951～1980)	2010—07	99.00	32
吴从炘数学活动又三十年(1981～2010)	2015—07	98.00	491
斯米尔诺夫高等数学.第一卷	2018—03	88.00	770
斯米尔诺夫高等数学.第二卷.第一分册	2018—03	68.00	771
斯米尔诺夫高等数学.第二卷.第二分册	2018—03	68.00	772
斯米尔诺夫高等数学.第二卷.第三分册	2018—03	48.00	773
斯米尔诺夫高等数学.第三卷.第一分册	2018—03	58.00	774
斯米尔诺夫高等数学.第三卷.第二分册	2018—03	58.00	775
斯米尔诺夫高等数学.第三卷.第三分册	2018—03	68.00	776
斯米尔诺夫高等数学.第四卷.第一分册	2018—03	48.00	777
斯米尔诺夫高等数学.第四卷.第二分册	2018—03	88.00	778
斯米尔诺夫高等数学.第五卷.第一分册	2018—03	58.00	779
斯米尔诺夫高等数学.第五卷.第二分册	2018—03	68.00	780
zeta 函数,q-zeta 函数,相伴级数与积分	2015—08	88.00	513
微分形式:理论与练习	2015—08	58.00	514
离散与微分包含的逼近和优化	2015—08	58.00	515
艾伦·图灵:他的工作与影响	2016—01	98.00	560
测度理论概率导论,第 2 版	2016—01	88.00	561
带有潜在故障恢复系统的半马尔柯夫模型控制	2016—01	98.00	562
数学分析原理	2016—01	88.00	563
随机偏微分方程的有效动力学	2016—01	88.00	564
图的谱半径	2016—01	58.00	565
量子机器学习中数据挖掘的量子计算方法	2016—01	98.00	566
量子物理的非常规方法	2016—01	118.00	567
运输过程的统一非局部理论:广义波尔兹曼物理动力学,第 2 版	2016—01	198.00	568
量子力学与经典力学之间的联系在原子、分子及电动力学系统建模中的应用	2016—01	58.00	569
算术域:第 3 版	2017—08	158.00	820
算术域	2018—01	158.00	821
高等数学竞赛:1962—1991 年的米洛克斯·史怀哲竞赛	2018—01	128.00	822
用数学奥林匹克精神解决数论问题	2018—01	108.00	823
代数几何(德语)	2018—04	68.00	824
丢番图逼近论	2018—01	78.00	825
代数几何学基础教程	2018—01	98.00	826
解析数论入门课程	2018—01	78.00	827
数论中的丢番图问题	2018—01	78.00	829
数论(梦幻之旅):第五届中日数论研讨会演讲集	2018—01	68.00	830
数论新应用	2018—01	68.00	831
数论	2018—01	78.00	832
测度与积分	2019—04	68.00	1059
卡塔兰数入门	2019—05	68.00	1060

刘培杰数学工作室
已出版(即将出版)图书目录——高等数学

书　　名	出版时间	定　价	编号
湍流十讲	2018－04	108.00	886
无穷维李代数:第3版	2018－04	98.00	887
等值、不变量和对称性:英文	2018－04	78.00	888
解析数论	2018－09	78.00	889
《数学原理》的演化:伯特兰·罗素撰写第二版时的手稿与笔记	2018－04	108.00	890
哈密尔顿数学论文集(第4卷):几何学、分析学、天文学、概率和有限差分等	即将出版		891
数学王子——高斯	2018－01	48.00	858
坎坷奇星——阿贝尔	2018－01	48.00	859
闪烁奇星——伽罗瓦	2018－01	58.00	860
无穷统帅——康托尔	2018－01	48.00	861
科学公主——柯瓦列夫斯卡娅	2018－01	48.00	862
抽象代数之母——埃米·诺特	2018－01	48.00	863
电脑先驱——图灵	2018－01	58.00	864
昔日神童——维纳	2018－01	48.00	865
数坛怪侠——爱尔特希	2018－01	68.00	866
当代世界中的数学.数学思想与数学基础	2019－01	38.00	892
当代世界中的数学.数学问题	2019－01	38.00	893
当代世界中的数学.应用数学与数学应用	2019－01	38.00	894
当代世界中的数学.数学王国的新疆域(一)	2019－01	38.00	895
当代世界中的数学.数学王国的新疆域(二)	2019－01	38.00	896
当代世界中的数学.数林撷英(一)	2019－01	38.00	897
当代世界中的数学.数林撷英(二)	2019－01	48.00	898
当代世界中的数学.数学之路	2019－01	38.00	899
偏微分方程全局吸引子的特性:英文	2018－09	108.00	979
整函数与下调和函数:英文	2018－09	118.00	980
幂等分析:英文	2018－09	118.00	981
李群,离散子群与不变量理论:英文	2018－09	108.00	982
动力系统与统计力学:英文	2018－09	118.00	983
表示论与动力系统:英文	2018－09	118.00	984

联系地址:哈尔滨市南岗区复华四道街10号　哈尔滨工业大学出版社刘培杰数学工作室
网　　址:http://lpj.hit.edu.cn/
邮　　编:150006
联系电话:0451－86281378　　13904613167
E-mail:lpj1378@163.com